KUNST FORMEN DER NATUR

ERNST HAECKEL

KUNST FORMEN AUS DEM MEER

Ernst Haeckel mit seinem Assistenten Ni<olaus Miclucho-Maclay auf Lanzarote (1866)

KUNST FORMEN DER NATUR

ERNST HAECKEL

KUNST FORMEN AUS DEM MEER

135 Farbtafeln

Mit einem Vorwort von
Olaf Breidbach
sowie Beiträgen von
Olaf Breidbach und Irenäus Eibl-Eibesfeldt

PRESTEL
München · London · New York

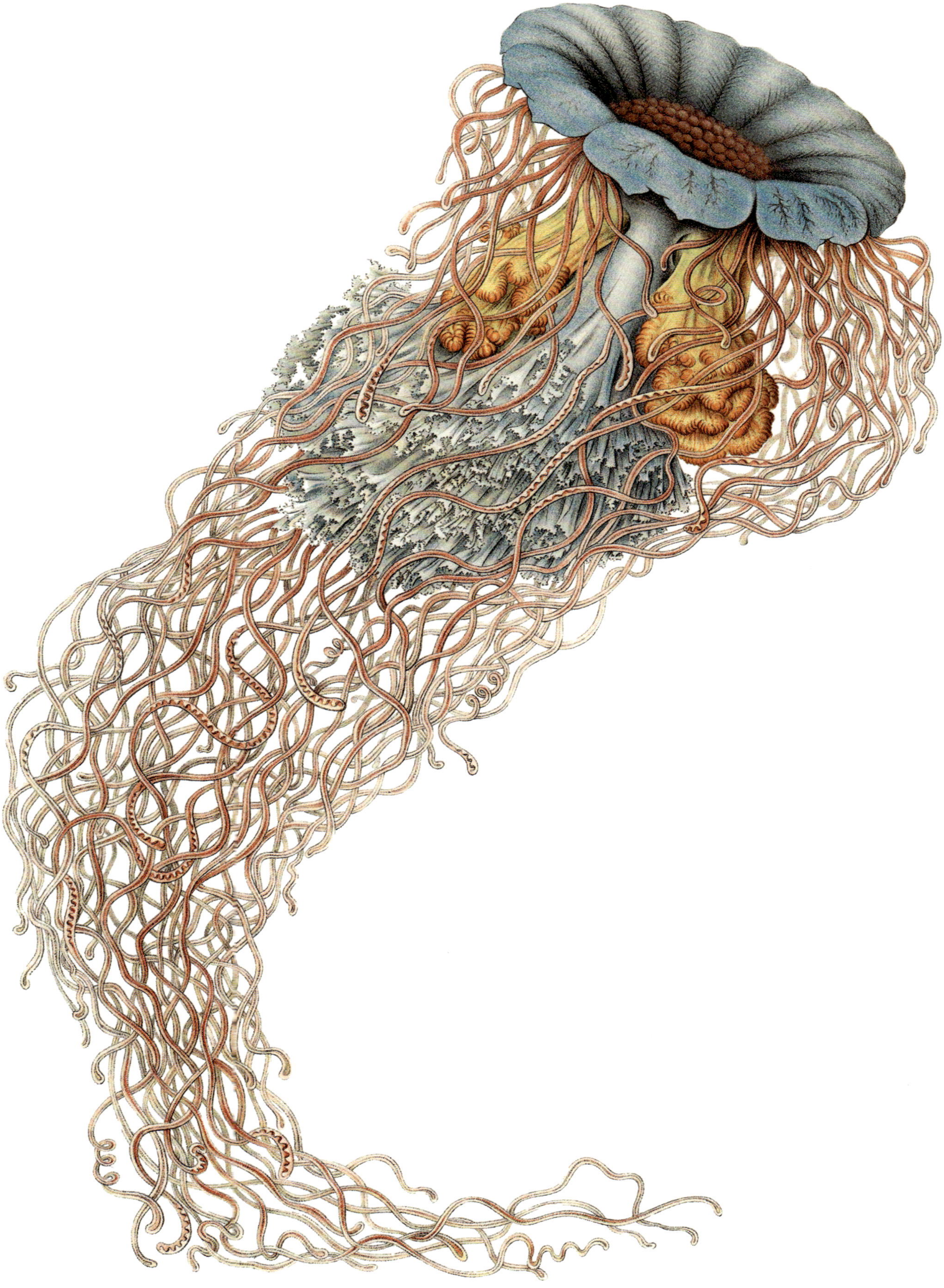

Inhalt

Ernst Haeckel (1867)

Vorwort

OLAF BREIDBACH, 2011

HAECKELS ANSCHAUUNGSWELTEN

Ernst Haeckel war einer der bedeutenden Zoologen und Evolutionsbiologen des 19. und frühen 20. Jahrhunderts, prägte zugleich aber über seine weltanschaulich ausgreifende Interpretation des Darwinismus das Bild der Naturwissenschaften des 20. und 21. Jahrhunderts ebenso nachhaltig, wie er auf die Wahrnehmungsmuster und die Bildkultur seiner Zeit wirkte.

Schon in seinem wissenschaftlichen Hauptwerk, seiner 1866 erschienenen *Generellen Morphologie der Organismen*,[1] offerierte Haeckel nicht einfach eine biologische Abhandlung zu dem Problem einer phylogenetischen Systematik. Er beschrieb seine Biologie als Teil einer umfassenden Theorie, in der die Wissenschaft die Argumente für eine neue, an ihren Befunden orientierte Weltanschauung bot. Diese Weltanschauung, Haeckels Monismus, bestimmte er als die eigentliche Konsequenz seines evolutionsbiologischen Ansatzes. Er formulierte so eine gegen die traditionellen Ordnungsstrukturen des außerwissenschaftlichen Raumes gerichtete weltanschauliche Position. Noch einmal explizit wurde er später in einer kleinen Schrift zum Monismus, in der er eine dezidiert anti-klerikale Position einnahm und diese mit Verweis auf seine an der Evolutionsbiologie angelehnte Weltanschauung begründete.[2]

Dabei verzahnte sich bei Haeckel die Vorstellung, eine auch in der innerwissenschaftlichen Diskussion tragfähige Synthese bisher erarbeiteter zoologischer Vorstellungsmuster zu unterbreiten, mit dem Versuch, die Ergebnisse seiner Wissenschaften auch über das engere Fachgebiet hinaus zu popularisieren. Diese Versuche kulminierten schließlich 1899 in der von seinem Verleger angeregten Publikation der *Welträthsel*[3], die allein im deutschen Sprachraum über 450.000fach verkauft wurde. Die Schrift wurde fast unmittelbar in 27 Sprachen übersetzt, nicht nur in die gängigen Wissenschaftssprachen, sondern etwa auch ins Esperanto, Hebräische, Japanische und Finnische. Haeckel setzte 1904 mit einer zweiten Schrift, *Die Lebenswunder*, nach, die seine Weltanschauung abschließend konturierte.[4] Die Resonanz auf diese Werke war außerordentlich: Auf dem ersten internationalen Freidenkerkongress in Rom wurde Haeckel 1904 öffentlich zum Gegenpapst ausgerufen. Haeckel war damit als Kultfigur der scientistischen Wissenschaftskultur des endenden 19. Jahrhunderts etabliert. Er schuf sich so ein Rezeptionsfeld, das ihn auch sehr rasch in der seinerzeitigen Kulturszene etablierte. In diese wirkte er dann noch einmal mit seinen von 1899 bis 1904 in einer Folge von Einzelheften publizierten *Kunstformen der Natur*. Haeckels Illustrationen offerieren auf höchstem drucktechnischen Niveau die exotischen Tierwelten der Meere, des Mikrokosmos und der Tropen einen wissenschaftlich strukturierten Erfahrungshorizont nach den Bildmustern des Jugendstils.

Was ist das für eine Natur, die sich in seinen Werken abbildet, und was meint für ihn dann Naturanschauung? Für den Biologen Ernst Haeckel war die Antwort hierauf einfach, in der Tat war Naturerkenntnis Naturanschauung, Erfahrungswissen war Anschauungswissen. Dabei musste diese Naturanschauung für einen Naturforscher von wissenschaftlichen Prinzipien geleitet sein. Betrachtung, Darstellung und Begriff von dem, was Natur ist, greifen für Haeckel nahtlos ineinander. In der Situation um 1900, in der eine Naturästhetik zum Maßstab der neuen Anschauungen auch von Kunst und Kultur geronnen war, in der ein so renommierter Kunsthistoriker wie Alois Riegl mehr oder minder vorsichtig bei seinem Kollegen in der Physiologie nachfragte, was das nun sein könne, das Schöne, musste eine solche Auffassung weite Resonanz finden. Naturwissenschaft war hier mehr als bloße Analysis. Auch die wissenschaftliche Natur bekam in Haeckels Illustrationen Farbe. Dabei waren in diesen Bildern Momente einer Ästhetik zu entdecken, die auch aus den Kulturformen der Zeit heraus sprachen. Schließlich nahm Haeckel seine Natur in den Formen wahr, die ihm aus seiner Zeit heraus geläufig waren. Seine Wahrnehmungsmuster waren die seiner Zeit.

Für uns sind diese Anschauungsformen Vergangenheit und so sehen wir heute in Haeckels Naturbildern die Formen der Natur als Elemente einer Dekoration gezeichnet. Solche

Naturbilder waren dabei Kulturbilder – aber nicht nur im einfachen Sinne einer Wahrnehmungs- und Abbildungskultur, die natürlich auch in den Wissenschaften immer nur so zu sehen vermag, wie es ihr die Brillen und Perspektiv-Vorgaben ihrer Kultur erlauben. Kulturbilder waren diese Naturbilder auch, da sie nun ihrerseits einen kulturellen Maßstab gaben. Schließlich bestimmten die symmetrischen Muster, die in der Natur zu finden waren, wie man nun auch in der Kultur die Bildmuster dieser Natur zu bestellen hatte. Hier wirkte Haeckels Abbildungspraxis zurück. Etwa wenn in den Ornamenten der Dekorateure Einzeller wiederzufinden waren, wenn Krebse und Langusten auf dem Silber- und Zinngeschirr der Zeit erschienen und sich die Buchrücken mit Medusenreigen umspannen ließen, so war damit nicht nur die Natur ästhetisiert, zugleich war auch die Ästhetik dieser Kultur naturalisiert. Sie war dies aber in einer sehr kultivierten Weise, da diese Naturformen ihrerseits immer schon als Dekorationen vor das Auge des Betrachters traten. Es war nicht die Qualle, die auf dem Buchrücken prangte, sondern die zarte, transparente Form eines Wasserwesens, das eher wie hingehaucht, ästhetisch und eben alles andere als bloß gelatinös erschien. Und wenn nun ein renommierter Zoologe diesen Wahrnehmungsstil aufnahm, dann signalisierte er, dass so die Natur auch in den wissenschaftlich darzustellenden Details den Darstellungsmustern der Zeit um 1900 entsprach.

In den Arbeiten des Biologen Ernst Haeckel fanden sich um 1900 die alten Formen einer beschreibenden Naturgeschichte wieder, wie sie noch um 1800 an den Adelshöfen ‚modern' war. Nicht nur, dass sich damit einzelne dieser aus dem 18. Jahrhundert stammenden anschaulichen Naturbilder tradiert fanden. Um 1900 gewinnt diese Art der Naturbeschreibung und damit eine bestimmte Form der mittlerweile als Naturwissenschaft gelehrten Naturforschung ein wirklich breites, d.h. aus den verschiedenen sozialen Schichten rekrutiertes Publikum. So wird diese sich anschaulich gebende Natur der Wissenschaften in ganz neuer Weise populär.

Es schien, als könnte eine Kultur, die ihren Fortschritt bisher eher in den nach neuen Formeln produzierten Kanonen fand, hier ihre Natur und in dieser auch eine neue Naturwissenschaft entdecken. Nur wenige Jahrzehnte vorab, kurz nach der Mitte des 19. Jahrhunderts, zeigte Jules Verne in seinen Romanen, welches die Größen waren, in denen vor 1900 die Öffentlichkeit die modernen Naturwissenschaften registrierte. Es waren die Leistungen des exakt vermessenden Ingenieurs, die größte Kanone, das schnellste Kriegschiff und die beste chemische Fabrik (zur Produktion von Schießpulver) zu produzieren, in denen sich die Macht eines Denkens zeigte, das so auch im Schrecklichen anschaulich wurde. Natur zeigte sich beherrscht und so in der Gewalt der Technik bezwungen.

1 Ernst Haeckel mit einem Riesengorilla im Phyletischen Museum

Die gewonnene Welt des Wissens war eine Welt der Spezialisten, die in den Formeln der Mathematik für den Nichtspezialisten nur mehr Hieroglyphen formulierte, die dann auch – wie die berühmte Einstein'sche Formel – als bloße Chiffre in den Kulturbestand unseres Denkens Eingang fanden. Dies demonstrierte 1900 die Pariser Weltausstellung. Hier zeigten sich die Monumente der mathematisch technischen Naturwissenschaften. Nur wenn er in diese Moderne eintreten wollte, musste der Besucher eine Haeckel'sche Radiolarie passieren. Das Eingangstor der Weltausstellung, das der Architekt Binet geschaffen hatte – das wissen wir aus der Korrespondenz dieses Künstlers mit jenem Biologen – war in der Tat nichts anderes als eine ins Gigantische aufgeblasene

Radiolarie, ein von dem Biologen Haeckel beschriebener Einzeller. Der Fortschritt auch der technischen Moderne beugte sich den Werken der technisch bemeisterten Natur.

Schließlich gewann in den Arbeiten des sich so anschaulich präsentierenden Biologen Ernst Haeckel um 1900 eine Naturanschauung Konturen, die ganz anders geartet war als jenes Bild einer bloß bemessenen Natur. In seinen Darstellungen fanden sich die alten Formen der Naturgeschichte wieder, die nach den opulenten Werken von Buffon und zuletzt Cuvier in den letzten Jahrzehnten des 19. Jahrhunderts wissenschaftlich ein nur dürftig bekleidetes Antlitz gefunden hatten. Es waren die Kurven und Skizzen, die Formeln und Tabellen, in denen sich eine Kosmologie, wie sie Humboldt darstellte, zur Physiologie fand, wie sie etwa der Franzose Magendie vertrat. Haeckel schlägt in seinen Arbeiten den Bogen zurück zum illustren Anfang des 19. Jahrhunderts. Er steht in der Tradition der Naturdarstellung der großen Franzosen, der opulenten Werke von Humboldt und des Versuchs des seinerzeit bekannten Lorenz Oken, eine Naturgeschichte für alle Stände über die beigefügten Illustrationen wirklich populär zu machen.

2 Ernst Haeckel in Rapallo (1904)

Der Autor, der für diese Form der Naturbildwelten um 1900 stand, war Ernst Haeckel. Naturillustrationen waren bei ihm nicht einfach nur ein Beiwerk seiner analytischen Naturbetrachtung – für ihn war die Naturanschauung selbst die höchste Form der Naturerkenntnis: Die Illustration bildet das Wissen nicht einfach nur ab, in ihr findet sich das Wissen der Wissenschaft.

DIE *KUNSTFORMEN AUS DEM MEER* UND DIE *KUNSTFORMEN DER NATUR*

Diese Zuordnung von Wissen und Illustration wird in der Gegenüberstellung der beiden hier in ihrem Tafelwerk reproduzierten Monographien Haeckels deutlich. Da ist zum einen die Darstellung der von ihm systematisch bearbeiteten Einzeller, der Radiolarien, deren Darstellung ihm die renommierte Cothenius-Medaille der Deutschen Akademie der Naturforscher Leopoldina einbrachte.[5] Hier wird die Illustration zum Motor des wissenschaftlichen Fortschrittes. Haeckel bringt die neu entdeckten Formen ins Bild, macht sie so dem wissenschaftlichen Publikum verfügbar und formuliert zugleich in der im wissenschaftlichen Exkurs dargestellten Systematik den Ansatz zu einer evolutionsbiologischen Interpretation der Verwandtschaftsbeziehungen der von ihm dargestellten Lebensformen.

Forschen heißt hier entdecken. Dabei erlauben es die Instrumentarien von Lupe und Mikroskop auch kleinere und kleinste Dimensionen augenfällig zu machen und so neue Bereiche der Natur zu erschließen. Die Wissenschaft offeriert die Techniken und Instrumentarien, mit der die Natur in ganz neuer Weise abgebildet werden konnte. Sie archiviert auch das Wissen über schon Bekanntes, so dass nur in Bezug auf sie das Neue als solches erkannt und auf Altes bezogen werden kann. Die Wissenschaft erlaubt so eine Systematisierung des Sehens, erarbeitet Kriterien, anhand derer die Erscheinungen zu katalogisieren und aufeinander zu beziehen sind. So wird der Wissenschafter zum Systematiker.

Nach Haeckel erschloss sich aus dieser Systematik aber nicht einfach eine uns vorgegebene Ordnung, sondern der Prozess, in dem die Natur sich selbst zur Entfaltung gebracht hat: die Evolution.[6] Diese war ihm aber ansichtig. Die Formreihen, in denen er die Vielfalt seiner Radiolarien einband, erschien ihm so in der Idee einer Evolution als Reihe überhaupt erst einsichtig. Die Formreihe als »Genea-Logik«[7] zu interpretieren erlaubte es ihm, die Vielfalt als Einheit anschaulich zu haben, ohne dazu doch ein äußeres Prinzip bemühen zu müssen. Es ist die Natur selbst, die sich so in ihrer Vielfalt zur Anschauung bringt. Insoweit sind die Formreihen die Schätze, in denen sie sich in dem ihr eigenen Reichtum offenbart. Genealogisch verstanden war die Reihe Resultat des Prozesses der Natur und nicht Konstrukt der Naturgeschichtler. Derart war für Haeckel in der Reihung die Einheit des Naturalen ansichtig. Ästhetisch, im Sinne einer in sich bestimmten Anschaulichkeit, wurde für Haeckel diese Formreihe demnach erst unter der Idee der Evolution, die sich so in der Anschauung auch selbst zur Anschauung brachte. Natursicht ist somit für ihn eine ins Tiefste führende Einsicht. In der – wissenschaftlich geleiteten – Anschauung wird kenntlich, was die Natur im Eigentlichen ist: Prozess einer ungerichteten Entfaltung, Erzählung des der Natur Möglichen. Den Begriffen, Sätzen und Sentenzen dieser Erzählung entsprechen die einzelnen Formen, die Gattungen und Familien der Organismen und die in ihnen offenkundigen Gestaltungszusammenhänge.

Die Dokumentation dieser Geschichte der Natur ist Wissenschaft. Und so formiert Haeckel dann zwischen 1899 und 1904 seine *Kunstformen der Natur*, in denen in einer Folge von Einzelblättern diese Naturvielfalt in ihrer ihr eigenen Ordnung kenntlich wird. Damit interessieren ihn die Naturformen in ihren strukturellen Variationen. Sie sind dabei – wie benannt – als Momente eines Prozesses begriffen, der über die Evolutionslehre beschrieben werden kann. Demnach sind die Ausprägungen des Einzelnen nur das Dekorum einer Naturentfaltung, die im Ganzen ihre Form, im Einzelnen aber nur Variationen dieser Formierung erkennen lässt. Die Vielfalt des Naturalen gerinnt so für Haeckel zu einem Ornament. Im Einzelnen findet sich ganz im Sinne der Zeit das Dekorum, in dem der Prozess der Evolution selbst zu entdecken ist. Haeckel sieht die Naturformen demnach auch als Ornamente. Seine Naturbilder entsprechen nicht nur in ihrer Ausschmückung, sondern in ihrem tiefsten Gehalt der ornamental geleiteten Ansicht des Dekors seiner Zeitgenossen. Haeckels Bildwelten der Natur passen damit eben nicht nur in ihren Einzelheiten, sondern auch in ihrer Komposition in die Anschauungsmuster seiner Zeit.[8] Haeckels *Kunstformen der Natur* passen nicht einfach nur zufällig zum Naturdekor seiner Zeit. Haeckel fasst die Natur als Dekor.

So kann er dann auch, ohne sich etwas zu vergeben, seine Naturformen zur Dekoration des eigenen Wohnzimmers nutzen. Darin zeichnet sich die Ambivalenz seiner Naturdarstellung, die da, wo sie Wissenschaft ist, immer auch Kunst ist, und die in ihrer Kunst, der ihr innewohnenden Ästhetik, nur die Gesetzmäßigkeiten des Naturalen ausdrücken möchte. Die *Kunstformen der Natur* sind – das wird noch eingehender zu beschreiben sein – auch deren eigentliche Natur.

Der vorliegende Band zeichnet diese beiden Seiten der Haeckel'schen Naturdarstellung nach. Er weist auf, wie in der Illustration des Naturalen um 1862 eine Natursymmetrie anschaulich wird, die Haeckels Denken bis an sein Lebensende bestimmen wird. Die *Kunstformen der Natur* setzen diese Symmetrie nur mehr in graphisch ausgearbeiteter Form um. Nicht nur die einzelne Naturform, sondern auch deren Anordnung auf den Tafeln drückt die der Natur grundlegende Symmetrie aus. Es ist keine bloße Vielfalt, es ist eine in jeder Gruppe zu zeichnende Ordnung, in der sich Haeckel zufolge zeigt, dass die Vielfalt der Natur als Resultat einer Evolution zu denken ist. Dabei sind die *Kunstformen der Natur* für Haeckel keineswegs einfach eine populärwissenschaftliche Darstellung seiner Naturlehre. Schließlich finden sich in den dargestellten Formen auch Neubeschreibungen von Arten. Haeckel formuliert in diesen »Kunstformen« vielmehr eine Summe seiner Naturforschung. Er weist zugleich auch auf, wie er Naturforschung begreift. Ihm zufolge ist der Naturforscher derjenige, der aufzeigt, wie die Natur ist. Das geschieht für ihn als Biologen schlicht dadurch, dass er diese Natur in ihrer Formvielfalt darstellt und dann diese Vielfalt derart ordnet, dass in ihr die Prinzipien der Naturorganisation augenfällig werden. Insoweit markieren die Arbeit von 1862 und die Darstellung um 1900 die zwei wesentlichen Schritte auf einem Weg, die zeigen, wie Haeckel seine Idee einer Naturdarstellung über 40 Jahre hin entwickelt hat.

1 Ernst Haeckel, Generelle Morphologie der Organismen. 2 Bde. Berlin 1866.
2 Ernst Haeckel, Der Monismus als Band zwischen Religion und Wissenschaft. Bonn 1892.
3 Ernst Haeckel, Die Welträthsel. Bonn 1899.
4 Ernst Haeckel, Die Lebenswunder. Stuttgart 1904.
5 Ernst Haeckel, Die Radiolarien. 2 Bde. Berlin 1862.
6 Die moderne Evolutionslehre wurde von Charles Darwin mit seiner 1859 erschienenen Monographie zum Ursprung der Arten begründet.
7 Der Begriff wird hier verwendet nach dem gleichlautenden Band von Sigrid Weigel, Genea-Logik Generation, Tradition und Evolution zwischen Kultur- und Naturwissenschaften. Paderborn 2006.
8 Olaf Breidbach, Ernst Haeckel. Bildwelten der Natur. München 2006.

3 René Binet, *Porte Monumentale*, Paris 1900, auf der Vorderseite einer Sonderausgabe der Zeitung *L'Illustration* vom 14. April 1900

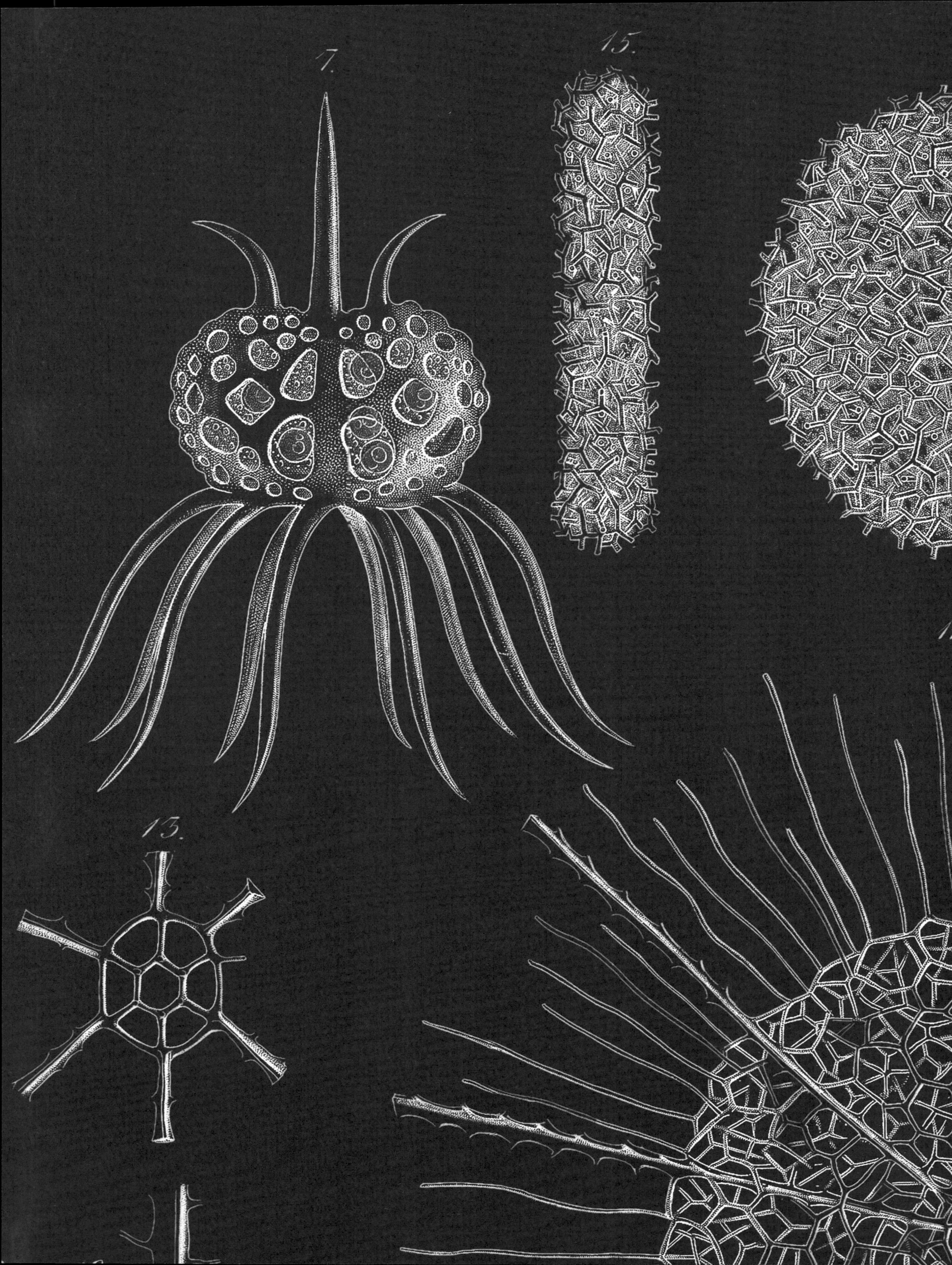
7.
15.
13.

KUNSTFORMEN AUS DEM MEER

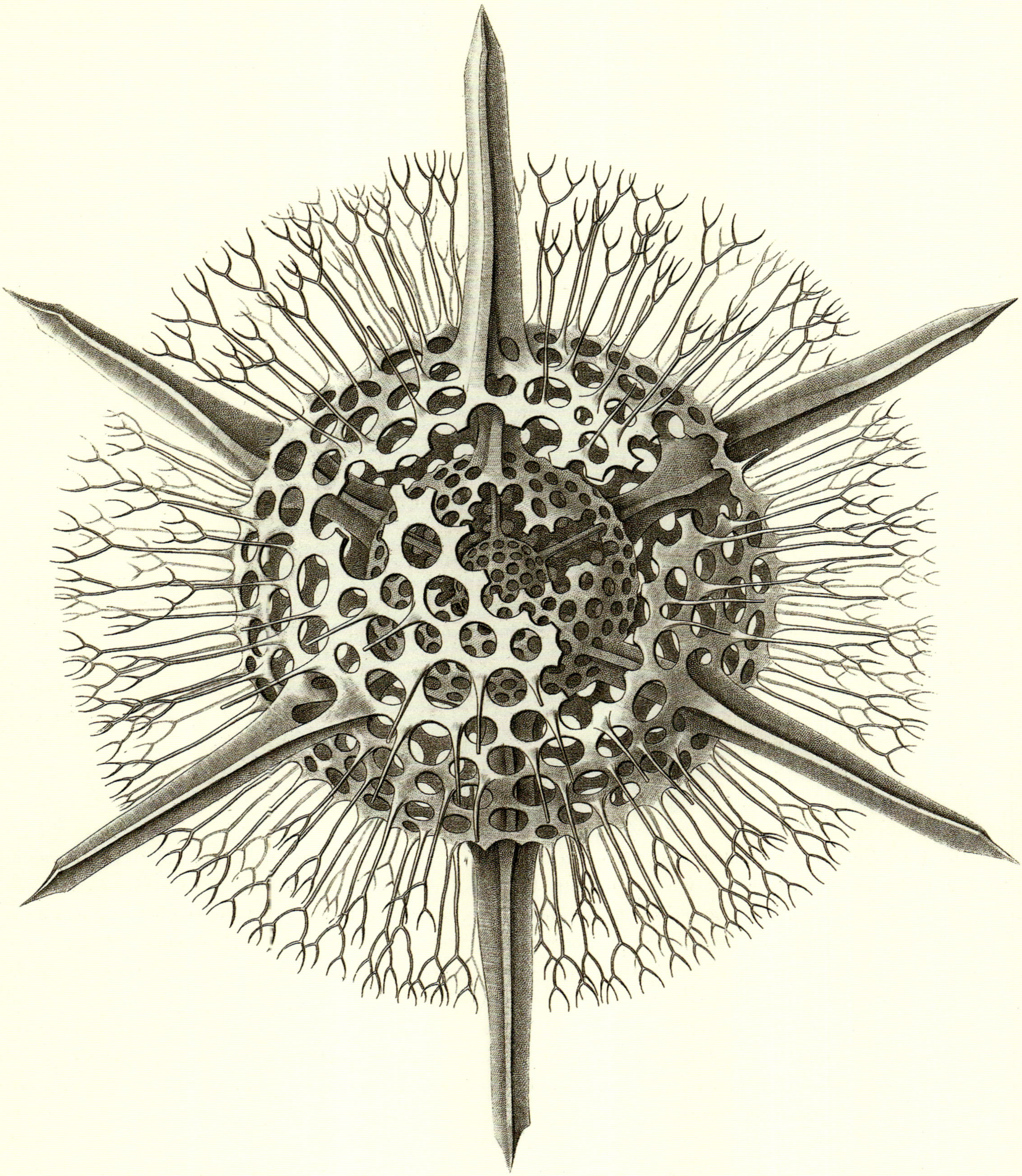

Der Atlas von 35 Tafeln ist das Schönste, was in artistischer Beziehung von naturforscherlichen Werken über niedere Thiere je geleistet worden ist, und ich weiß nicht, was ich mehr an demselben bewundern soll, die Natur, welche eine solche Mannigfaltigkeit und Schönheit an Formen schuf, oder die Hand des Zeichners, welche diese Pracht auf das Papier zu bringen wusste und bei der enormen Schwierigkeit der Arbeit nicht erlahmte.

Brief von Max Schultze an Ernst Haeckel, 21.10.1862

Die allerreizendsten Tierchen

Haeckels Radiolarien-Atlas von 1862

OLAF BREIDBACH, 2005

I. RADIOLARIEN

Radiolarien sind Einzeller. Diese Tiergruppe ist sehr alt, sie kommt seit dem Präkambrium vor, das vor ca. 545 Millionen Jahren endete. Die Radiolarien – auch Strahlentierchen genannt – leben frei schwebend in allen Weltmeeren. Sie sind mikroskopisch klein, nur wenige Formen erreichen Größen bis zu mehreren Zentimetern. Verwandt sind sie mit den Amöben. Im Unterschied zu diesen einfachen Einzellern besitzen die meist kugeligen Radiolarien aber häufig ein kugel- oder helmförmiges Gehäuse, dessen Formvielfalt Ernst Haeckel faszinierte. Der Zellkörper ist für einen Einzeller vergleichsweise komplex gebaut. Wir wissen heute, dass einige Formen symbiotische Algen besitzen, von denen sie sich ernähren, wohingegen andere Arten Kleinstorganismen einfangen, die sich an ihren durch die Gehäuseöffnungen ausgestreckten, strahlförmig organisierten Scheinfüßchen verfangen. Heute kennen wir mehr als 5000 Arten. Zu Haeckels Zeit waren immerhin schon mehrere Hundert verschiedener Arten beschrieben. Unklar waren aber der Bau und die Lebensweise dieser Organismen. Ernst Haeckel selbst hielt zumindest einzelne der Formen für fusionierte Vielzeller und ordnete sie folglich auf Grund ihrer beweglichen Lebensweise den Tieren zu.

II. FRÜHE RADIOLARIENFORSCHER

Zuerst beschrieben wurden diese Lebensformen durch den Berliner Naturforscher Christan Gottfried Ehrenberg (1795–1876), der nach 1820 seine systematische Analyse mikroskopisch zu analysierender tierischer und pflanzlicher Kleinlebewesen begann. Ab den 1850er Jahren beschäftigte sich der Berliner Physiologe Johannes Müller (1801–1858) ausführlich mit dieser Tiergruppe.

Ernst Haeckel (1834–1919) studierte zu dieser Zeit noch in Würzburg, er hörte bei Rudolf Albert von Kölliker (1817–1905), Franz von Leydig (1821–1908) und Rudolf Ludwig Karl Virchow (1821–1902). 1854 immatrikulierte sich Haeckel dann erneut in Berlin und besuchte dort unter anderem die Vorlesungen von Johannes Müller über vergleichende Anatomie und Physiologie. »Hier«, so schreibt er 1855 in sein Tagebuch, »lernte ich zum ersten Mal eine Autorität kennen, die von allen anerkannt wurde, und die ich mir als ein wissenschaftliches Ideal hinstellte, wie dann auch sein näherer Umgang (auf dem Museum etc.) mich für ewig der vergleichenden Anatomie als Lieblingswissenschaft zuführte.«[1]

Johannes Peter Müller, seit 1833 auf dem Lehrstuhl für Anatomie und Physiologie der Berliner Universität, war einer der bedeutendsten deutschen Naturforscher der ersten Hälfte des 19. Jahrhunderts. Sein *Handbuch der Physiologie des Menschen* wurde richtungweisend für die Entwicklung der modernen physiologischen Denk- und Arbeitsweise, doch arbeitete er eben auch vergleichend morphologisch und hatte ein besonderes Interesse an den frei schwimmenden mikroskopischen Lebensformen des Meeres. Auf seine Reisen, die ihn meist an die französische oder italienische Mittelmeerküste führten, nahm er in einer Zeit, in der es noch keine Meeresforschungsstationen gab, begabte Schüler mit, die er dort in die Methoden des Studiums der niederen und auch der mikroskopisch zu erfassenden Meerestiere einwies.

Die Semesterferien im Sommer 1854 verbrachte Ernst Haeckel mit Johannes Müller, dessen Sohn und einem Studienfreund auf Helgoland. In diesen wenigen Wochen gelang es Müller, Haeckel für das Studium der Meeresorganismen zu begeistern: Schon nach drei Wochen schrieb Haeckel an seine Eltern, »daß mein Entschluß, künftig als Naturforscher, namentlich Zoolog, tropische Seeküsten zu untersuchen, jetzt feststeht.«[2]

1 Johannes Müller (1801–1858), Professor für Anatomie und Physiologie an der Berliner Universität, von Haeckel als idealer Lehrer verehrt

Müller lehrte Haeckel auch die neuen, von ihm entwickelten Fangtechniken, so etwa die Verwendung der sehr feinen Müller-Gaze, die es erlaubte, frei schwebende Planktonorganismen zu keschern. Haeckel war begeistert von dieser Art Tiefseefischerei, die ihm schon in Helgoland fortwährend neues Material vor Augen geführt hatte, und die er sich nun selbst zu Eigen machte. Johannes Müller allerdings erlitt in seiner Begeisterung für die Meeresbiologie nur ein Jahr später einen schweren Rückschlag: Seine Reise an die norwegische Küste, auf die er seine Schüler W. Schmidt und A. Schneider mitgenommen hatte, endete tragisch. Das Schiff, auf dem Müller die Rückreise von Christiansand antrat, erlitt Schiffbruch. Müller und Schneider konnten sich schwimmend retten, während Schmidt ertrank. Wie Haeckel schreibt, machte »der furchtbare, lang andauernde Kampf mit den Wellen in der finstern Nacht ... auf Müller einen unauslöschlichen Eindruck und an die Stelle seiner besonderen Vorliebe für das Meer trat seit jener Zeit ein tiefes, unüberwindliches Grauen. Nie konnte er sich seitdem wieder entschließen weder in der leichten Barke, noch auf dem sichern Dampfschiff, sich dem trügerischen Elemente anzuvertrauen.«[3] Seine weiteren Arbeiten zu den Radiolarien waren denn auch sehr eingegrenzt.

Von Müller stammt der Begriff »Radiolarien«, und er war auch derjenige Naturforscher, der »die wahre Natur der Radiolarien als Rhizopoden«, d.h. als Verwandte der Amöben, erkannte. Nach Müller waren die Radiolarien Rhizopoden ohne eine kontraktile Blase. Sie sind zum Teil ohne, meist aber mit einem Skelettgehäuse ausgestattet, das oft in kugeliger Form vorliegt. Eine Klassifikation der Radiolarien konnte dann nach der Baucharakteristik des Skelettes und den Baustoffen dieses Skelettes erfolgen.

III. ERNST HAECKELS RADIOLARIEN-MONOGRAPHIE

Haeckel, der seine Radiolarienmonographie dem Andenken von Johannes Müller widmete, schloss sich der Auffassung Müllers an. Mit dessen Fangmethode erzielte er in den Gewässern von Messina eine große Ausbeute an neuen Formen, die er dann in Berlin systematisch auswertete. Daneben standen Lebendbeobachtungen an frisch gefangenem Material, die ihm Auskunft über die Baueigentümlichkeiten der lebenden Organismen und über deren Reaktionsweisen gaben.

Entsprechend schreibt er in seiner Radiolarienmonographie nicht nur über die im Wesentlichen anhand der Gehäusestrukturen erarbeitete Systematik dieser Organismengruppe, sondern auch über deren Bewegung, Fortpflanzung, Wachstum und Verbreitung. In diesem Bereich muss er aber noch Kenntnislücken eingestehen. Dabei zeigt sich ihm allerdings, dass eine »Empfindung oder eine mit Bewusstsein verbundene Reaktion gegen äußere Reize« bisher bei keinem Radiolar wahrgenommen wurde.[4]

Seine Aussagen zum inneren Bau der Radiolarien sind eher spärlich. Haeckel selbst erklärt dies mit den Problemen der Lebendbeobachtung sowie den Problemen mit einer adäquaten Fixation des Weichkörpers, wodurch eine eingehende Untersuchung des Baus des Zellkörpers erschwert wurde. Haeckel beschrieb dann zwar den Zellkern mit seinen Besonderheiten, erkannte ihn aber nicht als solchen. Somit bestand auch keine Klarheit über die Einzelligkeit der Radiolarien. Erst 1879 konnte der Haeckel-Schüler Richard Hertwig (1850–1937) deren Zugehörigkeit zu den Einzellern, den Protisten, endgültig klären.

Darüber hinaus beschrieb Haeckel Einschlüsse im äußeren Zellplasmabereich, die wir heute als symbiontische Algen erkennen, was Haeckel selbst aber noch unbekannt war. Klar beschreiben konnte er aber das reich gestaltete Gehäuse der Radiolarien, das wie eine Art von Innenskelett das komplex verästelte Zellmaterial in seiner Form hält. Dieses Skelett war nach Ablösung des Zellmaterials oder auch in Ablagerungen toter Tiere der mikroskopischen Beobachtung gut zugänglich. Und dieses Gehäuse war auch vergleichsweise einfach zu konservieren und so für Nachuntersuchungen aufzubewahren, während eine zufriedenstellende Fixierung des lebenden Zellkörpers nicht erreicht werden konnte. Haeckel bezieht sich folglich in seiner Systematisierung der Radiolarienarten – schon aus den benannten arbeitstechnischen Gründen – im Wesentlichen auf die Analyse der Gehäusestruktur, auf deren Grundlage er die Verwandtschaftsbeziehungen der Radiolarien darzustellen suchte.

Haeckels so gefundene Gliederungsmuster sind bis heute grundlegend für die Radiolarien-Forschung. Seine Illustrationen bilden immer noch eine der zentralen Referenzen für populäre und fachliche Darstellungen dieser Tiergruppe. Meyers Enzyklopädisches Lexikon von 1978 benennt als weiterführende Literatur zum Stichwort Radiolarien neben den Darstellungen der Tiefsee-Radiolarien, die V. Haecker als Ergebnisband der Valdivia-Expedition vorlegte, nur Haeckels Radiolarienmonographie von 1862. Und selbst das für Systematiker noch immer maßgebliche Grellsche Lehrbuch zur Protozoologie gibt als Ergänzungsliteratur zum Studium der

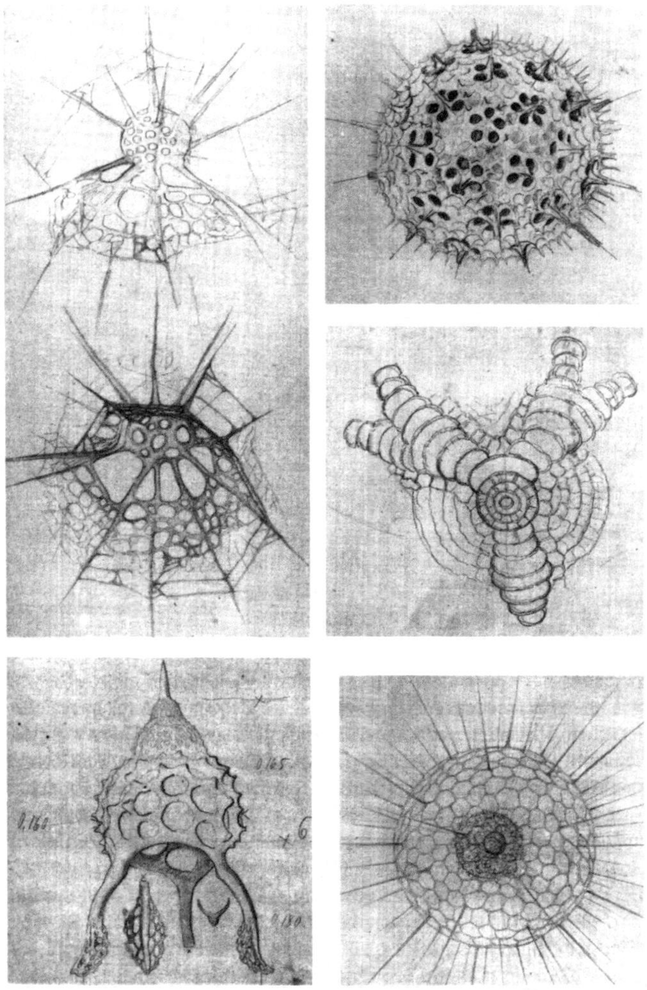

2 Sechs Handzeichnungen von Haeckel zur Monographie der Radiolarien. Von links oben nach rechts unten: Arachnodictyon horridum, Haeckeliana porcellana, Arachnocorys circumtexta, Euchitonia Gegenbauri, Dictyopodium scaphopodium, Heliosphaera actinota

Radiolarien noch 1973 neben Haeckels Monographie der Radiolarien und seiner Arbeit zu den Radiolarien der H.M.S. Challenger Expedition nur vier weitere Originalpublikationen zu dieser Tiergruppe an. Haeckels Radiolarienmonographie setzte also Maßstäbe. Sie ist bis heute grundlegend für eine Analyse dieser Tiergruppe.

Doch wagte sich Haeckel in dieser in der Zeit sehr positiv rezipierten Arbeit über das engere Areal einer Darstellung der Systematik einer ausgewählten Organismengruppe hinaus. In seinen – zum Teil einschränkenden – Formulierungen bekennt er sich in einer Anmerkung in dieser Schrift zwar noch vorsichtig, aber dennoch rückhaltlos zu Darwin.

Darwins epochale Schrift über die Entstehung der Arten war erst Ende 1859 erschienen. Haeckel selbst war im Sommer 1860 auf diese Arbeit aufmerksam geworden, die er in der so-

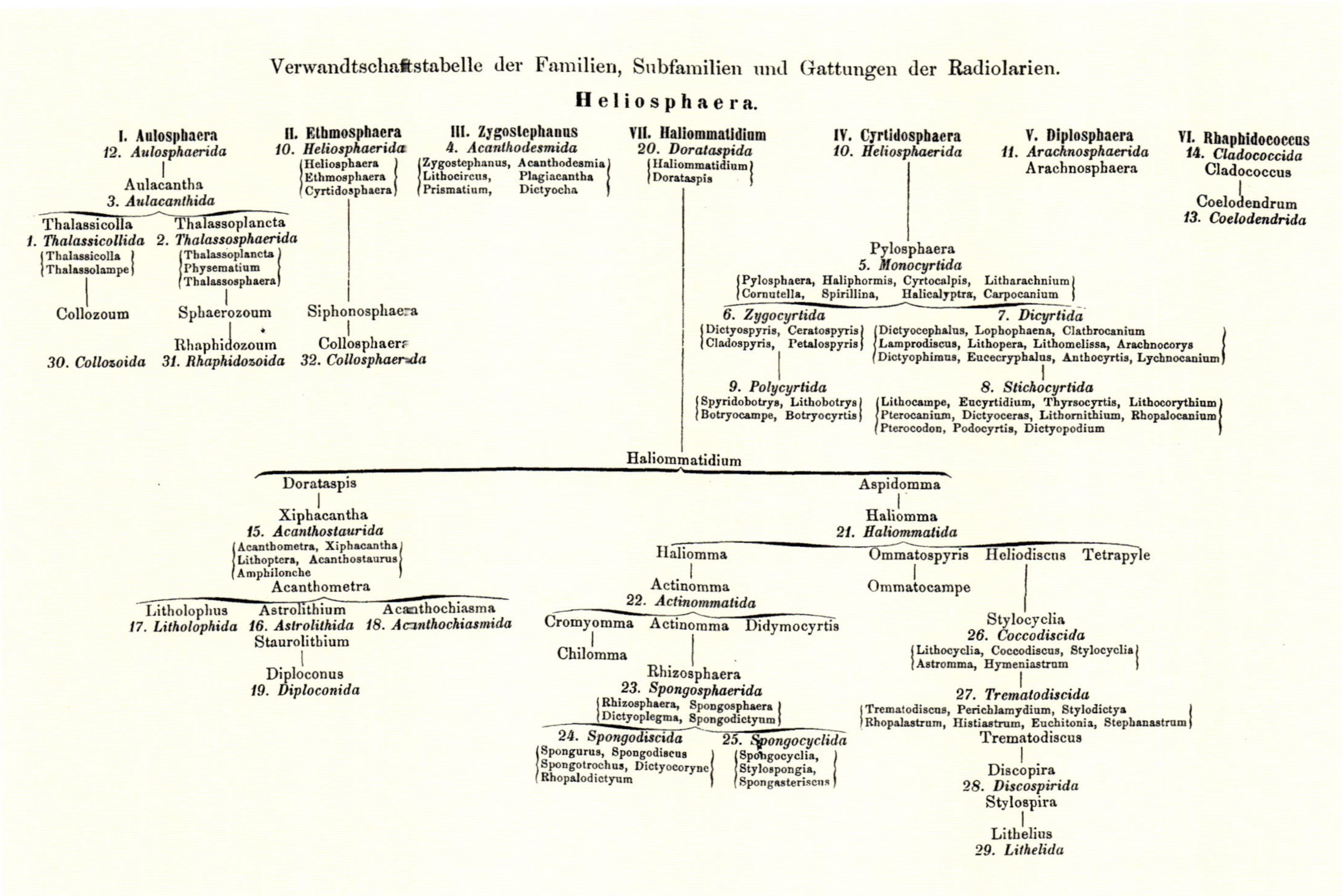

3 Verwandtschaftstabelle der Familien, Subfamilien und Gattungen der Radiolarien.
In: Ernst Haeckel, »Die Radiolarien (Rhizopoda radiaria). Eine Monographie«, Berlin, 1862

eben erschienenen, von Bronn besorgten Ausgabe las.[5] Darwin zufolge war die Vielfalt der Arten Resultat eines realen historischen Prozesses und nicht eines Schöpfungsaktes. Die verschiedenen Formen standen also in einem genealogischen Bezug. Die Systematik der Formen war demnach Ausdruck eines realen Abstammungsverhältnisses. Dabei entstand die Formvielfalt in einem Prozessgefüge aus Variationen, die in der Produktion neuer Nachkommen zu beobachten sind, und einer natürlichen Zuchtwahl, in der die jeweils besseren Formen sich gegenüber anderen durchzusetzen vermochten und so zur Fortpflanzung kamen. Darwin illustriert diese Idee in seiner Schrift am Beispiel der Neubildung von Haustierrassen. Auch hier werden durch den Züchter zufällig entstandene Merkmalskombinationen selektiert, wodurch neue Formspiele stabilisiert werden, so dass neue Rassen entstehen können. Analog dachte sich Darwin den Formbildungsprozess in der Natur, wobei er allerdings noch das Problem hatte, dass ihm der Mechanismus der Vererbung, über den sich Merkmalsbestände einer Art in der Generationsfolge erhielten, unklar war. Die Darwinsche Evolutionsbiologie kannte noch keine Genetik, sie war zunächst eine rein beschreibende Theorie.

Haeckel nahm nun den Ansatz Darwins auf, die Formvielfalt in einer Realgenese entstanden zu denken. Damit bekommt für ihn die klassische Systematik einen neuen Sinn, ohne dass er nunmehr neue Methoden einer vergleichenden Anatomie entwickeln muss, die es ihm erlauben würden, die Vielfalt der Formen als evolutiv entstanden zu denken. Insoweit zeigt er sich in seiner praktischen Arbeit als Naturforscher in der Tradition der Methoden und der Fragestellungen des ausgehenden 18. Jahrhunderts. Haeckel modernisiert diese überkommene Naturgeschichte allein durch die Adaptation des Darwinschen Programms. Darin bekommen die mit vormaligen Methoden rekonstruierten Ordnungen der Lebensformen eine neue, für Haeckel wegweisende Bedeutung. Die Strukturähnlichkeiten einzelner Formgruppen sind nicht mehr akzidentell, sie verweisen auf eine den verschiedenen Formen gemeinsame Geschichte. Die Idee eines natürlichen Systems der Radiolarien hat in diesem Blickwinkel eine eigene, über die Intention der Botaniker in der Nachfolge des Botanikers Carl Linné (1707 – 1778), der erstmals solch ein natürliches System proklamierte, weit hinausgehende Bedeutung:

»Ich kann nicht umhin«, schreibt Haeckel, »bei dieser Gelegenheit der hohen Bewunderung Ausdruck zu geben, mit der mich Darwins geistvolle Theorie von der Entstehung der Arten erfüllt hat [...] Darwin selbst wünscht, dass seine Theorie möglichst vielseitig geprüft werde und blickt namentlich mit Vertrauen auf junge und strebende Naturforscher, welche beide Seiten der Frage mit Unparteilichkeit zu beurtheilen fähig sein werden. Wer immer sich zur Ansicht neigt, dass Arten veränderlich sind, wird durch gewissenhaftes Geständnis seiner Ueberzeugung der Wissenschaft einen guten Dienst leisten; denn nur so kann dieser Berg von Vorurtheilen, unter welchen dieser Gegenstand vergraben ist, allmählich beseitigt werden. Ich theile diese Ansicht vollkommen und glaube aus diesem Grunde meine Ueberzeugung von der Veränderlichkeit der Arten und von der wirklichen genealogischen Verwandtschaft sämmtlicher Organismen hier aussprechen zu müssen. Obgleich ich Bedenken trage, Darwins Anschauungen und Hypothesen nach allen Richtungen hin zu theilen und die ganze von ihm versuchte Beweisführung für richtig zu halten, muss ich doch in seiner Arbeit den ersten, ernstlichen, wissenschaftlichen Versuch bewundern, alle Erscheinungen der organischen Natur aus einem grossartigen, einheitlichen Gesichtspunkte zu erklären und an die Stelle des unbegreiflichen Wunders das begreifliche Naturgesetz zu bringen.«[6]

IV. BIOGRAPHISCHE BEMERKUNGEN ZU ERNST HAECKEL

Der am 16. Februar 1834 in Potsdam geborene und in Merseburg aufgewachsene Ernst Heinrich Philipp August Haeckel studierte ab 1852 Medizin und Naturwissenschaften. Sein Studium begann er in Berlin, wohin die Eltern nach der Pensionierung des Vaters gezogen waren. Im Herbst 1852 wechselte Haeckel an die Universität Würzburg, deren medizinische Fakultät insbesondere durch das Wirken des »Würzburger Kleeblattes«, des Chemikers Johann Joseph von Scherer, des Histologen Albert von Koelliker und des Pathologen Rudolf Virchow, attraktiv war. Von den eigentlichen Kernfächern des Medizinstudiums, das er auf Wunsch des Vaters aufgenommen hatte, fühlte sich Haeckel auf Grund seines unüberwindlichen Abscheus gegen das Krankhafte wenig angezogen. »Ich betrachte so die Anatomie rein vom naturhistorischen (nicht medizinischen!) Standpunkt, als Naturgeschichte des Menschen, und als solche kann sie mir, wenn ich später Mathematik und Naturwissenschaften studiere, vielleicht noch einmal zustatten kommen.«[7] Neben einer Einführung in die Entwicklungsgeschichte des Menschen bei Franz von Leydig – damals noch Privatdozent an der Würzburger Universität – war für Haeckel das Kolleg über »Vergleichende Anatomie«, das er neben der Physiologie des Menschen bei Kölliker hörte, besonders wichtig. Wobei ihn insbesondere die Darstellungen der marinen Einzeller, der Infusionstierchen, nachhaltig beeindruckten. Weiter vertiefte er diese histologisch anatomischen Studien dann in einem mikroskopischen Kursus in der Gewebelehre bei Kölliker und durch ein Kolleg über pathologische Anatomie bei Virchow, der in eben diesen Jahren seine Zellularpathologie entwickelte. Nach Lehre der Zellularpathologie war die Zelle als die organische Funktionseinheit aufzufassen, und entsprechend war die Entstehung der Krankheiten auf Störungen von Zellprozessen zurückzuführen, die der histologisch arbeitende Pathologie sichtbar zu machen vermochte.

Haeckel war von dieser Zellanatomie fasziniert. Dennoch entschloss er sich – auf Anraten von Freunden – im Sommersemester 1854 zurück nach Berlin zu wechseln. Hier hörte er unter anderem Mineralogie bei Christian Samuel Weiss (1780 – 1856), der ein eigenes, auf Symmetriebeziehungen basierendes Kristallsystem entworfen hatte. Nachhaltigen Einfluss auf Haeckel gewannen dann aber – wie schon benannt – die Lehrveranstaltungen von Johannes Müller. Als Resultat der mit Müller gemeinsam unternommenen Exkursion nach Helgoland entstand Haeckels erste Publikation.[8]

Nachdem er Ende 1854 das »Tentamen philosphicum« absolviert hatte, das ab 1863 durch das »Examen physicum« ersetzt wurde, wechselte Haeckel für drei Semester zurück nach Würzburg, um dort am Julius-Spital seine Ausbildung in den klinischen Fächern fortzusetzen. Dabei besuchte er insbesondere die Kollegien von Virchow, der sein Talent bald erkannte und ihn motivierte, einige seltene Fälle seines Demonstrationskurses auszuarbeiten und in der Wiener Medizinischen Wochenzeitschrift zu veröffentlichen. Am 23. April 1856 wurde Haeckel dann als Assistent bei Virchow angestellt, erarbeitete aber seine Dissertation zu einem von Kölliker gestellten Thema: über die Histologie des Flusskrebses, die er 1857 in Berlin abschloss. Darauf wechselte Haeckel nach Wien, wo er insbesondere die Veranstaltungen der Physiologen Ernst von Brücke (1819 – 1892) und Carl Ludwig (1816 – 1895) besuchte. Im August 1858 kehrte er nach Berlin zurück, um sein Staatsexamen abzulegen. Am 17. 3. 1858 wurde Haeckel dort zum praktischen Arzt approbiert, eröffnete seine Praxis aber nur pro forma und wollte unter der Anleitung von Johannes Müller seine vergleichend anatomisch-mikroskopischen Studien weiter betreiben. Der plötzliche Tod Müllers am 28. 4. 1858 vereitelte diese Pläne.

Aus der Würzburger Zeit kannte Haeckel den damaligen Privatdozenten Carl Gegenbaur (1826 – 1903), der 1855 als außerordentlicher Professor der Zoologie und vergleichenden Anatomie nach Jena berufen worden war, und der 1858 auch das Ordinariat für Anatomie übernahm. Schon im März 1858 hatte Gegenbaur Haeckel nach Jena eingeladen und für eine gemeinsame meereszoologische Exkursion nach Messina interessiert. Anlässlich der Feierlichkeiten zum 300-jährigen Bestehen der Universität reiste Haeckel erneut nach Jena. Es kam zu einer vertraulichen Unterredung mit Carl Gegenbaur und dem Kurator der Universität, Karl Julius Moritz Seebeck (1805 – 1884). In dieser wurden Haeckel sichere Aussichten auf eine spätere akademische Lehrtätigkeit in Jena eröffnet. Die Forschungsreise nach Messina musste Haeckel, da Gegenbaur verhindert war, allerdings allein antreten. Finanziert wurde sie durch seinen Vater.

V. HAECKELS ITALIENREISE

Nach intensiver Vorbereitung reiste Haeckel am 28. Januar 1859 über Halle und Würzburg zunächst nach Genua, Florenz und Rom. In Florenz erstand er in der Werkstatt des bekannten Physikers und Mikroskopbauers Giovanni Battista Amici ein leistungsfähiges Mikroskop, das mit einem Wasserimmersionsobjektiv eine Vergrößerung bis zu 1: 1000 ermöglichte. Haeckel verbrachte darauf fast fünf Wochen in der Kunststadt Rom und reiste erst Ende März nach Neapel, um mit seinen wissenschaftlichen Arbeiten zu beginnen. Allerdings war die Jahreszeit wenig günstig für sein Vorhaben. Sein ursprüngliches Thema, in dem er eine von Johannes Müller angeregte Fragestellung weiterverfolgen wollte, die Anatomie der Echinodermen (wie Seestern und Seeigel), erwies sich nicht als praktikabel; es war ihm nicht möglich, geeignetes Tiermaterial zu erhalten. Verzweifelt flüchtete Haeckel in die reizvolle Landschaft Italiens. Zufällig traf er vor der Abfahrt zu einer 8-tägigen Exkursion nach Ischia den Kunstmaler Hermann

4 Mikroskop Ernst Haeckels

Allmers (1821 – 1902). »Durch ihn wurde mein eigener Zeicheneifer erst wieder recht ins Leben gerufen und ihm verdanke ich es hauptsächlich [...], dass ich alles doppelt frisch und richtig erfasste und keine Ruhe hatte, bis nicht alle mir lieb gewordenen Landschaften im Skizzenbuch fixiert waren. Ja zuletzt hatte er es soweit gebracht, dass ich am Schluß unserer gemeinsamen Wanderzeit, in Messina, nahe daran war umzusatteln, die Naturforscherei ganz als Hauptstudium aufzugeben und Landschaftsmaler zu werden.«[9] Als Haeckel dann auch noch den Monat August botanisierend und zeichnend auf der Insel Capri verbrachte, wies ihn sein Vater energisch in die Schranken.

Am 17. 10. 1859 trennten sich die Wege von Haeckel und Allmers, und für Haeckel begann ein neuer, für seine wissenschaftliche Arbeit entscheidender Abschnitt seiner Reise. Über sechs Monate widmete er sich der Erforschung des Meeresplanktons im Golf von Messina, der wegen seines Reichtums an niederen Tieren bekannt war. Hier untersuchte er systematisch die vorkommenden Tiere. Als er dann auf eine Reihe bisher unbekannter Radiolarienarten stieß, wählte er diese Tiergruppe zur speziellen Bearbeitung aus. Damit war für ihn nun ein fruchtbares Themenfeld gefunden. Es gelang ihm bis zu seiner Abreise aus Messina 120 neue Radiolarienarten zu identifizieren. Mit zwölf Kisten Sammlungsmaterial verließ er am 1. April Messina. Seine Rückreise führte ihn über Marseille und Paris nach Berlin. Dort begann er mit der Auswertung seiner Ergebnisse und der Bearbeitung des mitgebrachten Sammlungsmaterials. Zugleich nahm er wieder Verbindung mit Gegenbaur auf, der Haeckel erneut für Jena zu gewinnen suchte. Gegenbaur drängte Haeckel, sich schon im Winter-

5 Aquarelle von Ernst Haeckel:
Messina. Hafen und Aspromonte von der Villa Guelfonia aus gesehen, 1897

Neapel. Blick aus dem Observatorium am Vesuv, 1859

semester 1860/61 zu habilitieren und sofort mit den Vorlesungen zu beginnen, um anderen Bewerbern auf eine mögliche Zoologie-Stelle in Jena zuvorzukommen. Haeckel sah sich aber außer Stande in einem so kurzen Zeitraum die geplante große Monographie über die Radiolarien zu verfassen. Erste Ergebnisse präsentierte er aber schon am 17. 9. 1860 auf der 35. Versammlung deutscher Naturforscher und Ärzte in Königsberg.

VI. ÜBER DIE RADIOLARIEN ZUR PROFESSUR IN JENA

Nur wenig später zeichneten sich für Haeckel zwei weitere Karrieremöglichkeiten ab. Aussichten bestanden für ihn am akademischen Gymnasium in Hamburg und – als Professor für Anatomie – an der Berliner Akademie der Künste; die hierzu formulierte Bewerbung nahm Haeckel allerdings, nachdem er erkannte, dass er dort in ein Intrigenspiel hineingezogen werden sollte, schon nach drei Wochen zurück. Nachdem dann die Medizinische Fakultät der Universität Jena – unter dem Dekanat von Matthias Jacob Schleiden (1804–1881), einem der Begründer der biologischen Zelltheorie – und die Erhalterstaaten der Universität Haeckels Antrag auf Zulassung zur Habilitation als Privatdozent für vergleichende Anatomie zugestimmt hatten, übersiedelte Haeckel am 24. Februar 1861 nach Jena und habilitierte dort schon am 4. März mit einer 16 Seiten umfassenden Arbeit über die Grenzen und Ordnungen der Rhizopoden, die im wesentlichen dem Abschnitt IV seiner 1862 erschienenen Radiolarienmonographie entsprach Nach seiner am 5. März gehaltenen Probevorlesung *Über das Gefäßsystem der Wirbellosen* war sein Habilitationsverfahren abgeschlossen.

So begann Haeckel am 24. April vor neun eingeschriebenen Hörern seine zoologische Lehrtätigkeit. Auch im folgenden Wintersemester hielt Haeckel ein Zoologie-Kolleg. Seine übrige Arbeitskraft widmete er der Fertigstellung seiner Radiolarienmonographie, schließlich hing von deren Erscheinen die erhoffte Beförderung zum außerordentlichen Professor ab. Da sich die Drucklegung bei Georg Reimer in Berlin verzögerte, ließ Haeckel zunächst vier Exemplare des ersten allgemeinen Teils der Radiolarienmonographie gesondert binden und sandte diese an einflussreiche Persönlichkeiten. Diese Strategie hatte Erfolg. Am 3. Juni 1862 wurde Haeckel – er war jetzt 28 Jahre alt – zum außerordentlichen Professor für Zoologie ernannt. Er konnte nun den Ordinarius Gegenbaur in diesem Tätigkeitsfeld entlasten. Zwei Tage später wurde Haeckel dann zusätzlich in das Amt des Direktors des Großherzoglichen Zoologischen Museums eingeführt.

Noch im gleichen Jahr erschien die Radiolarienmonographie zusammen mit einem Atlas von 35 Kupfertafeln, die der Berliner Kupferstecher Wagenschieber ausgeführt hatte. Diese Arbeit fand sehr rasch weite Beachtung. Führende Naturforscher wie Rudolf Leuckart (1822–1898), Franz von Leydig oder der englische Darwinist Thomas Henry Huxley (1825–1895) sprachen öffentlich ihre Bewunderung und Anerkennung aus. Auf Grund dieser Leistung wurde Haeckel dann schon am 20. Dezember 1863 in die Kaiserlich Leopoldino-Carolinische Deutsche Akademie der Naturforscher aufgenommen und nur zwei Monate später wurde ihm auf

Anregung des seinerzeitigen Präsidenten Carl Gustav Carus (1789–1869) die höchste von dieser Akademie zu verleihende Auszeichnung, die große goldene Cothenius Medaille, verliehen. Haeckel, der nachmalige Vorkämpfer des Darwinismus, hatte damit als Zoologe reüssiert.

VII. ZUM WIRKEN HAECKELS NACH 1862

Die weitere Lebensgeschichte Haeckels sei hier nur angedeutet. Nach dem sehr frühen Tod Annas, seiner ersten Frau, stürzte sich Haeckel 1864 in die Arbeit. In nur zwei Jahren entstand seine zweibändige *Generelle Morphologie der Organismen*. Diese 1866 erschienene Arbeit enthielt detaillierte Stammbäume der Organismen, mit Einschluss des Menschen. Haeckel entwickelte hier ausgehend von seinen Radiolarienarbeiten die Vorstellung, dass die Entwicklung der Baupläne der verschiedenen Tierarten als eine sukzessive Entfaltung sich immer komplexer gestaltender Symmetriebeziehungen zu verstehen sei. Er entwarf so eine Art von organischer Kristallographie. Die sukzessive Differenzierung der Symmetriebeziehungen gäbe so das Muster, nach dem die Evolution der Formtypen des Organischen sich vollzogen haben könnte. Haeckel nahm damit offensiv für eine neue, auf der Grundlage des Darwinismus zu schreibende Biologie Stellung.

Ein Jahr später heiratete er Agnes Huschke. 1868 erschien dann seine populäre *Natürliche Schöpfungsgeschichte*, die bis 1920 allein in der deutschen Ausgabe zwölf Auflagen erlebte. Sie versammelt »gemeinverständliche wissenschaftliche Vorträge über die Entwicklungslehre im Allgemeinen und diejenigen von Darwin, Goethe und Lamarck im Besonderen, über die Anwendung derselben auf den Ursprung des Menschen und andere damit zusammenhängende Grundfragen der Naturwissenschaft«. Das Werk hat entscheidend zur Popularisierung des Darwinismus beigetragen. 1874 erschien dann seine Monographie der Kalkschwämme, die seine Vorstellung des »Biogenetischen Grundgesetzes« darzulegen suchte. Nach diesem war die Entwicklungsgeschichte des einzelnen Organismus, seine Ontogenese, eine Rekapitulation von dessen Stammesgeschichte. Auf Grundlage dieses Postulates suchte Haeckel nun, im Vergleich der Ontogenesen, die Phylogenese – oder Stammesgeschichte – darzulegen. Zwei Jahre später publizierte er seine populäre *Anthropogenie oder Entwickelungsgeschichte des Menschen*.

Haeckel hatte sehr früh erkannt, dass seine Forderung einer umfassenden Biologisierung des neuen, nachdarwinschen Denkens nicht in einem innerakademischen Diskussionsgefüge zu realisieren war. Folglich verfasste er populäre Schriften. Unabhängig und parallel zu diesen eigenen Popularisierungsversuchen schuf er sich nach 1880 einen ganzen Kranz von Popularisatoren, die bedeutendsten waren Wilhelm Bölsche (1861–1939), Carus Sterne (1839–1903) und Wilhelm Breitenbach (1856–1937), die jeweils unterschiedliche Segmente der damaligen Gesellschaft, die an biologischen Fragen interessiert waren, bedienten. Haeckel gewann damit um 1900 nahezu ein Monopol für die populäre Darstellung des Darwinismus im Deutschen Sprachraum. Da die Preußische Regierung verboten hatte, im Schulunterricht an Gymnasien die Darwinsche Lehre zu behandeln, kam ein an diesen Dingen Interessierter kaum an den von Haeckel und seinem Umfeld publizierten Schriften vorbei, wollte er sich über die Aussagen und Konsequenzen der Darwinschen Lehre orientieren.

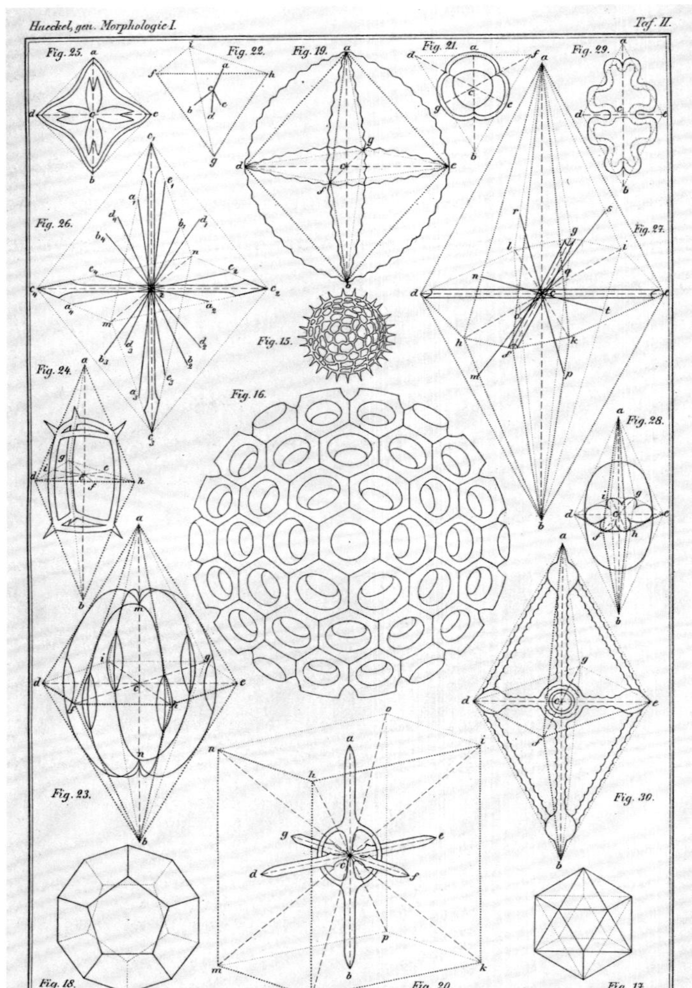

6 Polyaxonie und homopole Grundformen. In: Ernst Haeckel, »Generelle Morphologie der Organismen. Allgemeine Grundzüge der Organischen Formen-Wissenschaft-, mechanisch begründet durch die von Charles Darwin reformierte Descendenz-Theorie«. Erster Band: Allgemeine Anatomie der Organismen, Berlin, 1866

Nach Haeckels Auffassung war daher die Biologie keine gewöhnliche Fachdisziplin. Haeckel entwarf, ausgehend von seinen Ansichten einer umfassenden Reorientierung des Denkens im Darwinistischen Sinn, eine auf biologischer Grundlage aufgebaute Wissenschaftsreligion. Dieser Gedanke wird von Haeckel in seinen 1899 erschienenen *Welträthseln* ausgearbeitet. Diese Schrift machte ihn um die Jahrhundertwende zu einem der bekanntesten deutschen Naturforscher. Er predigte dort einen Biologismus, den er einerseits als philosophische Theorie, andererseits aber auch als Ästhetik zu formulieren suchte. Seine zwischen 1899 und 1904 publizierten *Kunstformen der Natur* offerierten hierzu in brillant gestalteten Tafeln ein auf biologischer Grundlage erarbeitetes Anschauungsmaterial.[10] Mit den darin publizierten Formtafeln wirkte Haeckel massiv auf die Kultur seiner Zeit. Er beschrieb eine Natur, die sich in ihren Formen als Ornamentik eines universellen Designgefüges präsentierte.

VIII. HAECKELS NATUR-ANSICHTEN

Haeckel sah diese Natur mit den Augen seiner Zeit. Seine »objektiven« Darstellungen waren in die Wahrnehmungsmuster dieser Zeit eingepasst. Seine schon durch die Brille des Jugendstils vorstrukturierten Anschauungsmuster waren denn auch unschwer in dieses neue Formdesign umzusetzen. Auch die Organismen der Tiefsee waren so geartet, dass sie in die ornamentalen Figuren eines Art Déco einzupassen waren. Künstler wie der Architekt der Pariser Weltausstellung, René Binet (1806–1911), setzten diese von Haeckel für die Natur aufgewiesenen Formen dann auch direkt in Kunstformen um. Das Eingangstor der Pariser Weltausstellung von 1900 entsprach ganz der Form einer ins Gigantische gesteigerten Haeckel'schen Radiolarie. Entsprechend breit war die Wirkung dieses visuellen Programms, welches sehr deutlich vor Augen führte, dass die Anschauung der Natur letztlich der Formkultur der Zeit entsprach.

7 Blumentopfständer im Haeckel-Haus Jena mit Radiolarienmotiven nach Zeichnungen E. Haeckels

Eine derart passende Naturanschauung konnte breit rezipiert werden. Zusammen mit den Vorstellungen einer allmählichen Entfaltung der Formen auch des Geistigen in der Evolution entwickelte sich hieraus auch der Ansatz einer Evolutionstheorie der Kunst, in der Haeckel erneut einen zentralen Stellenwert einnahm. Die Anschaulichkeit des in solchen Vorstellungsmustern dargestellten Naturalen und dessen insoweit im Bildmuster erarbeitete Kultivierung wirkten noch über Haeckels Tod (1919) fort. Die Idee, in der Anschauung die Natur erfassen zu können, war für eine Biologie, die vor einer immensen, kaum strukturierbar erscheinenden Formvielfalt stand, verfänglich.

Dies hatte für die Darstellungspraxis der Naturgeschichte insgesamt Konsequenzen. Der Haeckel'schen Auffassung nach genügte es nun, diese Natur in das rechte Bild zu setzen. Sie war, wurde sie im Sinne eines evolutionsbiologisch gesichert erscheinenden Ordnungsdenkens ästhetisiert, als Natur begriffen. Die Natur zeigte sich in ihren Formen, und sie offenbarte sich in ihrer Natürlichkeit in der Ordnung ihrer Formen. Diese Ordnung war die des historischen Prozesses. Entsprechend waren für Haeckel alle Symmetrien, alle Systematiken und alle Klassifikationen eben dann, wenn sie sich in der Natur abbilden ließen, Ausweis von deren Evolution. In den Ordnungen der Natur war für ihn die Evolution und damit das Werden der Natur und in diesem die Natur selbst abgebildet. Erkennen ist demnach für Haeckel nicht Begreifen, sondern Sehen. Das, was die Natur ist, ist an ihr anschaulich. Das Bild, das diese Anschaulichkeit der Natur einfängt, ist damit mehr als die Illustration eines Textes. Es trägt selbst in sich die Erkenntnis, die der Text dann nur noch erläutert.

Die Naturfilme, die noch nach 1960 die deutsche Fernsehkultur bestimmten, sind aus genau dieser Anschauung erwachsen. Das Bild der Natur ist – deren Auffassung zufolge – ihre Wahrheit. Nicht der abstrakte Mechanismus, sondern das, was dieser inszeniert, ist die Natur, die auch dann, wenn in dieser Inszenierung Ordnung gefunden wird, erklärt erscheint. Das schöne Bild, durchaus auch in dem einfachen Sinne einer symmetrische Muster reproduzierenden Darstellung, transportiert denn auch das Wahre dieser Natur.

8 Das Monumentaltor zur Pariser Weltausstellung 1900 von René Binet. Als Vorbild diente eine von Haeckels Radiolarienzeichnungen

Dazu passt das Bild seiner Arbeit, das der junge Haeckel seiner geliebten Verlobten vermittelte. Aus seinen Arbeitswochen in Messina schrieb ihr Haeckel am 16. 2. 1860: »Der glücklichste Tag – wahrscheinlich in wissenschaftlicher Beziehung [seine Braut wird aufgeatmet haben] der glücklichste meines ganzen Lebens – war der 10. Februar, wo ich, als ich früh wie gewöhnlich mit dem feinen Netz auf den Fang ausfuhr, nicht weniger als 12 (zwölf!!) neue Arten [Radiolarien] erbeutete und darunter die allerreizendsten Tierchen! Ein Glücksfang, der mich halb unsinnig vor Freude machte; ich fiel vor meinem Mikroskop auf die Knie und jubelte dem blauen Meere und den gütigen Meeresgöttern, den zarten Nereiden, die mir immer so herrliche Geschenke schicken, innigsten Dank zu, versprach auch, recht gut und brav zu sein und, dieses Glückes würdig, all mein Leben dem Dienst der herrlichen Natur, der Wahrheit und Freiheit zu widmen.«[11]

Dieses Bild kennzeichnet auch Haeckels späteres Umgehen mit der Natur. Diese ist für ihn Referenz, Maßstab, und so an sich, in dem was an ihr anschaulich ist, das Wahre. Dies ist keineswegs eine spätere Idealisierung des Populisten Haeckel. Dies ist seine innere Überzeugung, aus der heraus er Natur erfasst. Natur ist ihm das, was er erfahren kann, was an ihr anschaulich ist. Dieses Anschauliche kann der Wissenschaftler erfassen, erst dann kann er es reproduzieren. Wenn er dies tut und das Reguläre in dem, was ihm anschaulich ist, erkennt, kann er begreifen, was ihm die Natur an Erfahrungen offeriert.

Haeckel war ein Naturforscher, der zugleich auch in diesem innersten, tieferen Sinne Künstler blieb. Es gilt nicht einfach das Gesetz zu erfassen, das es abzuleiten erlaubt, wie etwas, das ich erfahre, sich verändern kann. Vielmehr ist das individuelle Erfahrungsbild eines Naturganzen festzuhalten, das allerdings in singulären Einheiten abzubilden ist. Hier findet sich in der Tat die von Haeckel selbst immer wieder beschworene Verwandtschaft zu Goethe, der ebenfalls die Gestalt der Natur und nicht die Abstraktion des Gesetzes als die adäquate, wahre Größe des Naturalen verstand.

IX. NATURGESTALTEN

Der nachmalig so prominente Vorkämpfer des Darwinismus Ernst Haeckel startete seine Karriere als vergleichend arbeitender Morphologe; er suchte, beschrieb und zeichnete Tierformen. Er schöpfte aus dem Reichtum des Meeres, illustrierte und dokumentierte das, was da war, und pries das, was Gott geschaffen hatte. Nur wandelte sich dieser Gott für den Natur-

9 Urkunde zum 70. Geburtstag von Ernst Haeckel.
Beschriftung: »Alle Lebewesen der Natur fühlen sich veranlaßt Herrn Professor Dr. Ernst Haeckel in Jena, welcher mit unermüdlichem Eifer für die Verbreitung der Gesetze ihrer Entwickelung und Formenschönheit in hervorragender Weise wirkte, zur siebzigsten Geburtstagsfeier ihre wahrhafte Verehrung durch dieses Gedenkblatt zum Ausdruck zu bringen. Jena 16. Februar 1904. Der beauftragte Stiftführer Adolf Giltsch.«

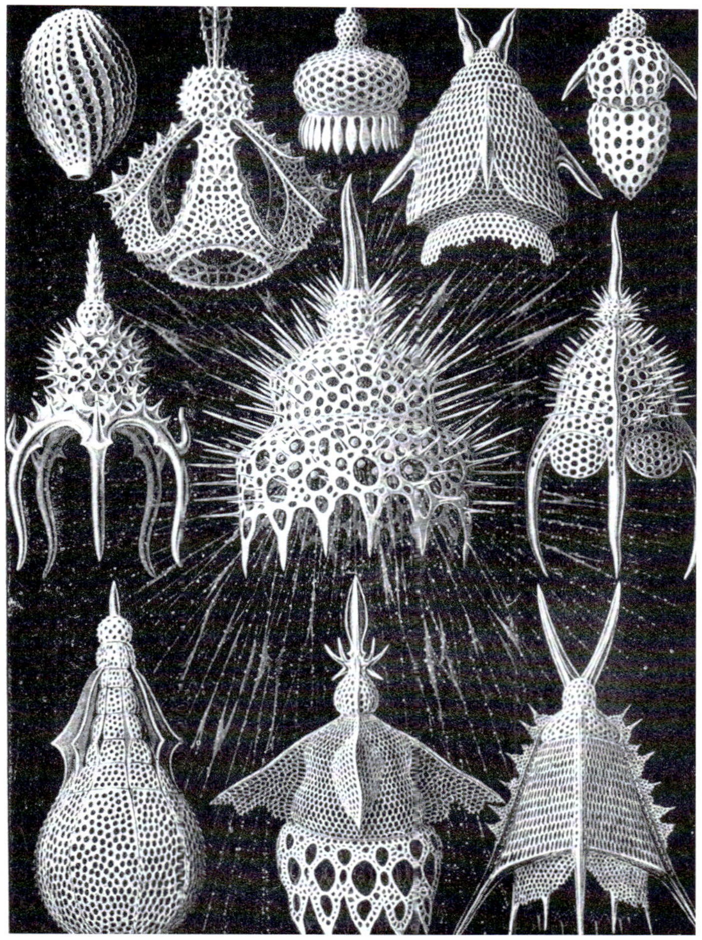

10 Tafel 31: Cyrtoidea. Flaschenstrahlinge.
In: Ernst Haeckel, »Kunstformen der Natur«, Leipzig 1899–1904

begeisterten, der in einer strenggläubigen, aber liberalen, vom Schleiermacherschen Denken geprägten Familie aufgewachsen war. Er fällt – so schrieb er seiner geliebten Cousine und späteren Frau – auf die Knie vor einer Gott-Natur, die sich ihm gerade in seiner Naturforschung offenbarte. So steht dieser nachmalig so revolutionär erscheinende Geist anfangs in einer durchaus religiös geprägten Tradition. Erzogen durch die führenden Morphologen seiner Zeit, die Würzburger Kölliker und Virchow, zu dem er allerdings trotz seiner hohen inhaltlichen Bewunderung nie ein persönliches Verhältnis gewann, und geprägt vor allem durch den großen Physiologen Johannes Müller, wirkt Haeckel in seinen Briefen und auch in seiner Arbeit wie ein ins 18. Jahrhundert zurückgewandter Naturforscher: Er zeichnet die Formvielfalt seiner Organismen auf, er beschreibt Skelette, Formvariationen, Weichteile, Lebensweise und Lebensorte seiner Organismen. Er systematisiert und ordnet. Er verfährt ganz so wie der große Moosforscher Johannes Hedwig (1730–1799) schon vor 1800 und agiert so wie der Anfang des 18. Jahrhunderts aktive Italiener Antonio Vallisneri (1661–1730). Allein, die von Haeckel gezeichneten Formen sind kleiner, er arbeitet mit dem Mikroskop, entdeckt eine Formvielfalt des Kleinen und Kleinsten und erfährt so im Detail eine neue Welt, deren Entdeckung ihn aber, unabhängig von ihrer äußeren Größe, andächtig werden lässt.

So erklärt sich auch das Preziöse seiner Darstellungen. Es sind genau die Formen illustriert, vor denen er 1860 auf die Knie fiel. Es sind dies nicht einfach Formen, die er neu entdeckt und so in die Reihe des ihm Bekannten einfügen kann; er erfährt in diesen Formen Zusammenhänge, sie stehen ihm für Ordnungen und für einen Naturprozess, den sie markieren und der so an ihnen ablesbar wird. Er zeichnet kleine Naturwerke, in denen er die Natur re-inszeniert. Es ist sein eigener, neu entdeckter Kosmos, den er vor Augen führt und den er in diesen Abbildungen darzustellen sucht.

Seinen Eltern schickt er zum Dank für all ihre Unterstützung nicht den Text seiner Abhandlung, und damit die wissenschaftlich-literarische Essenz seiner Studien, sondern die

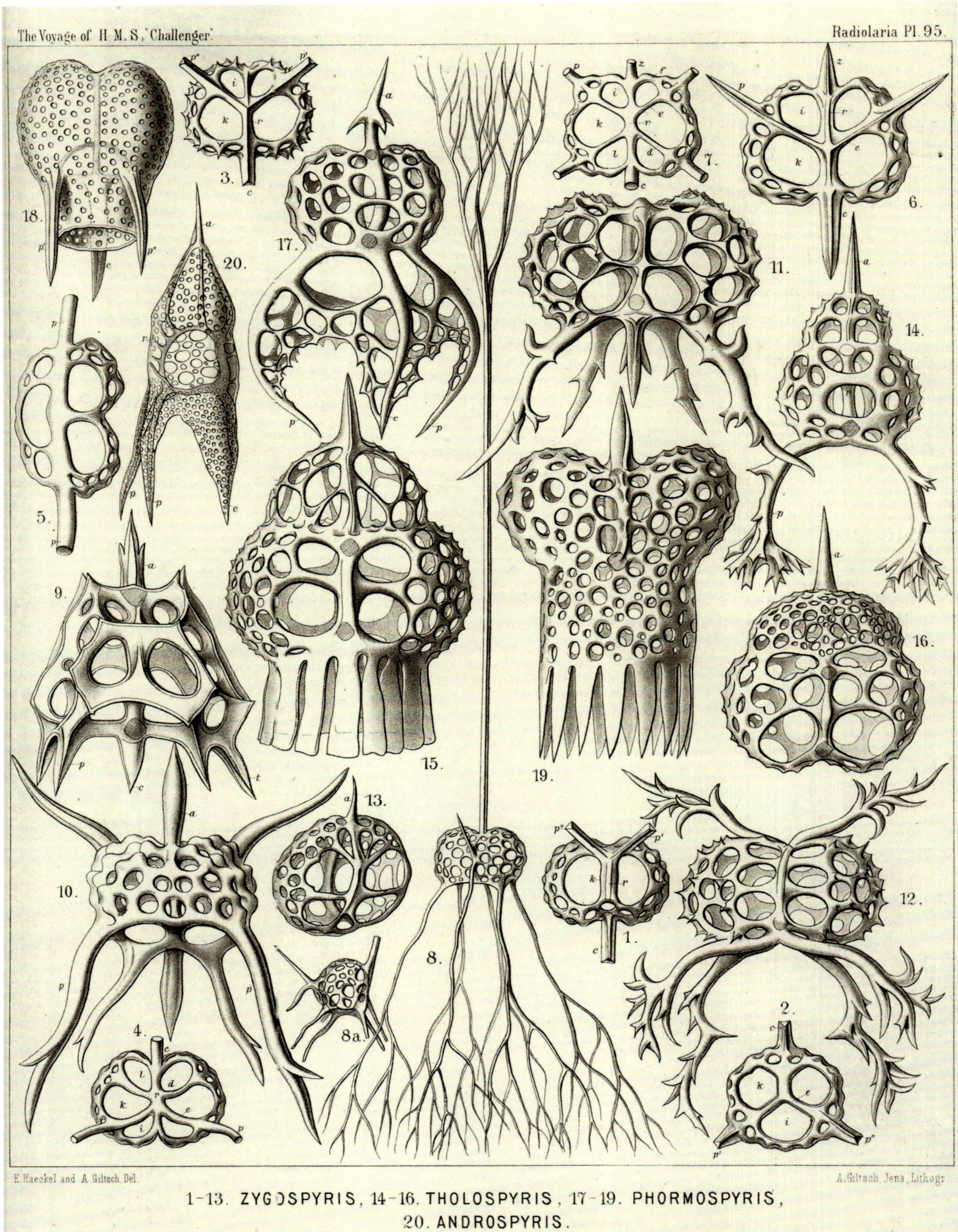

11 Radiolarien: Spumellaria und Nassellaria. Tafel 95 der Challenger-Radiolarien

eigentliche Nachricht dieses Bandes, seine Tafeln. In diesen ist für ihn die Natur eingefangen. Seinen Eltern übersendet er den ganzen von ihm geschaffenen Bildkosmos, zusammengesetzt aus Andrucken, Vordrucken und Originalzeichnungen.

Es sind nicht einfach Formreihen dargestellt. Die einzelnen Tafeln bilden Tableaus, in denen Haeckel die Variationen einzelner Formgebilde auffächert. In den einzelnen Fächern sind die verschiedenen Formspiele der Natur so dargestellt, dass sie in einer Sequenz von Formähnlichkeiten kondensiert erscheinen. In diesen Formabstufungen bildet sich eine Systematik ab, und so gewinnt Haeckel das natürliche System seiner Radiolarien. Sichtbar ist in diesen Tafeln, was, wo und wie variiert wird. So ist ein Formkanon entschlüsselt, der in das Ungefügte der durch ein Planktonnetz zusammengebrachten Formen Ordnung bringt. Diese Ordnung ist die Ordnung von kristallähnlichen Gebilden.

Der unter anderem auch von dem Mineralogen Christian Samuel Weiss ausgebildete Haeckel – die Prüfung bei Weiss war allerdings die einzige, die er versiebte – stellt hier ein Gefüge von Formvariationen organischer Kristalle dar. Er ist sich dessen auch bewusst, weiß er doch, dass sich seine Systematik im Wesentlichen auf die Skelettarchitekturen der von ihm untersuchten Formen gründet, was zunächst praktische Gründe hat, aber dennoch das Vorgehen Haeckels wesentlich erleichtert, nach Symmetrien in den verschiedenen Formen zu suchen. Ist doch – wie schon beschrieben – allein das Skelett dieser Organismen eingehender und gut zu untersuchen. Haeckel hielt diese Formen durchaus noch für Tiere, deren Körper aus Gewebeverschmelzungen entstanden waren. So erwähnt er zwar das Kriterium, das Kölliker zur Identifikation von Einzellern ausgewiesen hatte, das Vorhandensein eben nur eines Zellkerns, beschreibt aber keineswegs klar den inneren Bau dieser in der mikroskopischen Beobachtung so hochfragilen Formen.

1870 erschien ein von G. Fritsch und O. Müller edierter Band über »die Sculptur und die feineren Strukturverhältnisse der Diatomaceen«.[12] Dieser Band publizierte – im Großformat – eine Serie von Mikrophotographien von Kieselalgenschalen. Vorgelegt wurden darin Photographien von einem Kieselalgenpräparat. Die erste Abbildung zeigt in einer kleineren Vergrößerung die Anordnung der Kieselalgenschalen auf dem Testpräparat. Darauf folgen großformatige Einzelabbildungen der auf diesem Objektträger nebeneinander gelegten Schalen. Diese fein skulpturierten Schalen dienten u. a. auch zur Darstellung der Abbildungsqualität der mikroskopischen Optik. Nur wirklich gute Mikroskope waren in der Lage, die Feingliederungen der Schalenoberfläche abzubilden. Die Abbildungen dieses Bandes zeigen dann aber nur Naturornamente. Sie stehen in der Tradition der Naturwahrnehmungen des 18. Jahrhunderts, nutzen hierfür aber die neue Technik

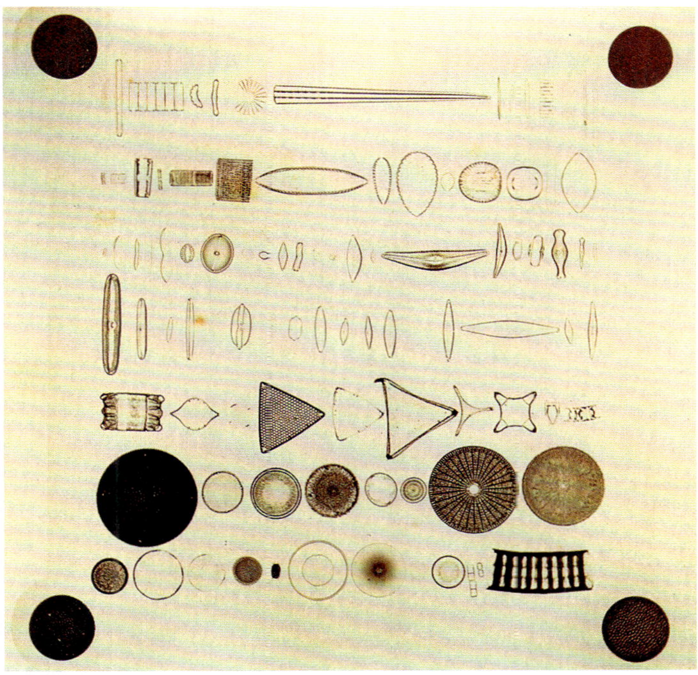
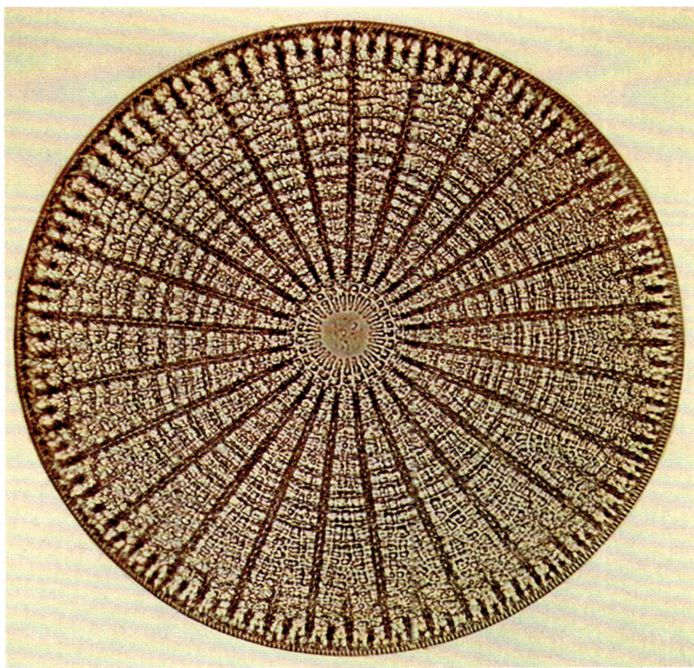

12 Gustav Fritsch und Otto Müller, »Die Sculptur und die feineren Structurverhältnisse der Diatomaceen mit vorzugsweiser Berücksichtigung der als Probeobjecte benutzten Species«. Abtheilung I. Zwölf Tafeln mikro-photographischer Abbildungen. Berlin, 1870. Tafel I: Diatomaleen-Typen-Platte II. von J. D. Möller in Wedel. Tafel II: Arachnodiscus ornatus. Ehrbg.

13 Die Natur offeriert ihre Schätze – Plakette
Inschrift: »DER NATURWISSENSCHAFTL VEREIN STUDIERENDER JENA SEINEM EHRENMITGLIEDE ERNST HAECKEL ZUM 70 GEBURTSTAGE 16 FEBRUAR 1904«

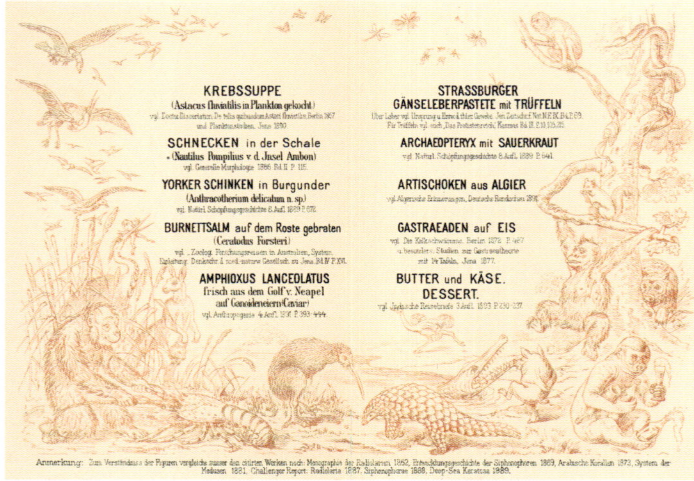

14 Speisenfolge beim Festessen zur 60. Geburtstagsfeier von Ernst Haeckel, 16. Februar 1894

der Mikrophotographie. Publiziert wurde hier ein Photoband, der nichts anderes als den Aufbau eines Demonstrationspräparates dokumentierte. Gezeigt wird ein geordnetes Nebeneinander von Formen, die in Ähnlichkeitsreihen angeordnet und zueinander in symmetrischen Ordnungsgefügen gruppiert sind. Diese Abbildungen illustrieren keine Systematik, sie illustrieren ein Naturdekor. Die Ästhetik dieser Abbildungen entspricht dennoch den Bildmustern Haeckels. Umgekehrt stehen so auch Haeckels Bildtafeln in der sich in jenen Fotobildtafeln fassenden Darstellungstradition, die auf die Wahrnehmungs- und Demonstrationskultur des 18. Jahrhunderts zurückverweist. Dort waren entsprechende Bildmuster nur für den Hof und wohlhabende Bürger verfügbar, die sich entsprechende Mikroskope leisten konnten, mittlerweile waren aber im Gefüge der Wissenschaften die Bildmuster der Naturgeschichte für alle Stände zugänglich. Die neue, den Bildungsadel vermittelnde Wissenschaft präsentiert sich nun aber weiterhin in den Dekors höfischer Naturdarstellungen. Von daher ist es konsequent, wenn diese Naturformen dann direkt wieder im Design, im Dekor der Architekturen und im Ornament der Gebrauchsgegenstände wiederkehren.

So fanden sich gerade auch die von Haeckel dargestellten Formen der Natur schon bald als Kunstformen wieder. Und Haeckel hat dies bewusst gefördert, wie etwa das Dekor der Speisekarte zu seinem 60sten Geburtstag zeigt. Wenn, wie es eine zeitgleiche Hymnenurkunde ausweist, alle Geschöpfe der Natur ihrem Naturforscher Haeckel zum gleichen Ereignis gratulieren, durften darin dann auch die Radiolarien nicht fehlen. Zu Haeckels 70sten Geburtstag wird er mit einer Bronzetafel geehrt, die darstellt, wie die Natur dem Gelehrten ihre Schätze darbietet. In die Form der Nereide ist so die Naturgottheit gegossen, die Haeckel in diesen Schätzen findet.

Haeckels Radiolarienmonographie blieb nicht die einzige systematische Studie in seiner Forschergeschichte. Haeckel war nicht nur der streitbare Darwinist und Biophilosoph. Als Wissenschaftler war er vor allem Taxonom und Systematiker. Er beschrieb in einer umfassenden Analyse eine Fülle verschiedener Meerestiergruppen. 1872 erschien die schon erwähnte Monographie der Kalkschwämme, 1879 und 1880 veröffentlichte er sein System der Medusen. 1887 publizierte er den zweiten Teil seiner Radiolarienmonographie, in dem er einen Grundriss der allgemeinen Naturgeschichte dieser Tiergruppe vorlegte. Und schließlich bearbeitete Ernst Haeckel für die Tiefseeexpedition der H.M.S. Challenger die Gruppen der Staatsquallen, der Tiefseemedusen und – natürlich auch – der Radiolarien. Die Vielfalt der Formen, die er so zusammenstellte, systematisierte, beschrieb und identifizierte, geht ins Unermessliche; seine Systematik war richtungweisend. Sie ist bis heute nicht nur in seinen exquisiten Illustrationen präsent, auch die von ihm so dargestellten Ordnungsmuster blieben bis heute relevant.

Haeckels Radiolarienmonographie von 1862 eröffnete eine fortdauernde Serie von Publikationen, in denen ein Forscher die Natur anschaulich zu machen suchte, um in den gewonnenen Anschauungen diese Natur dann auch zu erfassen. Dem Schwur, den Haeckel 1860 am Golf von Messina den Nereiden leistete, ist Haeckel Zeit seines Lebens treu geblieben.

1 Zitiert nach Erika Krauße, Ernst Haeckel. Leipzig 1984, S. 25.
2 Ernst Haeckel an seine Eltern, 30. 8. 1854, Ernst Haeckel Archiv, Jena.
3 Ernst Haeckel, Die Radiolarien. Berlin 1862, S. 17.
4 Ernst Haeckel, Die Radiolarien. Berlin 1862, S. 128.
5 Charles Darwin, Über die Entstehung der Arten im Thier- und Pflanzenreich durch natürliche Züchtung oder die Erhaltung der vervollkommneten Rassen im Kampfe um's Daseyn. Nach der 2. engl. Ausg. übers. und mit Anm. versehen von H. G. Bronn. Stuttgart 1860.
6 Ernst Haeckel, Die Radiolarien. Berlin 1862, S. 232f. (Anm.).
7 Brief Ernst Haeckels an seine Eltern vom 1.11.1852, Ernst Haeckel Archiv, Jena.
8 Ernst Haeckel, Über die Eier der Scomberesoces. J. Müllers Archiv f. Anatomie und Physiologie 1855, S. 23–32.
9 Ernst Haeckel, Briefe an die Braut 1859/60. Eingeleitet von H. Schmidt. Leipzig 1921, S. 69.
10 Ernst Haeckel, Kunstformen der Natur. Leipzig 1899–1904, Reprint: München, New York 1998.
11 Ernst Haeckel an Anna Sethe, 16.2.1860, zitiert nach: Georg Uschmann, Ernst Haeckel. Biographie in Briefen, mit Erläuterungen. Gütersloh 1984, S. 62f.
12 G. Fritsch, O. Müller, Die Sculptur und die feineren Structurverhältnisse der Diatomaceen mit vorzugsweiser Berücksichtigung der als Probeobjecte benutzten Species. Abt. I. Berlin, London 1870.

TAFEL I

Abb. 1 – 5 Thalassicolla pelagica

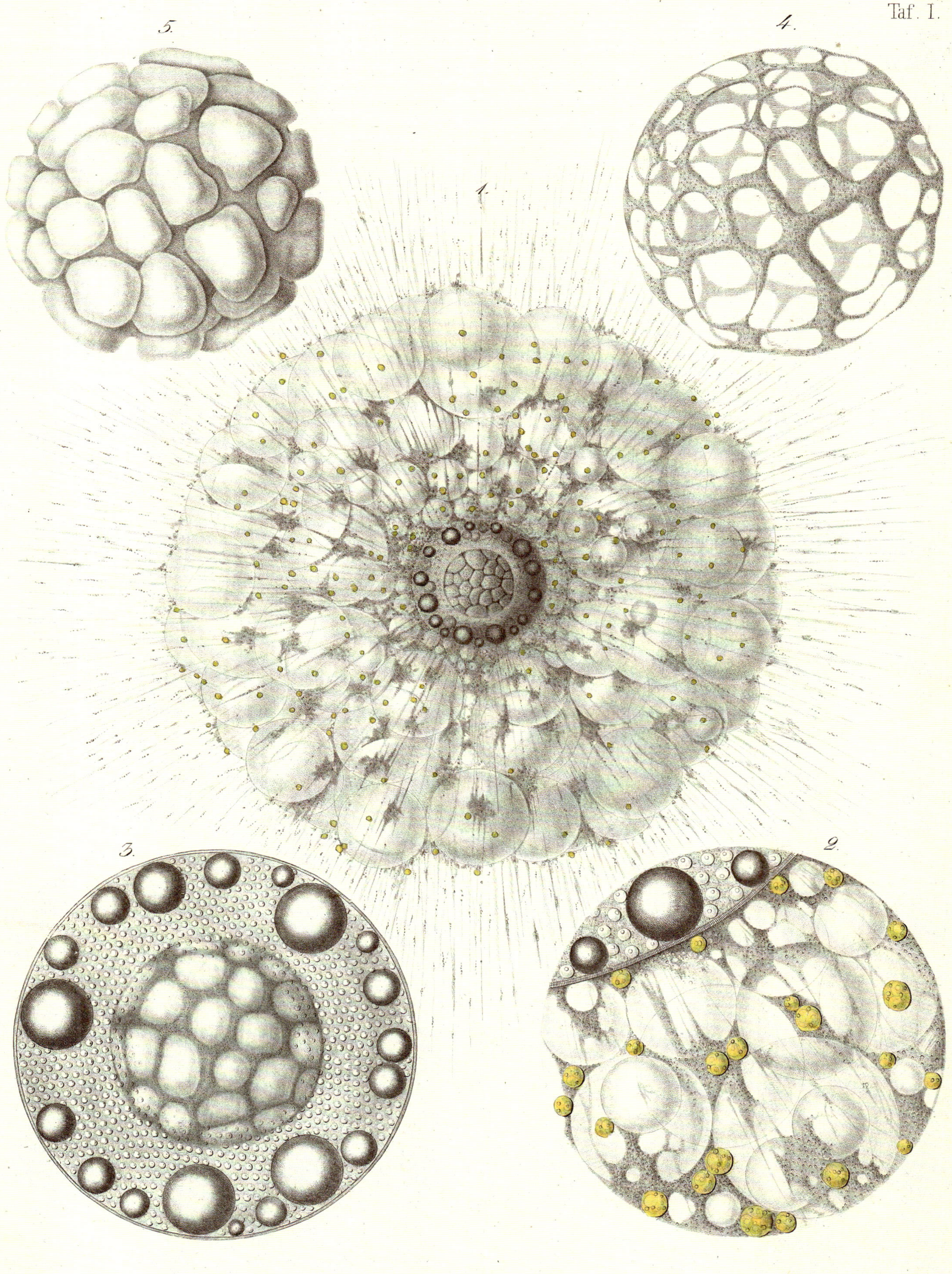

1–5. Thalassicolla pelagica, Hkl.

E. Haeckel del.

Wagenschieber sc.

TAFEL II

Abb. 1, 2	Aulacantha scolymantha
Abb. 3	Thalassicolla zanclea
Abb. 4, 5	Thalassolampe margarodes

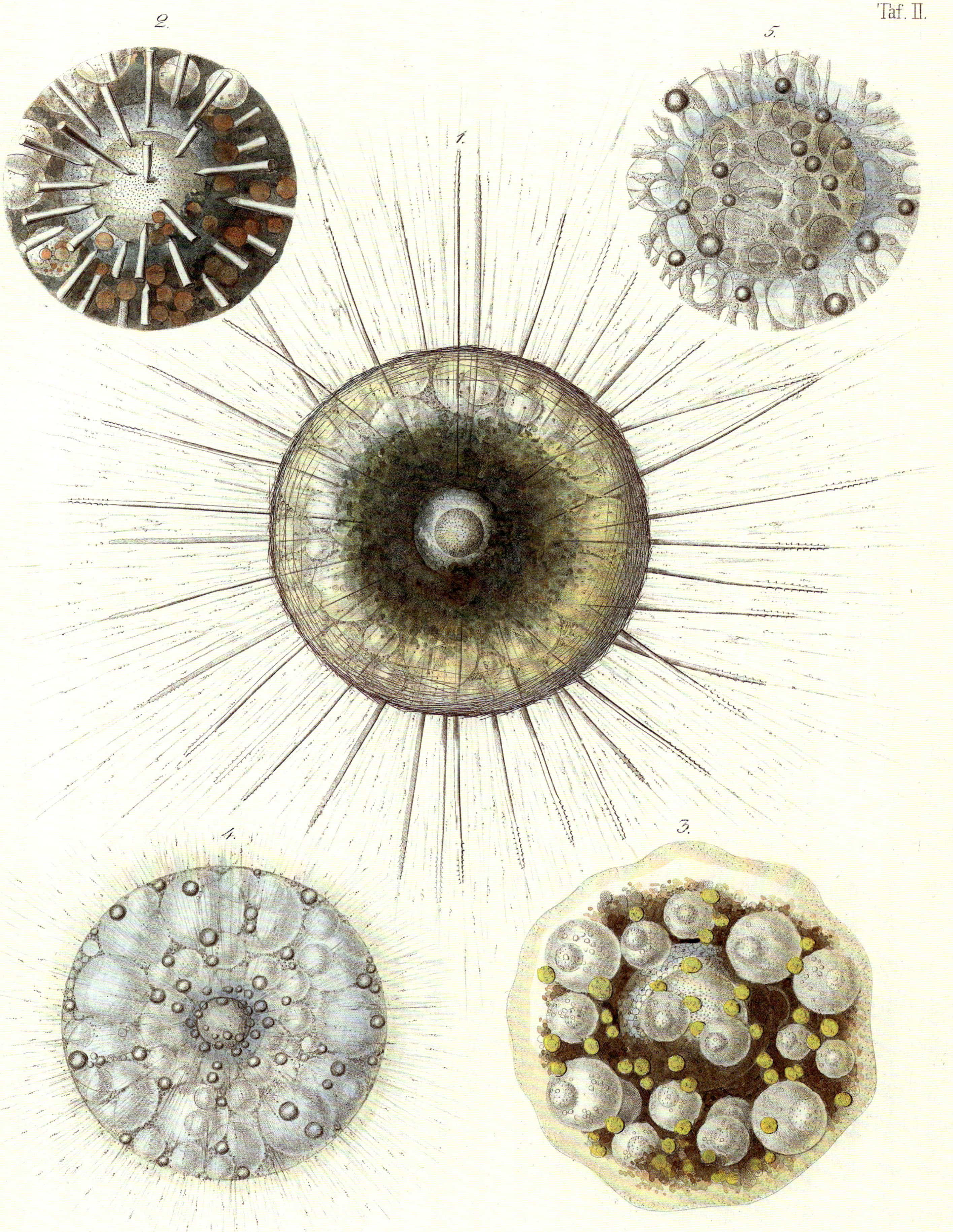

1. 2. Aulacantha scolymantha, Hkl. 3. Thalassicolla Zanclea, Hkl.
4. 5. Thalassolampe margarodes, Hkl.

E. Haeckel del. Wagenschieber sc.

TAFEL III

Abb. 1 – 5 Thalassicolla nucleata

Abb. 6 – 9 Physematium Muelleri

Abb. 10 – 13 Thalassoplancta cavispicula

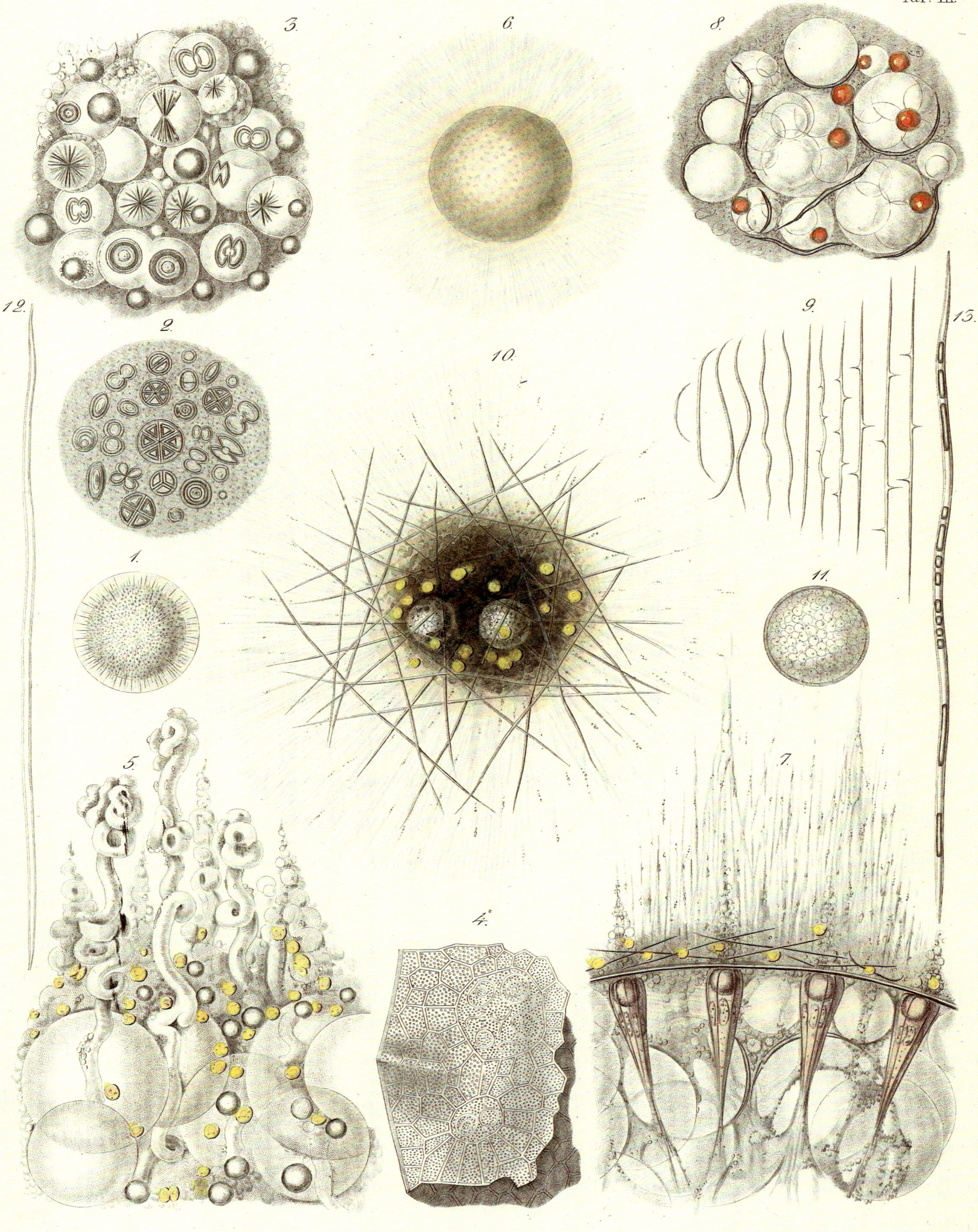

1–5. Thalassicolla nucleata, Huxley. 6–9. Physematium Mülleri, Schneider.
10–13. Thalassoplancta cavispicula, Hkl.

E. Haeckel del. Wagenschieber sc.

TAFEL IV

Abb. 1 – 5	Aulacantha scolymantha
Abb. 6	Prismatium tripleurum [Acanthodesmia]
Abb. 7 – 10	Litharachnium tentorium
Abb. 11	Eucyrtidium lagena

Taf. IV.

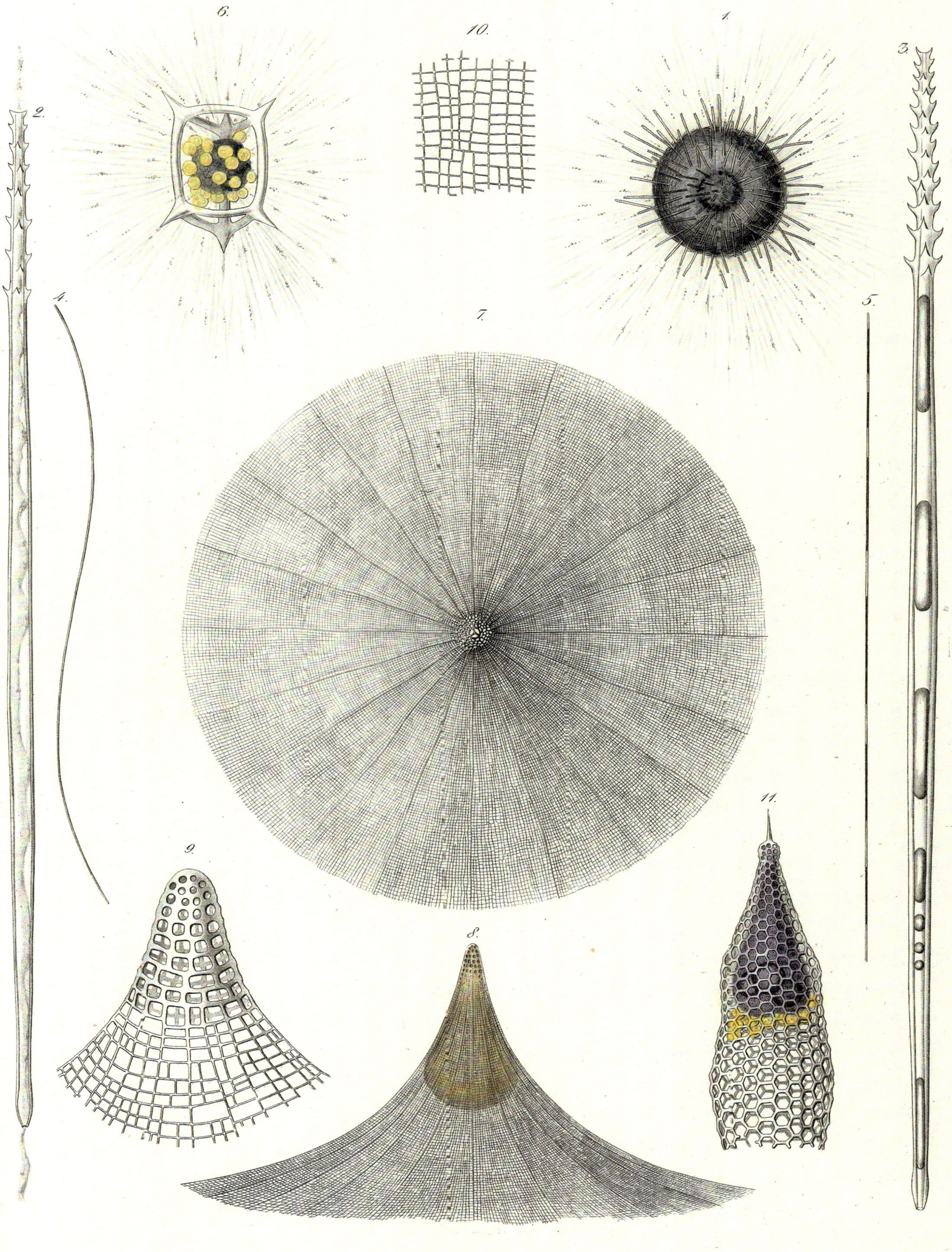

1–5. Aulacantha scolymantha, Hkl. 6. Acanthodesmia Prismatium, Hkl.
7–10. Litharachnium Tentorium, Hkl. 11. Eucyrtidium Lagena, Hkl.

E. Haeckel del.

Wagenschieber sc.

TAFEL V

Abb. 1	Carpocanium diadema
Abb. 2	Cyrtocalpis amphora
Abb. 3 – 11	Cyrtocalpis obliqua
Abb. 12 – 15	Eucecryphalus Gegenbauri
Abb. 16 – 19	Eucecryphalus Schultzei

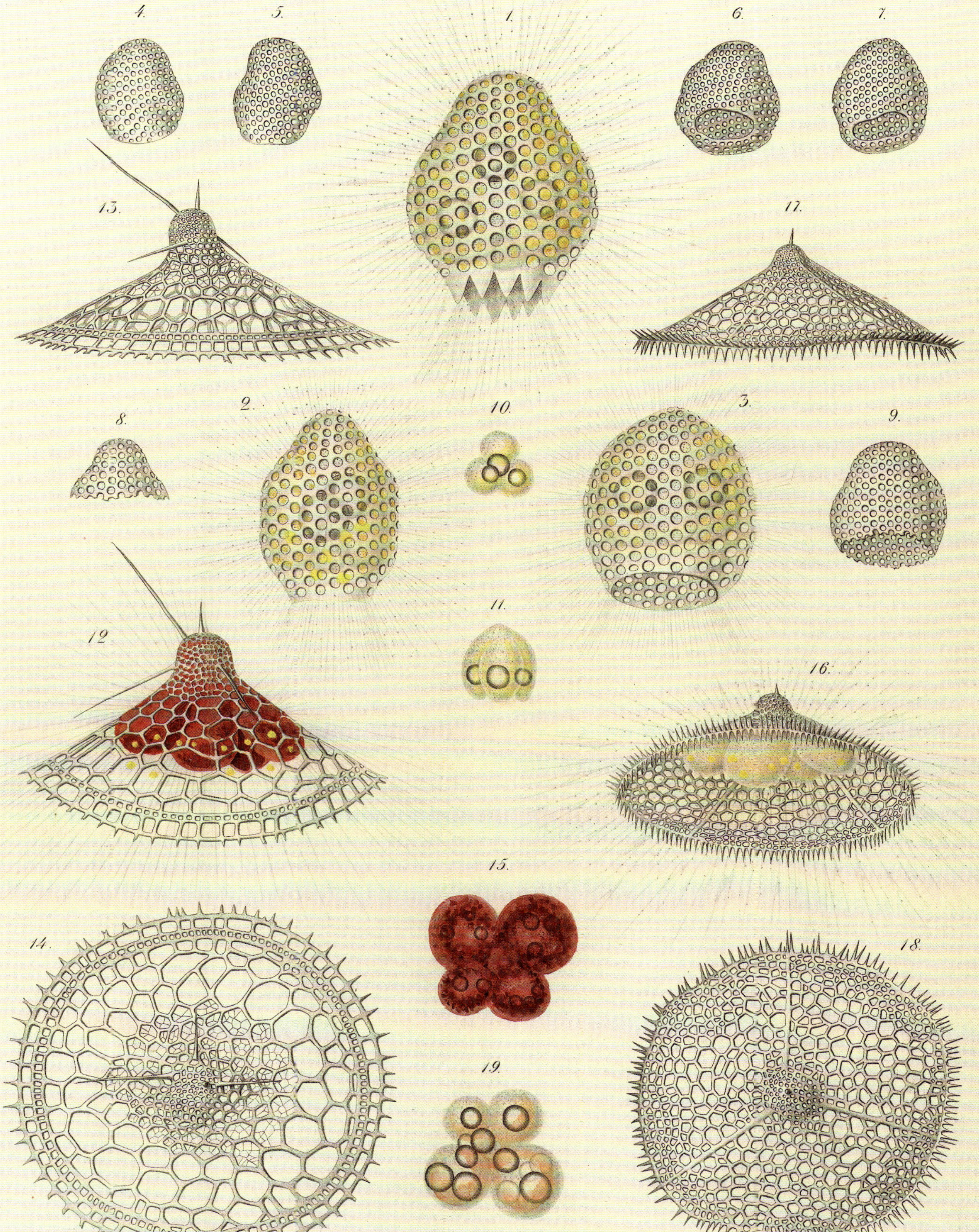

1. Carpocanium Diadema, Hkl. 2-11. Cyrtocalpis. 2. C. Amphora, Hkl. 3-11. C. obliqua, Hkl.
12-19. Eucecryphalus 12-15. E. Gegenbauri, Hkl. 16-19. E. Schultzei, Hkl.

E. Haeckel del. Wagenschieber sc.

TAFEL VI

Abb. 1	Dictyophimus tripus
Abb. 2 – 8	Lithomelissa thoracites
Abb. 9 – 11	Arachnocorys circumtexta
Abb. 12	Arachnocorys umbellifera

Taf. VI.

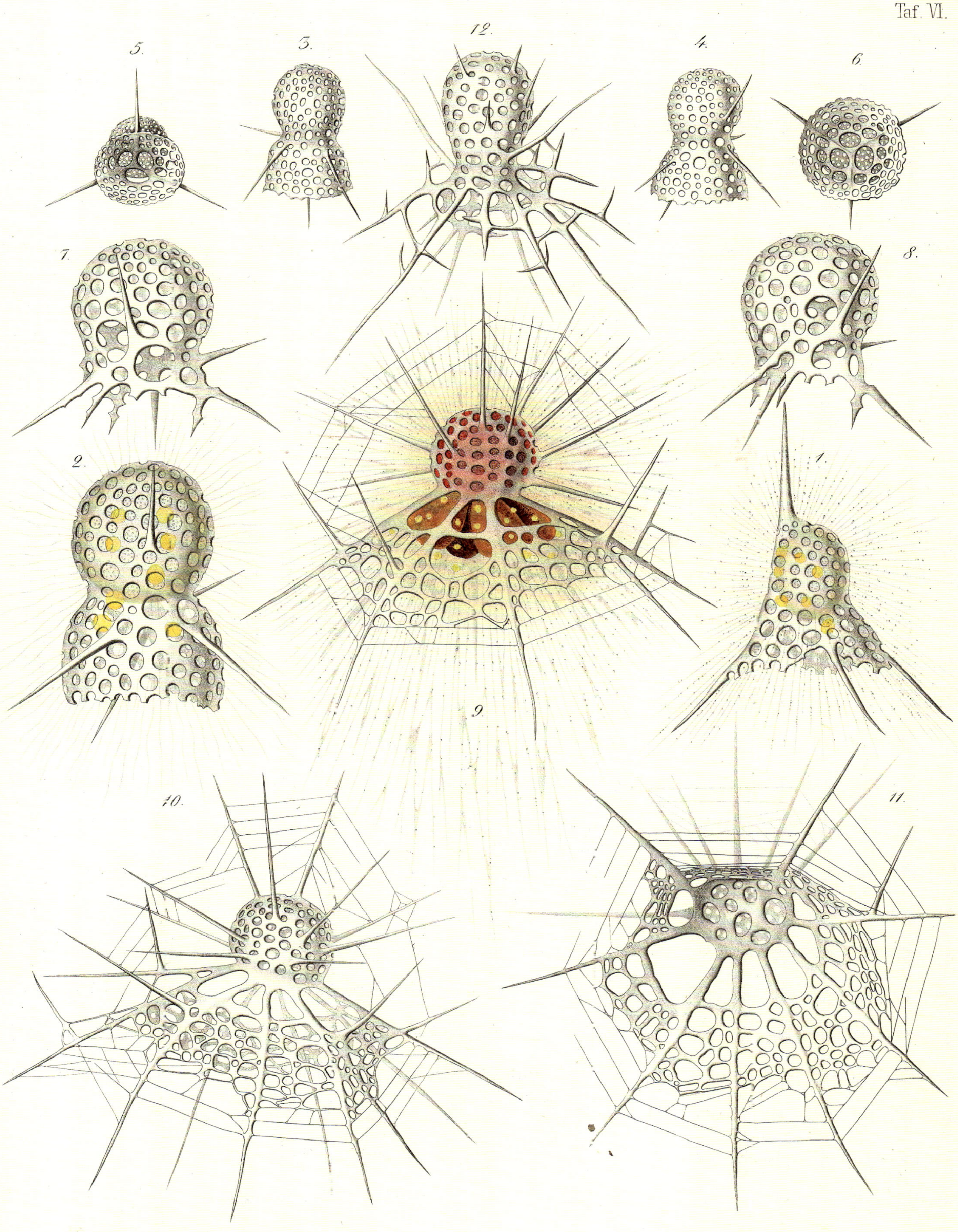

1. Dictyophimus Tripus, Hkl. 2–8. Lithomelissa Thoracites, Hkl.
9–12. Arachnocorys. 9–11. A. circumtexta, Hkl. 12. A. umbellifera, Hkl.

E. Haeckel del. Wagenschieber sc.

TAFEL VII

Abb. 1 – 3	Eucyrtidium cranoides
Abb. 4 – 7	Eucyrtidium carinatum
Abb. 8 – 10	Eucyrtidium galea
Abb. 11 – 13	Eucyrtidium anomalum

Taf. VII.

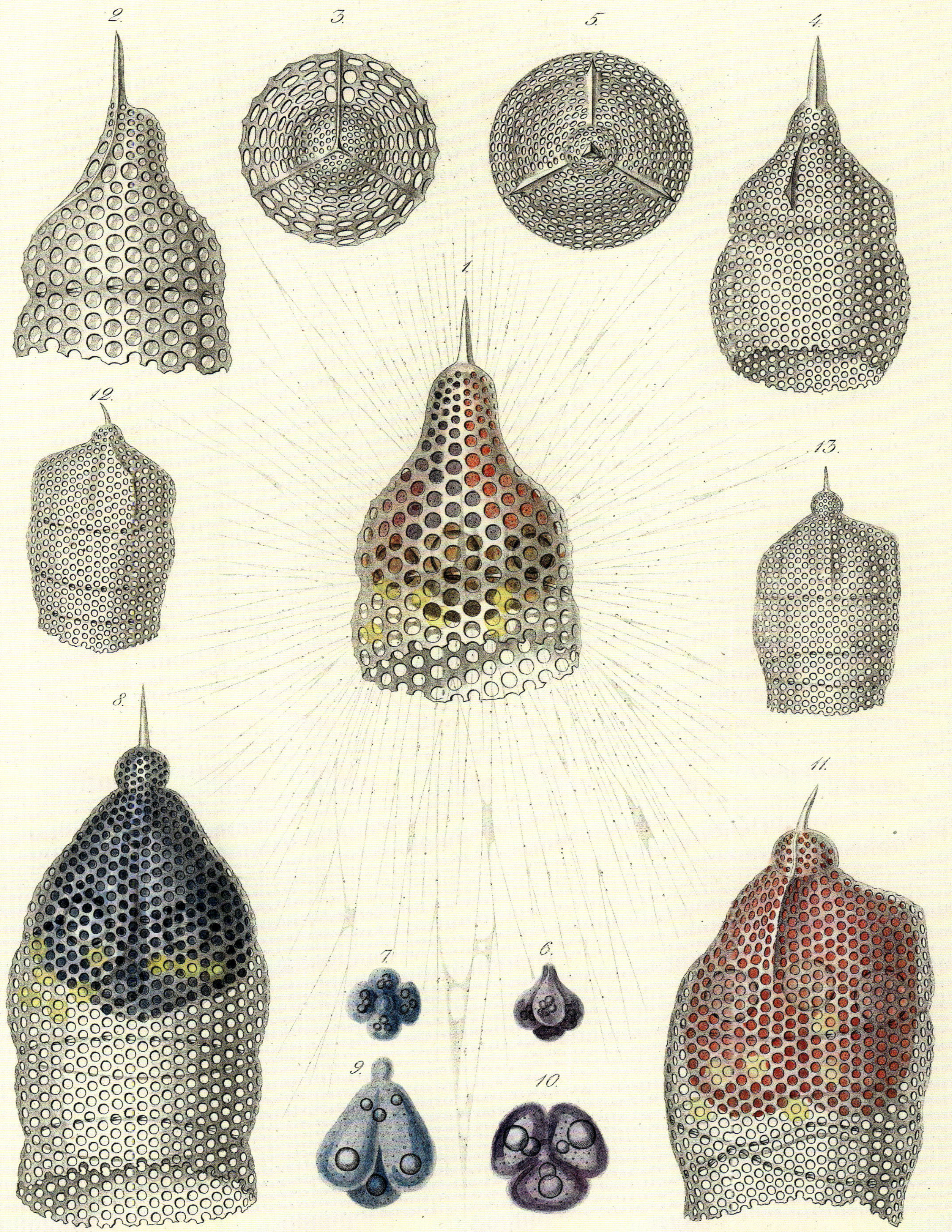

1–13. Eucyrtidium. 1–3. E. cranoides, Hkl. 4–7. E. carinatum, Hkl.
8–10. E. Galea, Hkl. 11–13. E. anomalum, Hkl.

E. Haeckel del. Wagenschieber sc.

TAFEL VIII

Abb. 1 – 5 Dictyoceras Virchowii

Abb. 6 – 10 Dictyopodium trilobum

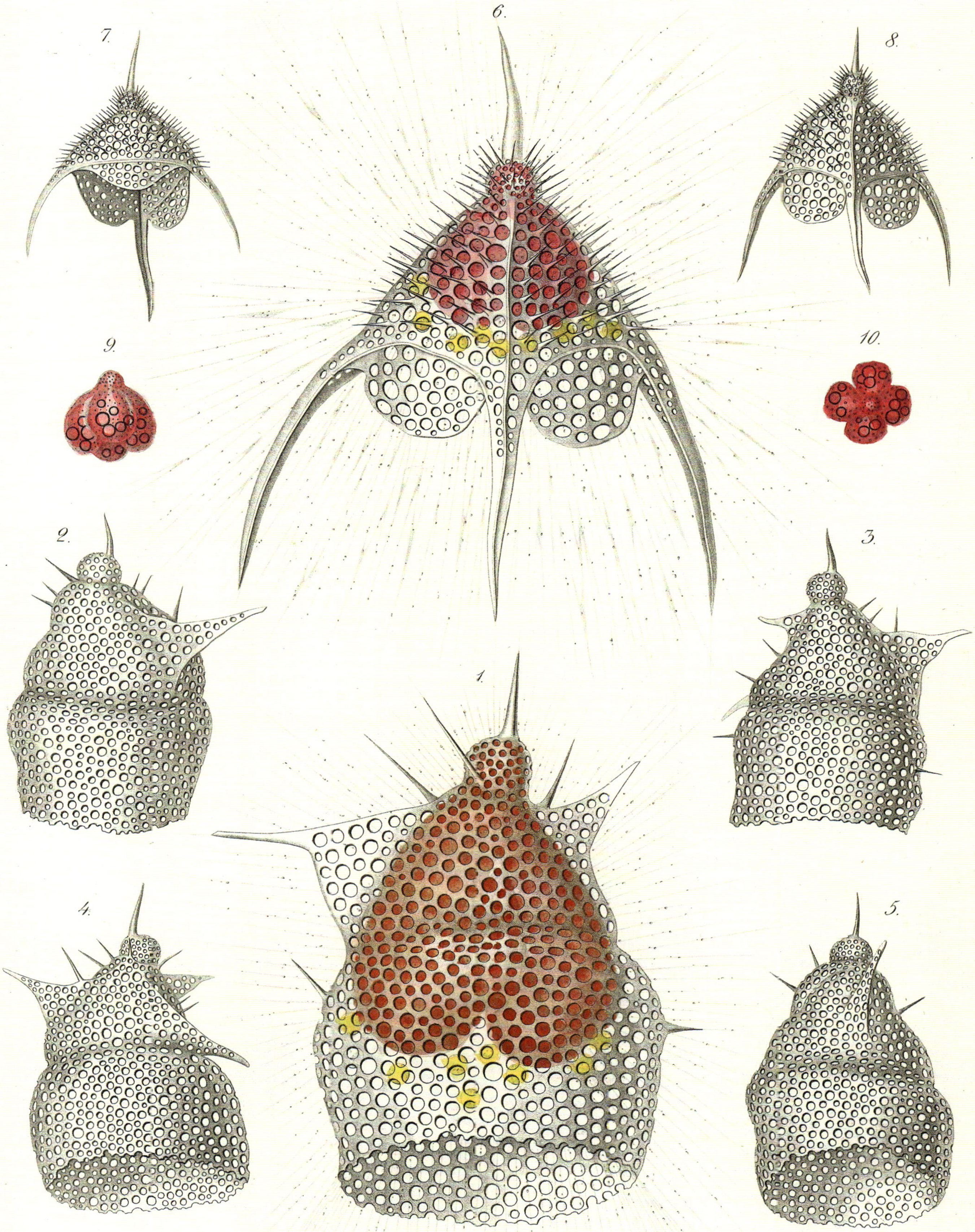

1–5. Dictyoceras Virchowii, Hk. 6–10. Dictyopodium trilobum, Hkl.

E. Haeckel del. Wagenschieber sc.

TAFEL IX

Abb. 1	Heliosphaera inermis
Abb. 2	Heliosphaera tenuissima
Abb. 3	Heliosphaera actinota
Abb. 4	Heliosphaera echinoides
Abb. 5	Heliosphaera elegans

Taf. IX.

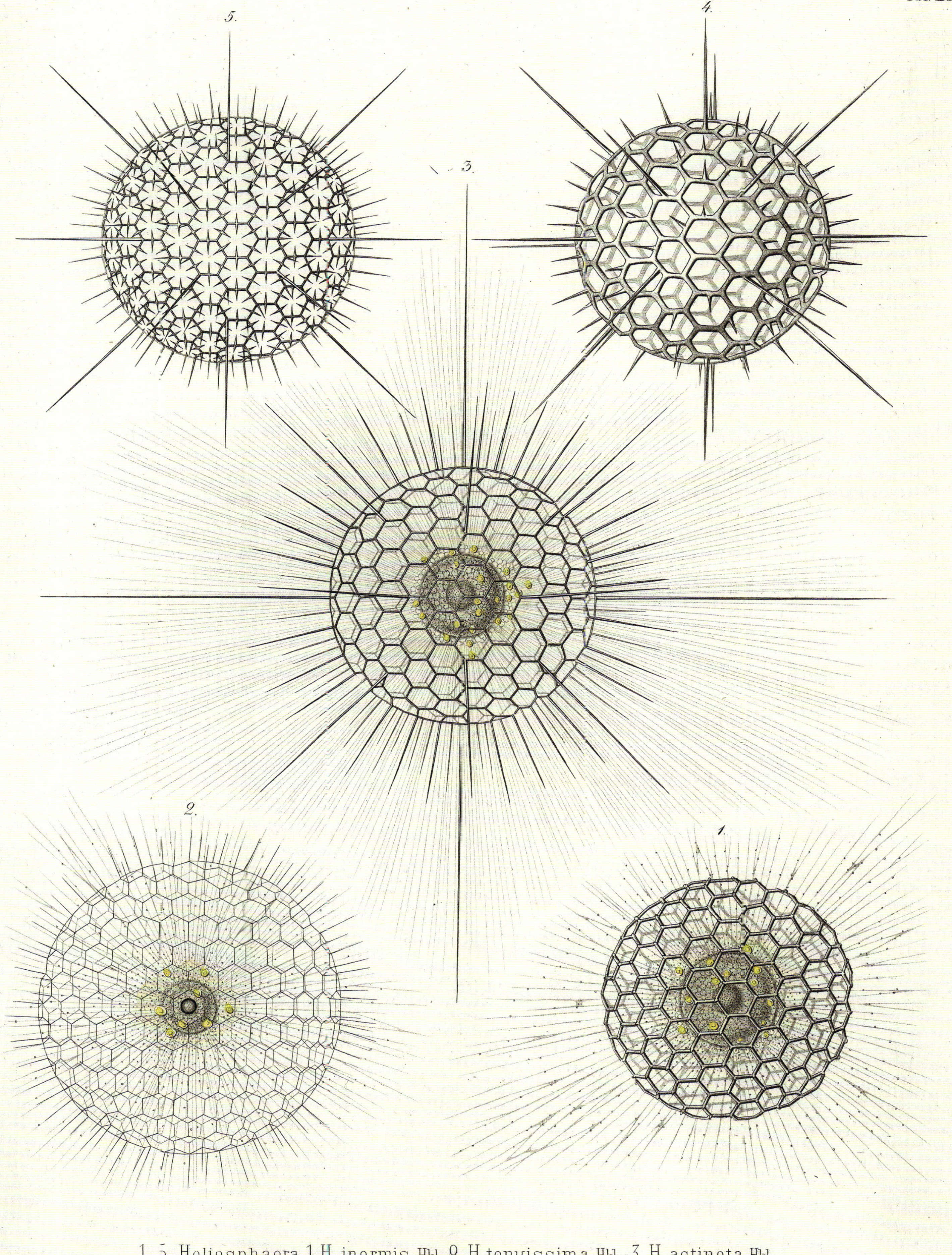

1–5. Heliosphaera. 1. H. inermis, Hkl. 2. H. tenuissima, Hkl. 3. H. actinota, Hkl.
4. H. echinoides, Hkl. 5. H. elegans. Hkl.

E. Haeckel del. Wagenschieber sc.

TAFEL X

Abb. 1	Diplosphaera gracilis [ciliata]
Abb. 2	Arachnosphaera oligacantha
Abb. 3	Arachnosphaera myriacantha
Abb. 4	Aulosphaera trigonopa
Abb. 5	Aulosphaera elegantissima

Taf. X.

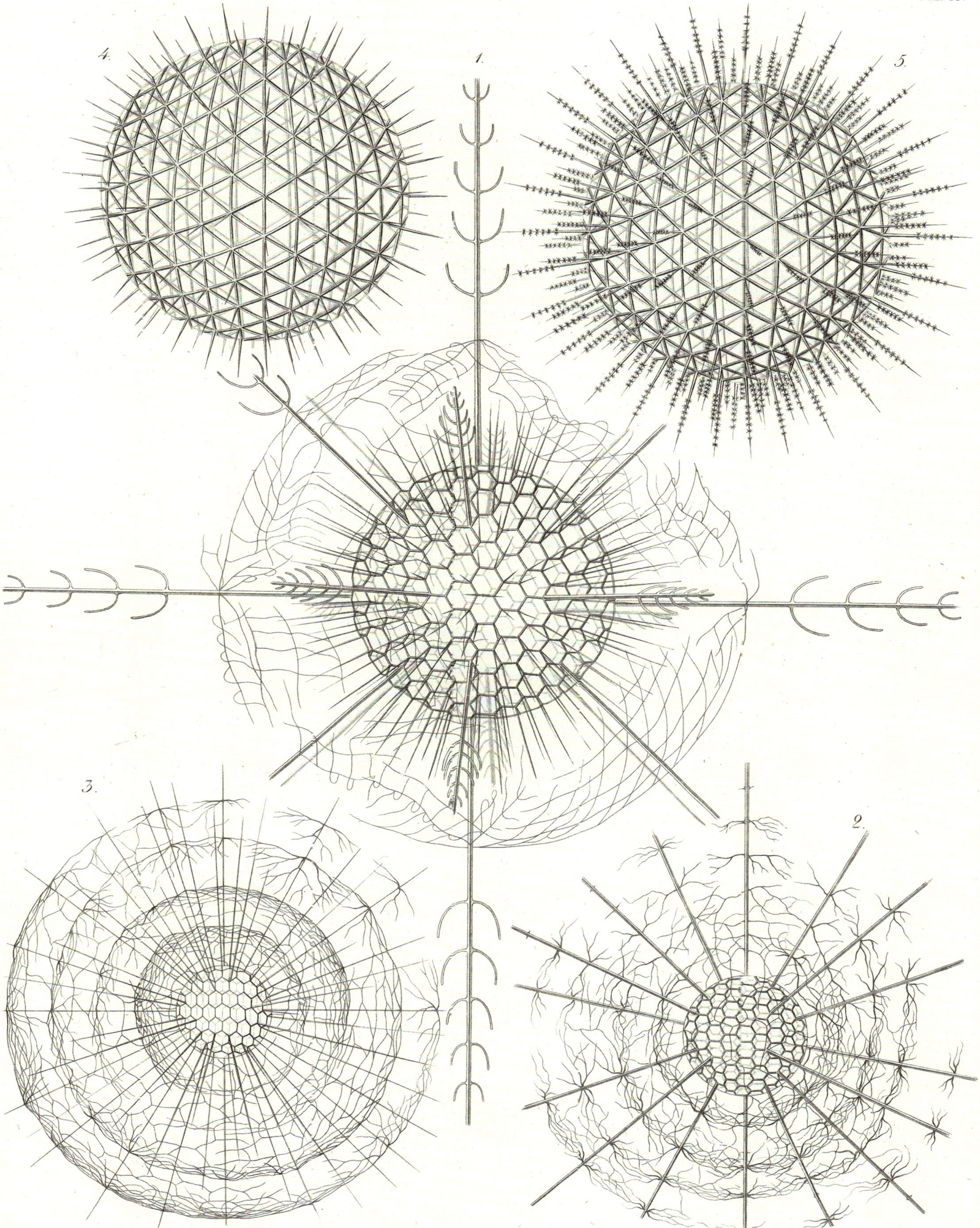

1. Diplosphaera ciliata, Hkl. 2. 3. Arachnosphaera. 2. A. oligacantha, Hkl.
3. A. myriacantha, Hkl. 4. 5. Aulosphaera. 4. A. trigonopa, Hkl. 5. A. elegantissima, Hkl.

E. Haeckel del. Wagenschieber sc.

TAFEL XI

Abb. 1	Ethmosphaera siphonophora
Abb. 2	Cyrtidosphaera reticulata
Abb. 3	Arachnosphaera oligacantha
Abb. 4	Arachnosphaera myriacantha
Abb. 5, 6	Aulosphaera elegantissima

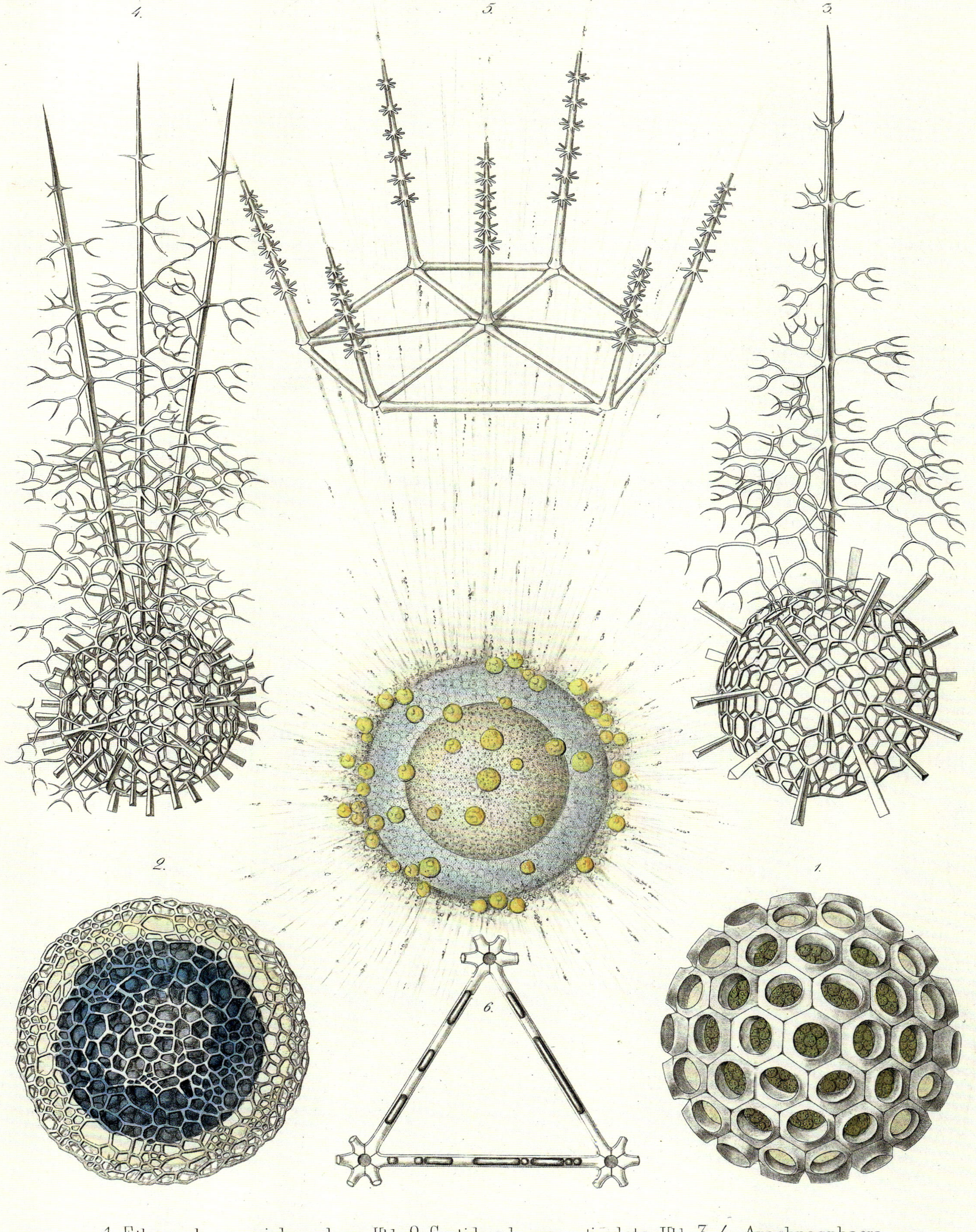

1. Ethmosphaera siphonophora, Hkl. 2. Cyrtidosphaera reticulata, Hkl. 3. 4. Arachnosphaera.
3. A. oligacantha, Hkl. 4. A. myriacantha, Hkl. 5. 6. Aulosphaera elegantissima, Hkl.

E. Haeckel del. Wagenschieber sc.

TAFEL XII

Abb. 1	Thalassosphaera bifurca
Abb. 2	Zygostephanus Muelleri
Abb. 3 – 6	Dictyocha messanensis
Abb. 7	Petalospyris arachnoides
Abb. 8, 9	Spyridobotrys trinacria
Abb. 10	Botryocampe hexathalamia
Abb. 11 – 13	Spongosphaera helioides
Abb. 14, 15	Spongodiscus mediterraneus

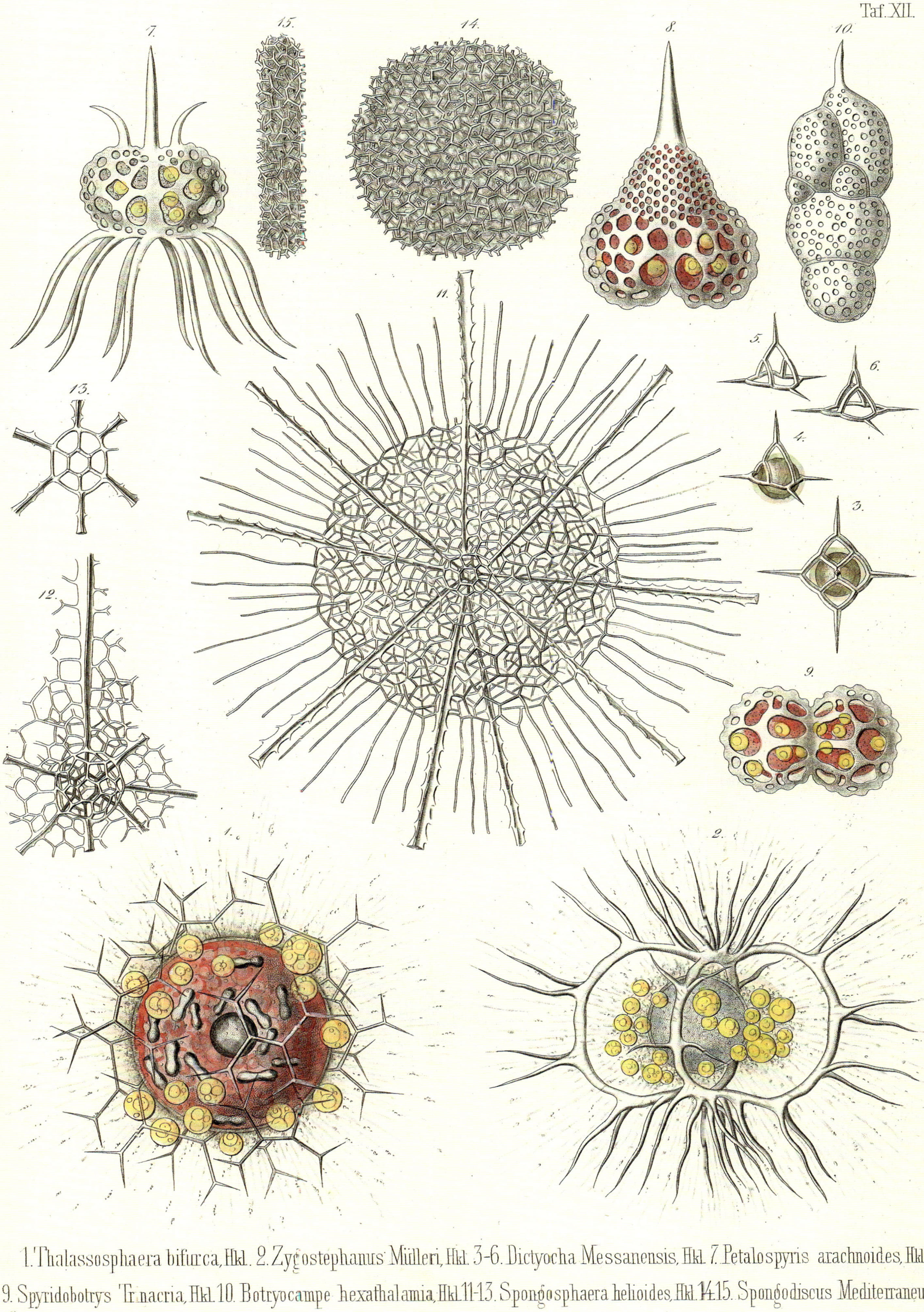

1. Thalassosphaera bifurca, Hkl. 2. Zygostephanus Mülleri, Hkl. 3-6. Dictyocha Messanensis, Hkl. 7. Petalospyris arachnoides, Hkl.
8. 9. Spyridobotrys Trinacria, Hkl. 10. Botryocampe hexathalamia, Hkl. 11-13. Spongosphaera helioides, Hkl. 14. 15. Spongodiscus Mediterraneus, Hkl.

E. Haeckel del. Wagenschieber sc.

TAFEL XIII

Abb. 1 – 4 Coelodendrum ramosissimum

Abb. 5, 6 Rhaphidococcus simplex

Abb. 7, 8 Cladococcus bifurcus

Abb. 9 Cladococcus spinifer

Abb. 10 Cladococcus dentatus

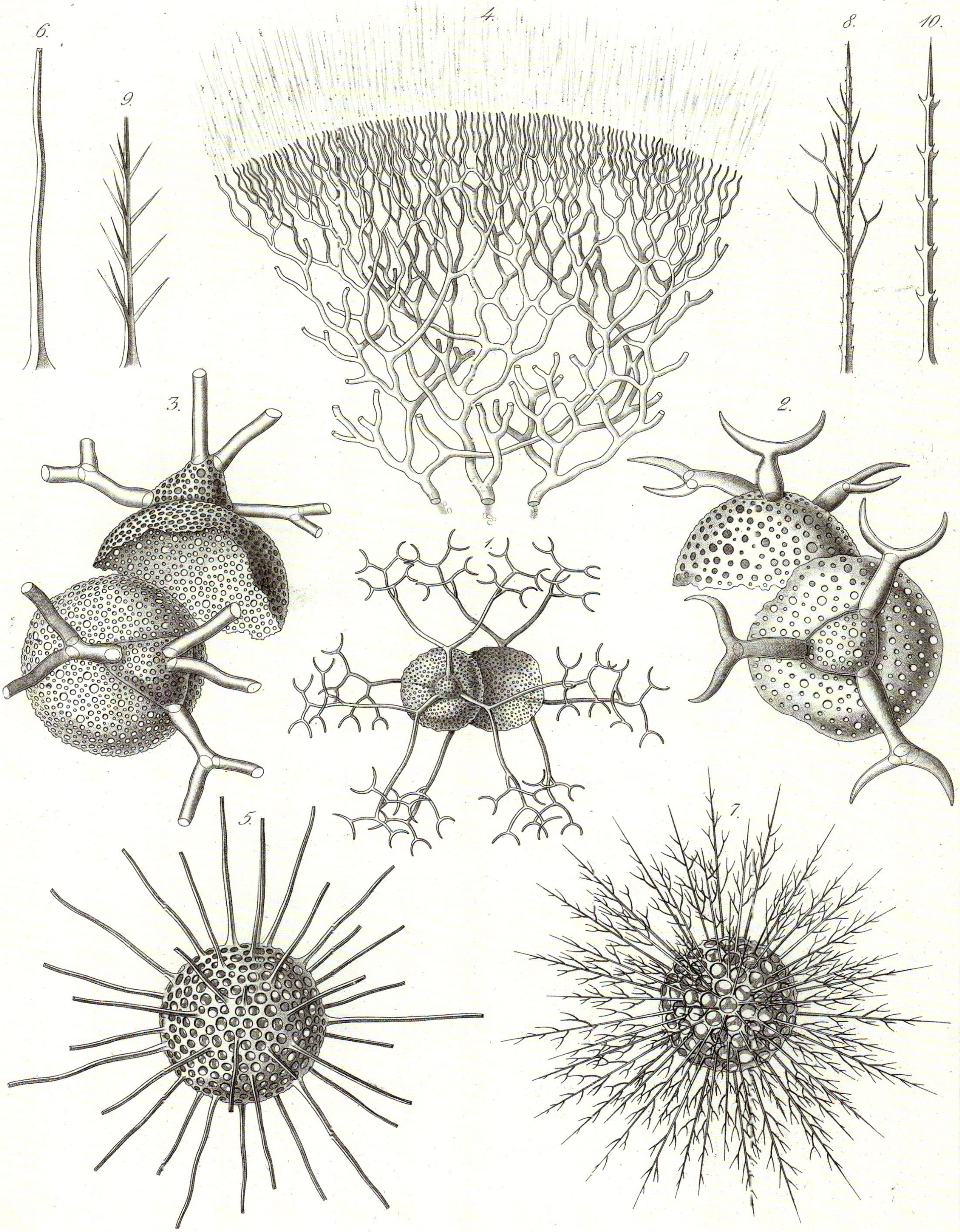

1-4. Coelodendrum ramosissimum, Hkl. 5. 6. Rhaphidococcus simplex, Hkl. 7-10. Cladococcus.
7. 8. C. bifurcus, Hkl. 9. C. spinifer, Hkl. 10. C. dentatus, Hkl.

E. Haeckel del. Wagenschieber sc.

TAFEL XIV

Abb. 1	Rhaphidococcus acufer
Abb. 2, 3	Cladococcus viminalis
Abb. 4 – 6	Cladococcus cervicornis

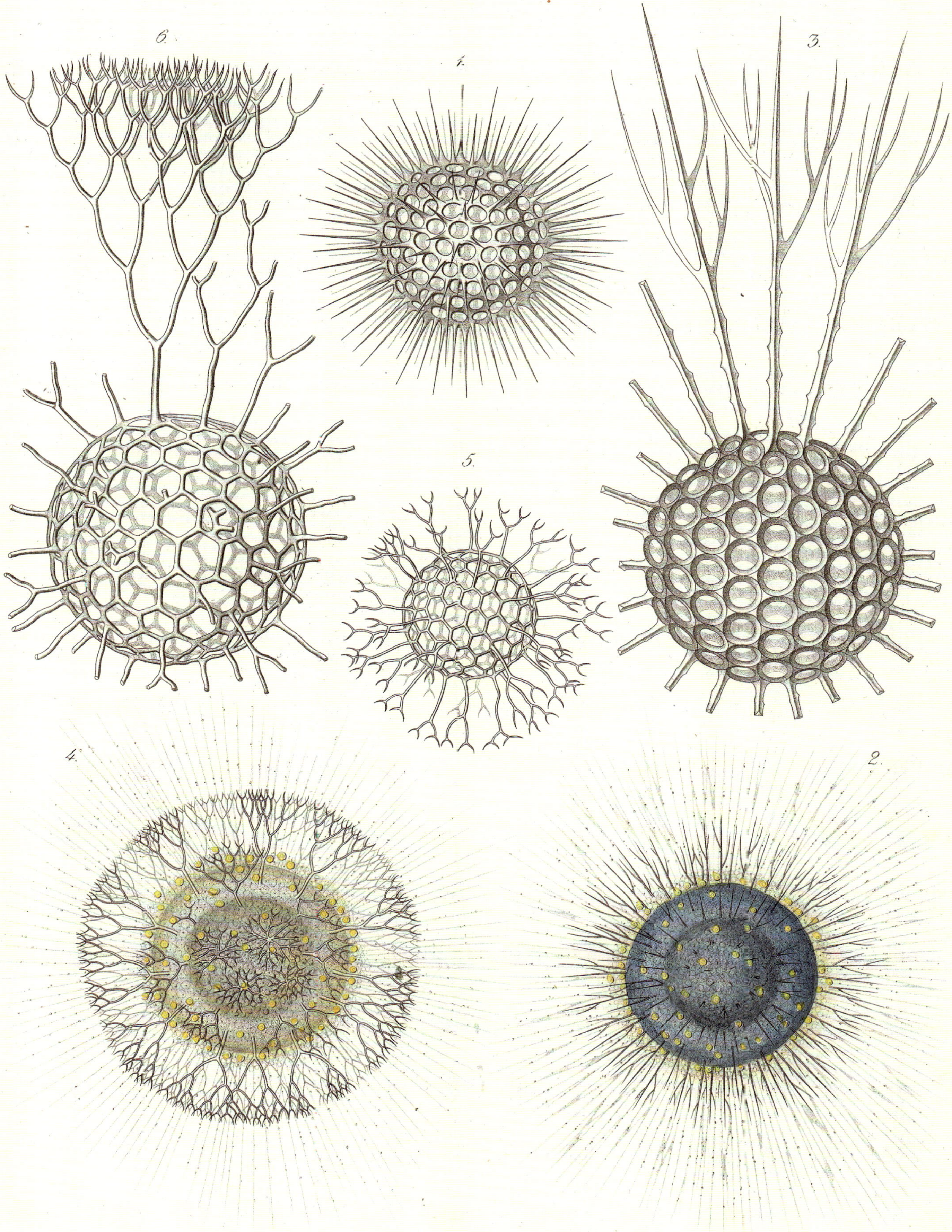

1. Rhaphidococcus acufer, Hkl. 2–6. Cladococcus.
2. 3. C. viminalis, Hkl. 4–6. C. cervicornis, Hkl.

E. Haeckel del.

Wagenschieber sc.

TAFEL XV

Abb. 1	Acanthometra elastica
Abb. 2	Acanthometra bulbosa
Abb. 3	Acanthometra Muelleri
Abb. 4	Acanthometra fragilis
Abb. 5	Acanthometra brevispina
Abb. 6 – 9	Acanthometrae juvenes

Taf. XV.

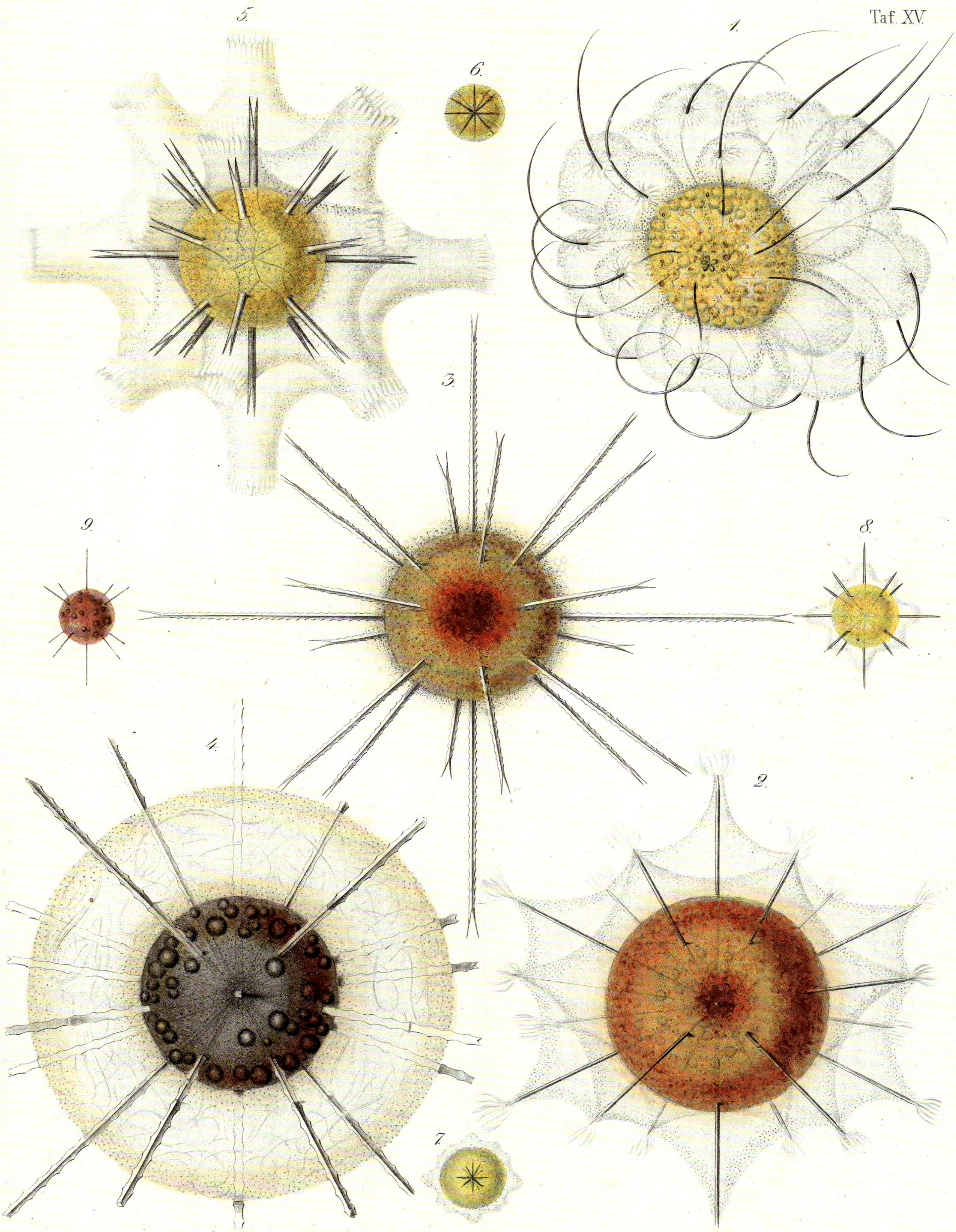

1–9. Acanthometra. 1. A. elastica, Hkl. 2. A. bulbosa, Hkl. 3. A. Mülleri, Hkl.
4. A. fragilis, Hkl. 5. A. brevispina, Hkl. 6–9. Acanthometrae juvenes.

E. Haeckel del. Wagenschieber sc.

TAFEL XVI

Abb. 1 Amphilonche tenuis

Abb. 2 Amphilonche denticulata

Abb. 3 Amphilonche complanata

Abb. 4 Amphilonche messanensis

Abb. 5 Amphilonche tetraptera

Abb. 6 Amphilonche belonoides

Abb. 7 Amphilonche heteracantha

Abb. 8 Amphilonche anomala

Taf. XVI.

1–8. Amphilonche. 1. A. tenuis, Hkl. 2. A. denticulata, Hkl. 3. A. complanata, Hkl. 4. A. Messanensis, Hkl.
5. A. tetraptera, Hkl. 6. A. belonoides, Hkl. 7. A. heteracantha, Hkl. 8. A. anomala, Hkl.

E. Haeckel del. Wagenschieber sc.

TAFEL XVII

Abb. 1, 2	Acanthometra sicula
Abb. 3	Xiphacantha serrata
Abb. 4	Xiphacantha spinulosa
Abb. 5 – 7	Heliodiscus phacodiscus

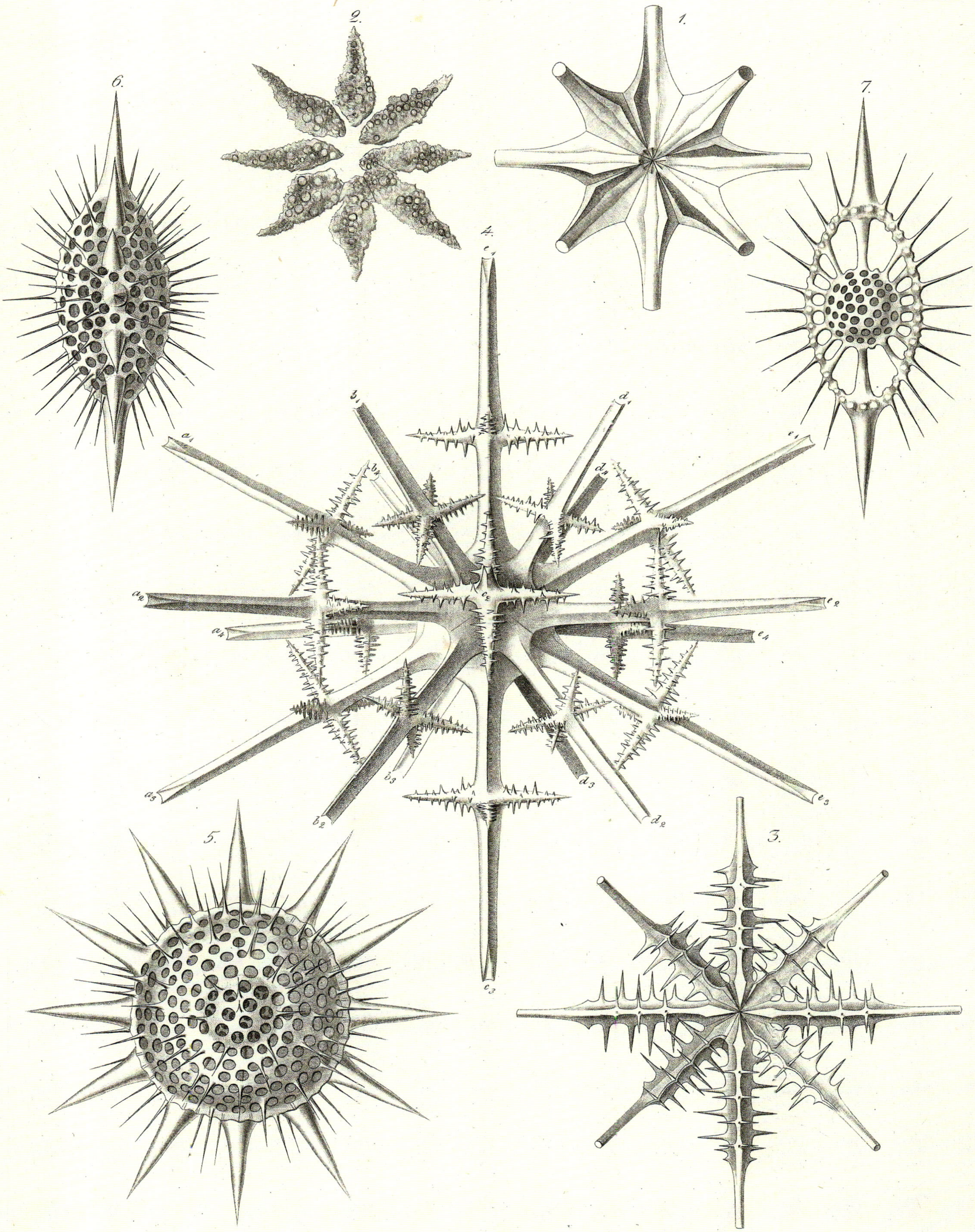

1. 2. Acanthometra Sicula, Hkl. 3. 4. Xiphacantha. 3. X. serrata, Hkl.
4. X. spinulosa, Hkl. 5–7. Heliodiscus Phacodiscus, Hkl.

E. Haeckel del.

Wagenschieber sc.

TAFEL XVIII

Abb. 1	Acanthometra elastica	Abb. 13	Xiphacantha cruciata
Abb. 2	Acanthometra bulbosa	Abb. 14 a, 14 b	Xiphacantha serrata
Abb. 3 a, 3 b	Acanthometra dolichoscia	Abb. 15 a, 15 b	Xiphacantha quadridentata
Abb. 4 a, 4 b	Acanthometra compressa	Abb. 16	Amphilonche tenuis
Abb. 5	Acanthometra tetracopa	Abb. 17	Amphilonche denticulata
Abb. 6	Acanthometra Muelleri	Abb. 18 a, 18 b	Amphilonche complanata
Abb. 7	Acanthometra fragilis	Abb. 19	Amphilonche messanensis
Abb. 8	Acanthometra sicula	Abb. 20	Amphilonche tetraptera
Abb. 9	Acanthometra brevispina	Abb. 21	Amphilonche belonoides
Abb. 10	Acanthometra quadrifolia	Abb. 22 a, 22 b	Amphilonche elongata
Abb. 11	Acanthometra cuspidata	Abb. 23 a, 23 b	Amphilonche anomala
Abb. 12	Acanthometra claparèdei		

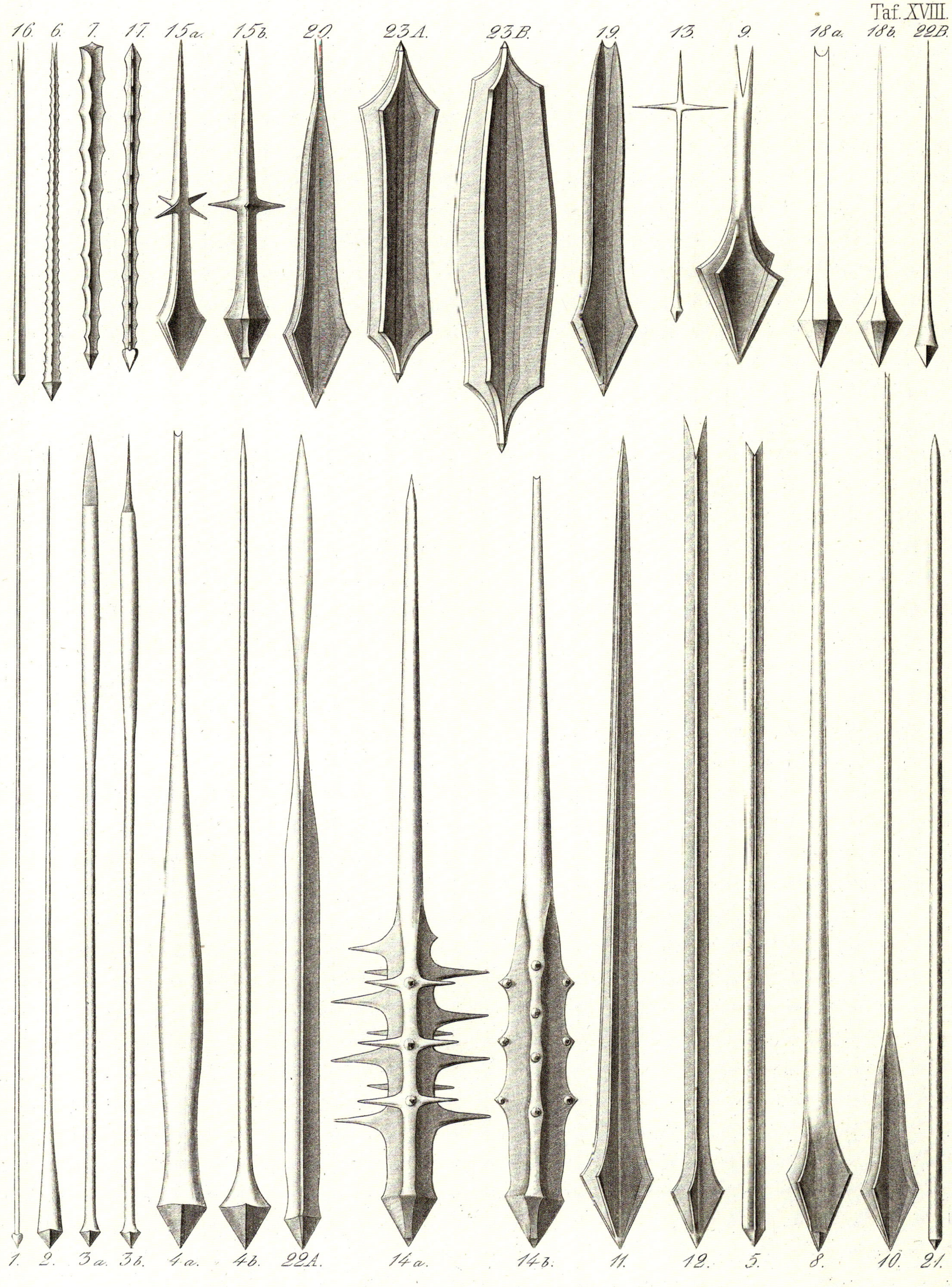

1–23. Aculei Acanthostauridum, 1–12. Generis Acanthometrae,
13–15. Generis Xiphacanthae, 16–23. Generis Amphilonchae.

E. Haeckel del. Wagenschieber sc.

TAFEL XIX

Abb. 1, 2	Acanthostaurus purpurascens
Abb. 3, 4	Acanthostaurus forceps
Abb. 5	Acanthostaurus hastatus
Abb. 6	Litholophus rhipidium
Abb. 7	Acanthochiasma Krohnii
Abb. 8	Acanthochiasma fusiforme

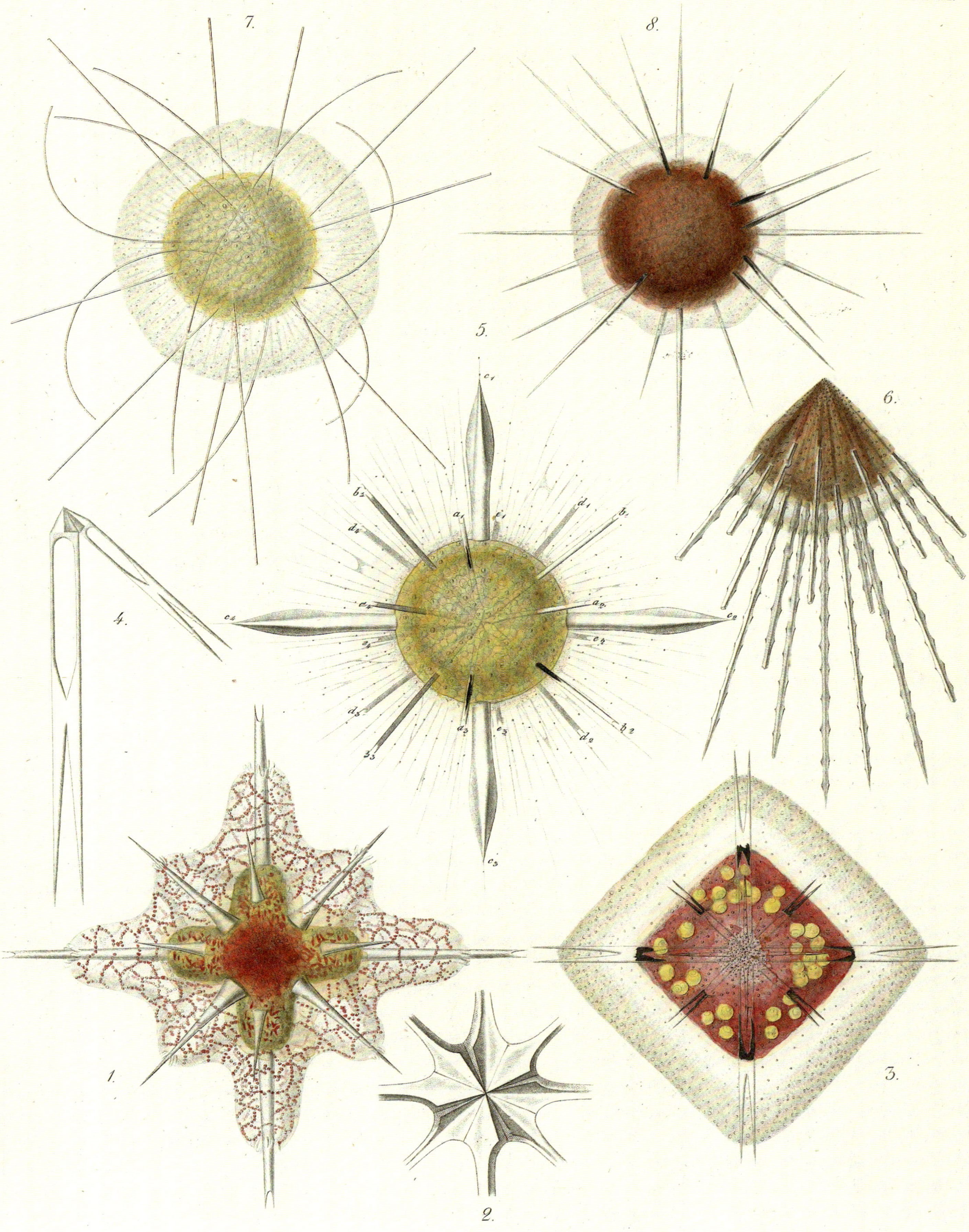

1–5. Acanthostaurus. 1. 2. A. purpurascens, Hkl. 3. 4. A. Forceps, Hkl. 5. A. hastatus, Hkl.
6. Litholophus Rhipidium, Hkl. 7. 8. Acanthochiasma. 7. A. Krohnii, Hkl. 8. A. fusiforme, Hkl.

E. Haeckel del. Wagenschieber sc.

TAFEL XX

Abb. 1, 2	Lithoptera Muelleri
Abb. 3, 4	Astrolithium dicopum
Abb. 5	Astrolithium bifidum
Abb. 6	Staurolithium cruciatum [Astrolithium]
Abb. 7, 8	Diploconus fasces

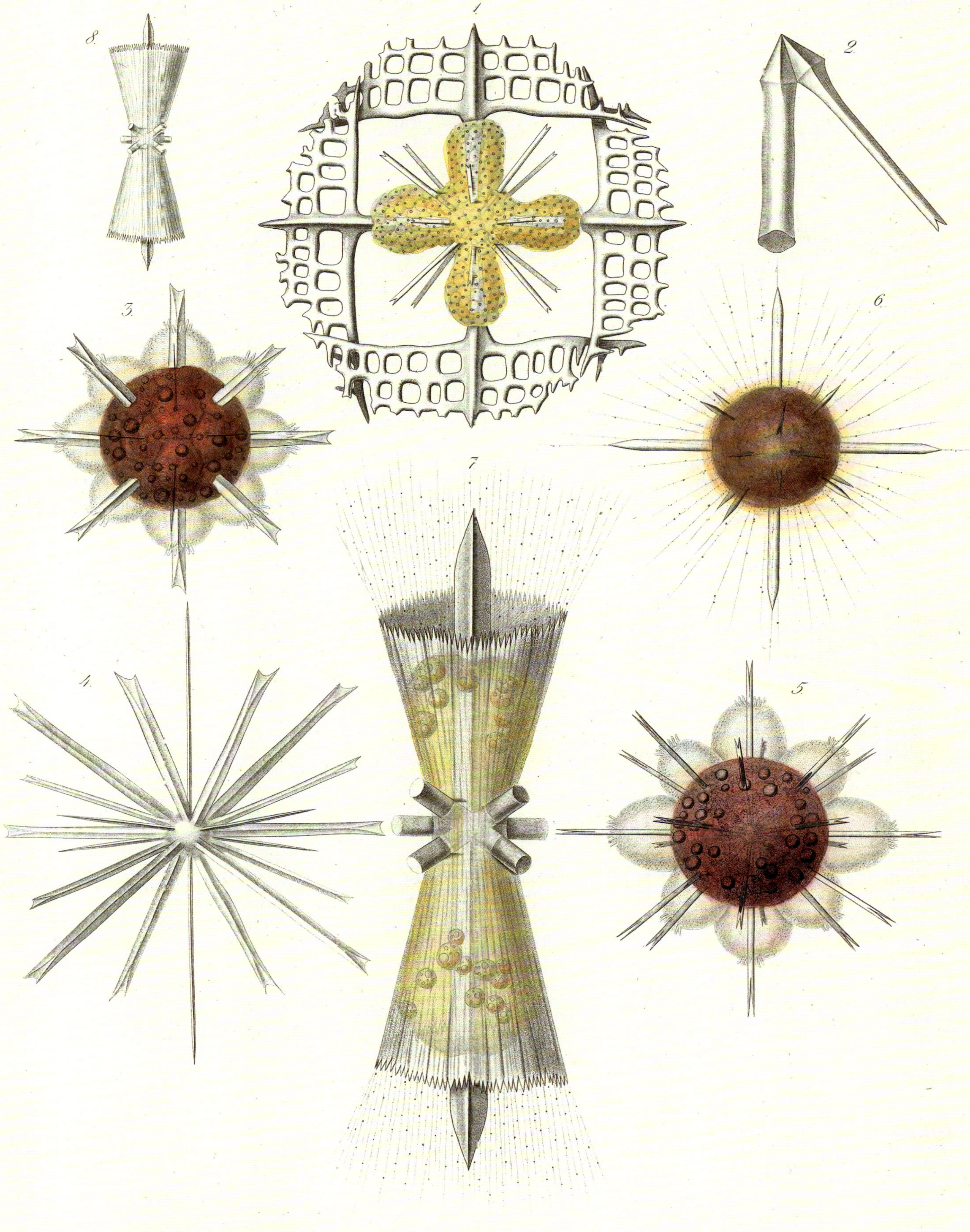

1.-2. Lithoptera Mülleri, Hkl. 3–6. Astrolithium. 3. 4. A. dicopum, Hkl.
5. A. bifidum, Hkl. 6. A. cruciatum, Hkl 7. 8. Diploconus Fasces, Hkl.

E. Haeckel del. Wagenschieber sc.

TAFEL XXI

Abb. 1, 2 Dorataspis bipennis

Abb. 3 – 6 Dorataspis loricata

Abb. 7 – 9 Dorataspis polyancistra

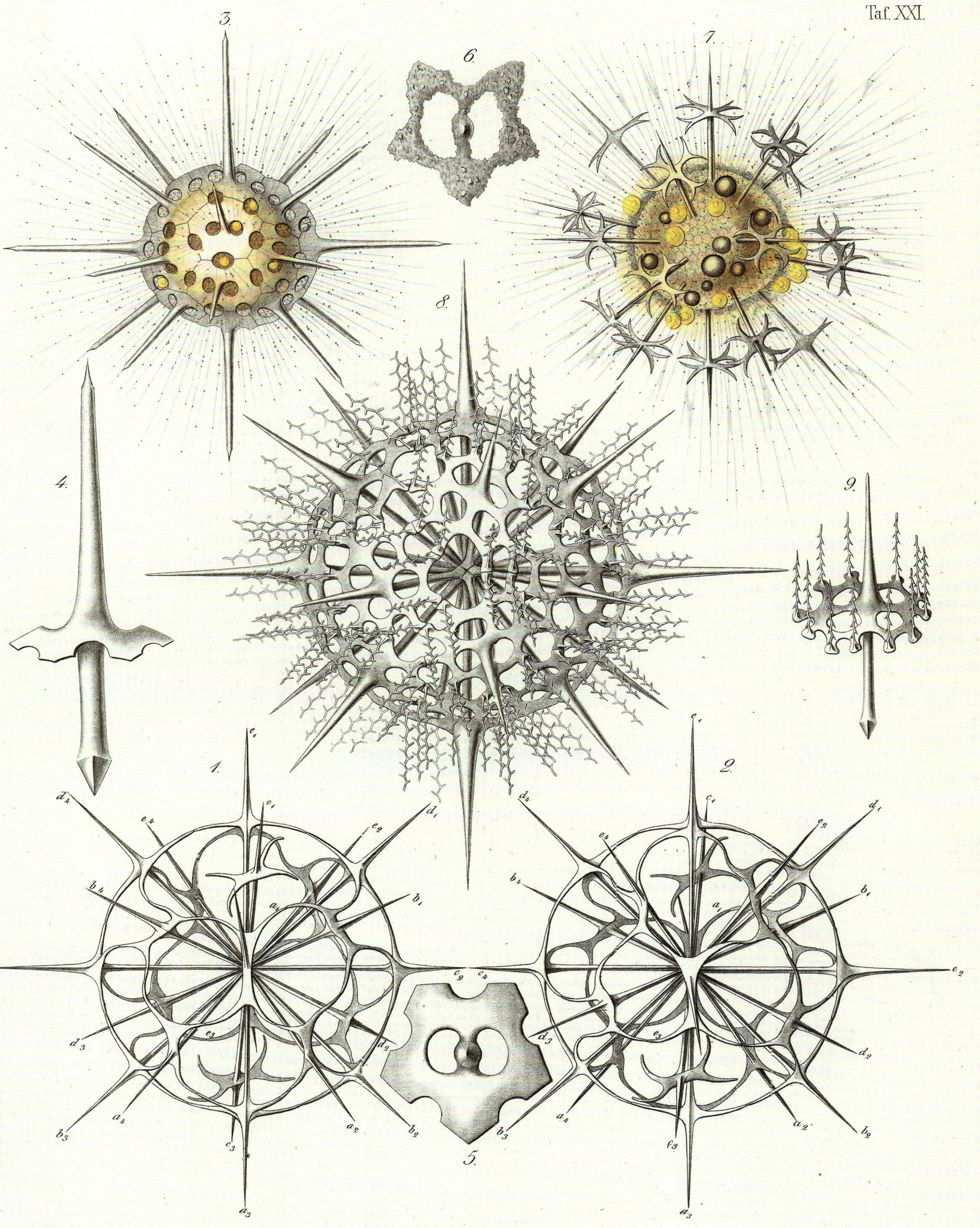

1–9. Dorataspis. 1. 2. D. bipennis, Hkl. 3–6. D. loricata, Hkl.
7–9. D. polyancistra, Hkl.

E. Haeckel del. Wagenschieber sc.

TAFEL XXII

Abb. 1 – 5	Dorataspis diodon
Abb. 6 – 9	Dorataspis solidissima
Abb. 10 – 12	Haliommatidium Muelleri
Abb. 13	Haliommatidium tetragonopum
Abb. 14 – 16	Didymocyrtis ceratospyris

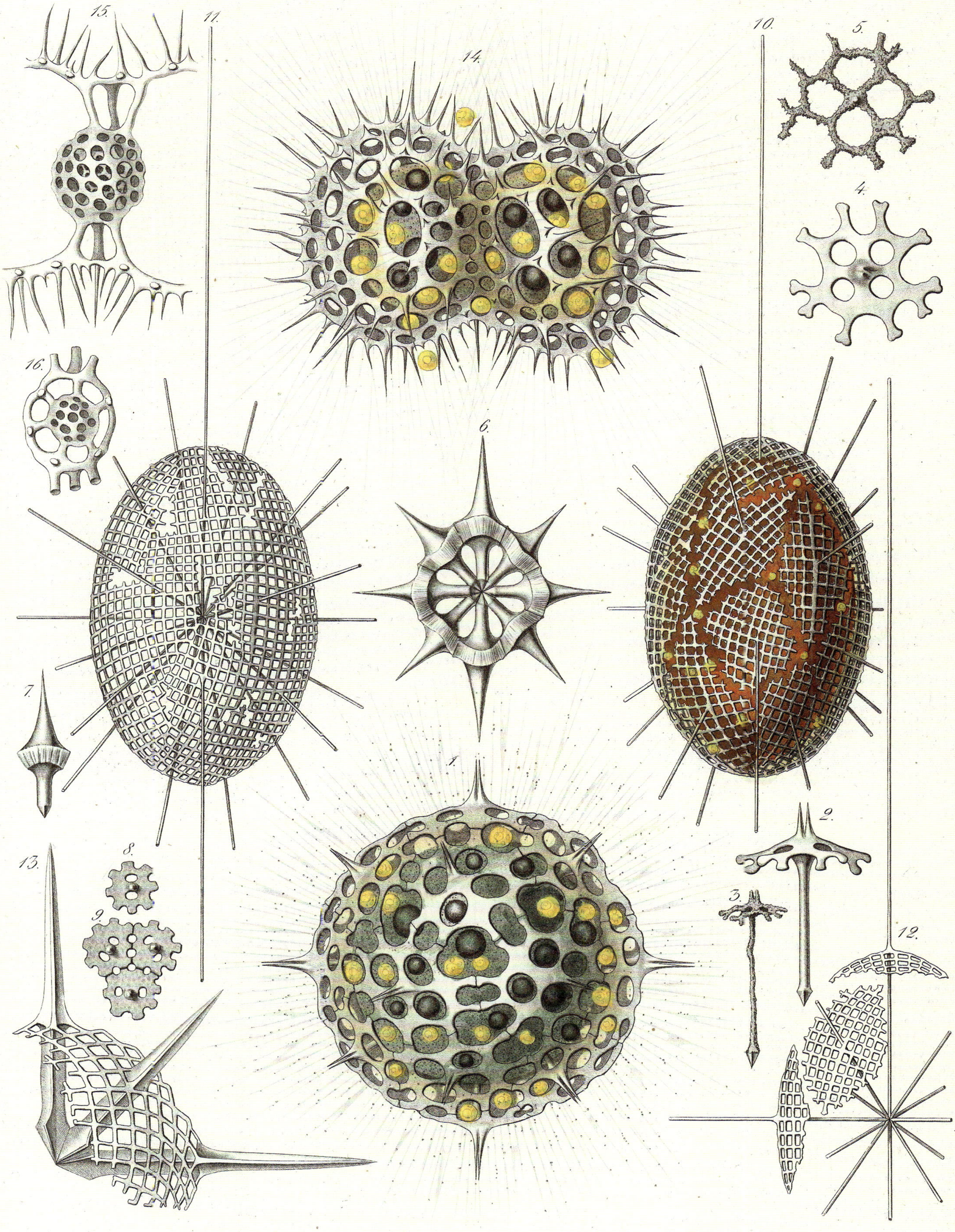

1–9. Dorataspis. 1–5. D. Diodon, Hkl. 6–9. D. solidissima, Hkl. 10–13. Haliommatidium.
10–12. H. Mülleri, Hkl. 13. H. tetragonopum, Hkl. 14–16. Didymocyrtis Ceratospyris.

E. Haeckel del.

Wagenschieber sc.

TAFEL XXIII

Abb. 1	Dorataspis costata
Abb. 2	Haliomma capillaceum
Abb. 3, 4	Haliomma erinaceus
Abb. 5, 6	Actinomma asteracanthion

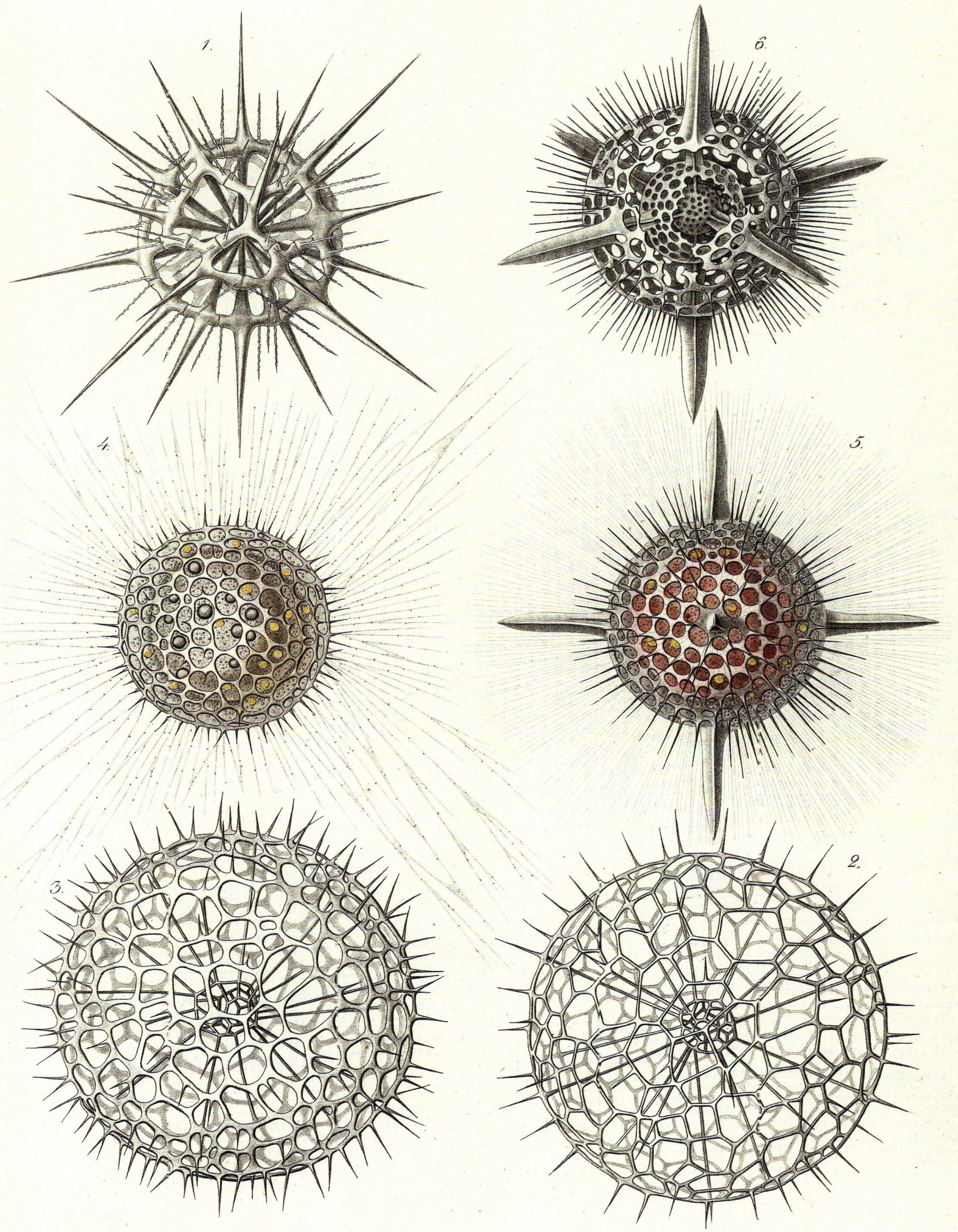

1. Dorataspis costata, Hkl. 2-4. Haliomma. 2. H. capillaceum, Hkl.
3. 4. H. Erinaceus, Hkl. 5. 6. Actinomma Asteracanthion, Hkl.

E. Haeckel del. Wagenschieber sc.

TAFEL XXIV

Abb. 1 – 3	Haliomma echinaster
Abb. 4	Haliomma castanea
Abb. 5	Actinomma inerme
Abb. 6 – 8	Actinomma trinacrium
Abb. 9	Actinomma drymodes

Taf. XXIV.

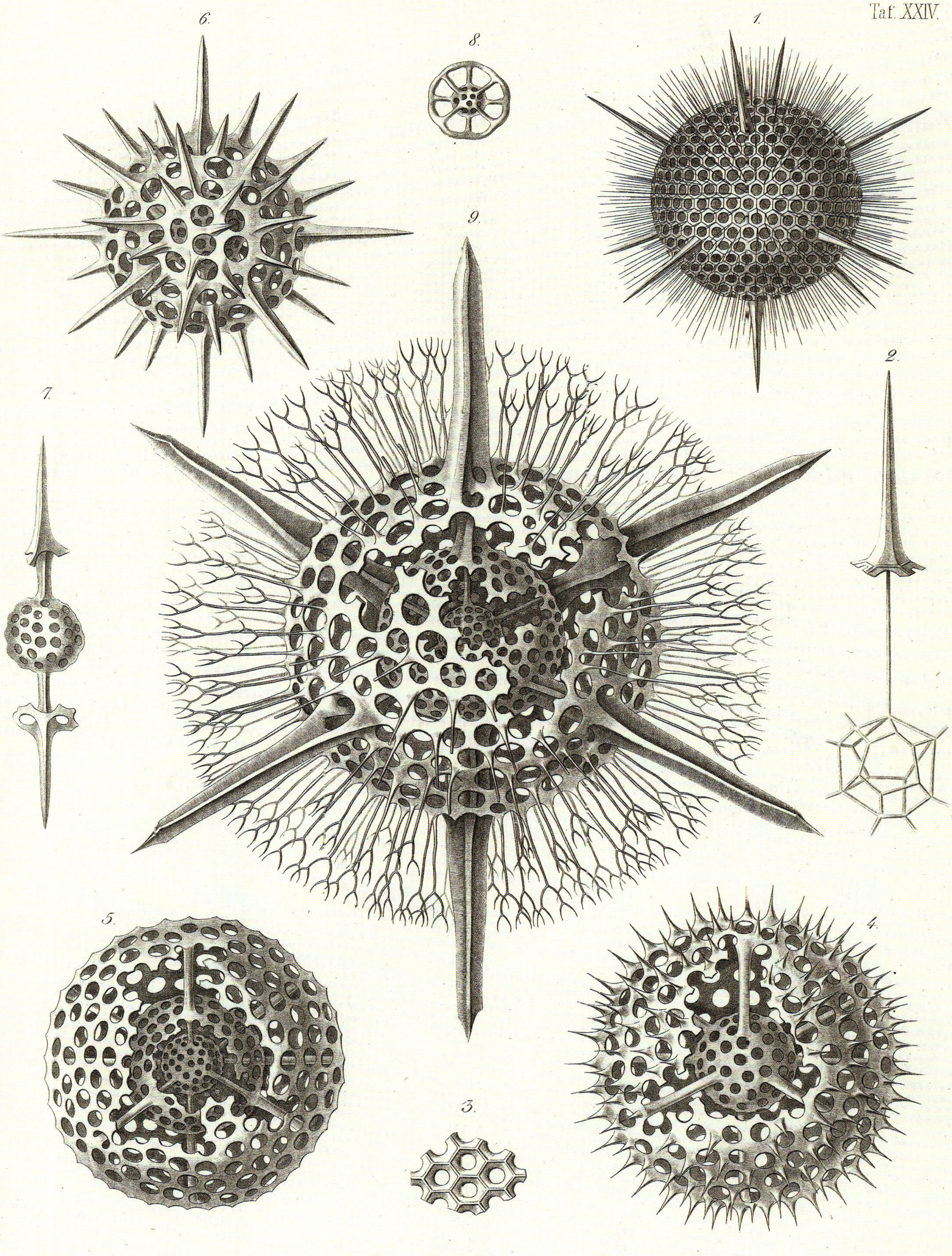

1–4. Haliomma. 1–3. H. Echinaster, Hkl. 4. H. Castanea, Hkl. 5–9. Actinomma.
5. A. inerme, Hkl. 6–8. A. Trinacrium, Hkl. 9. A. drymodes, Hkl.

E. Haeckel del. Wagenschieber sc.

TAFEL XXV

Abb. 1 – 7 Rhizosphaera trigonacantha

Abb. 8 – 10 Rhizosphaera leptomita

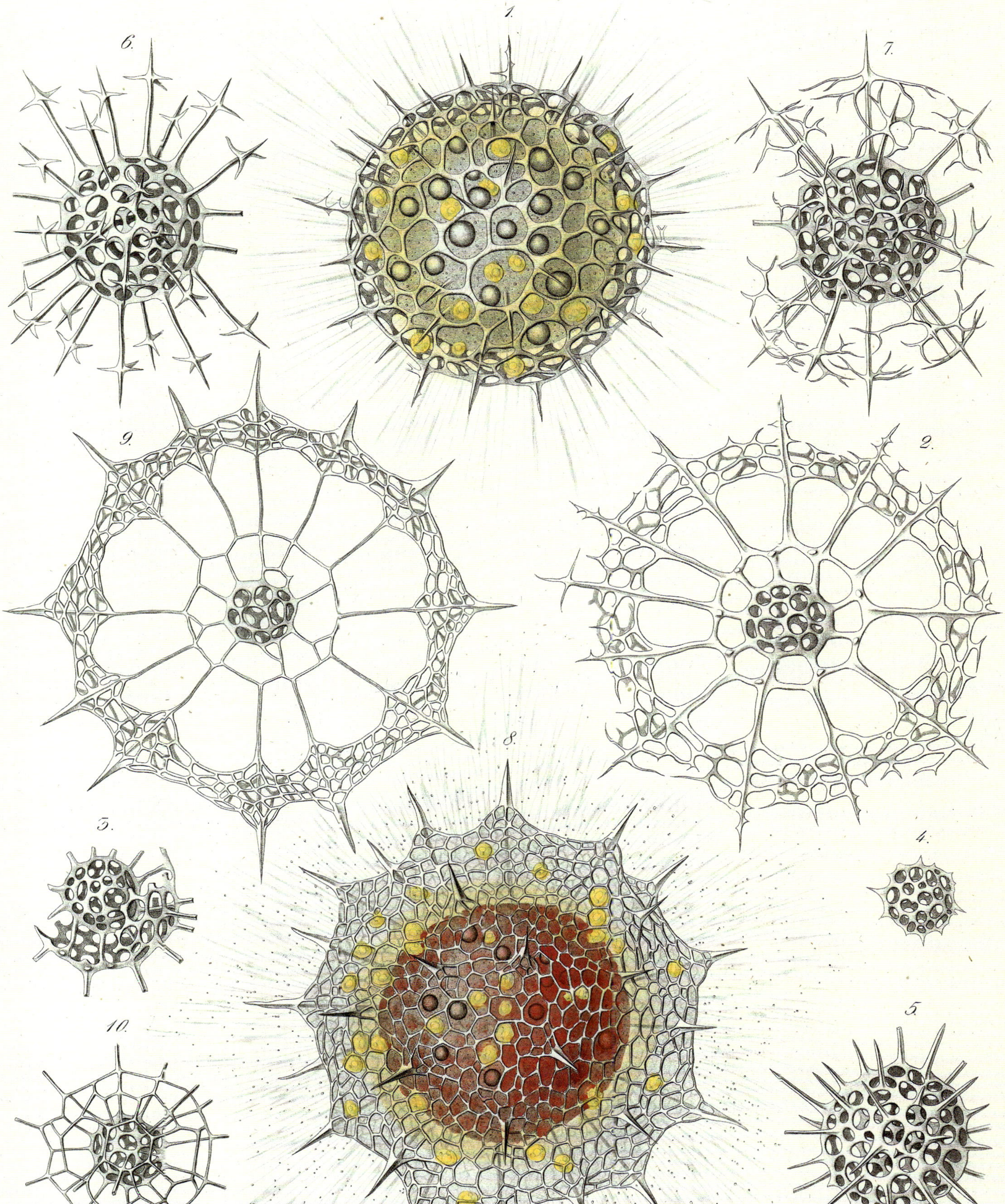

1–10. Rhizosphaera. 1–7. R. trigonacantha, Hkl. 8–10. R. leptomita, Hkl.

E. Haeckel del.

Wagenschieber sc.

TAFEL XXVI

Abb. 1 – 3 Spongosphaera streptacantha

Abb. 4 – 6 Dictyosama trigonizon

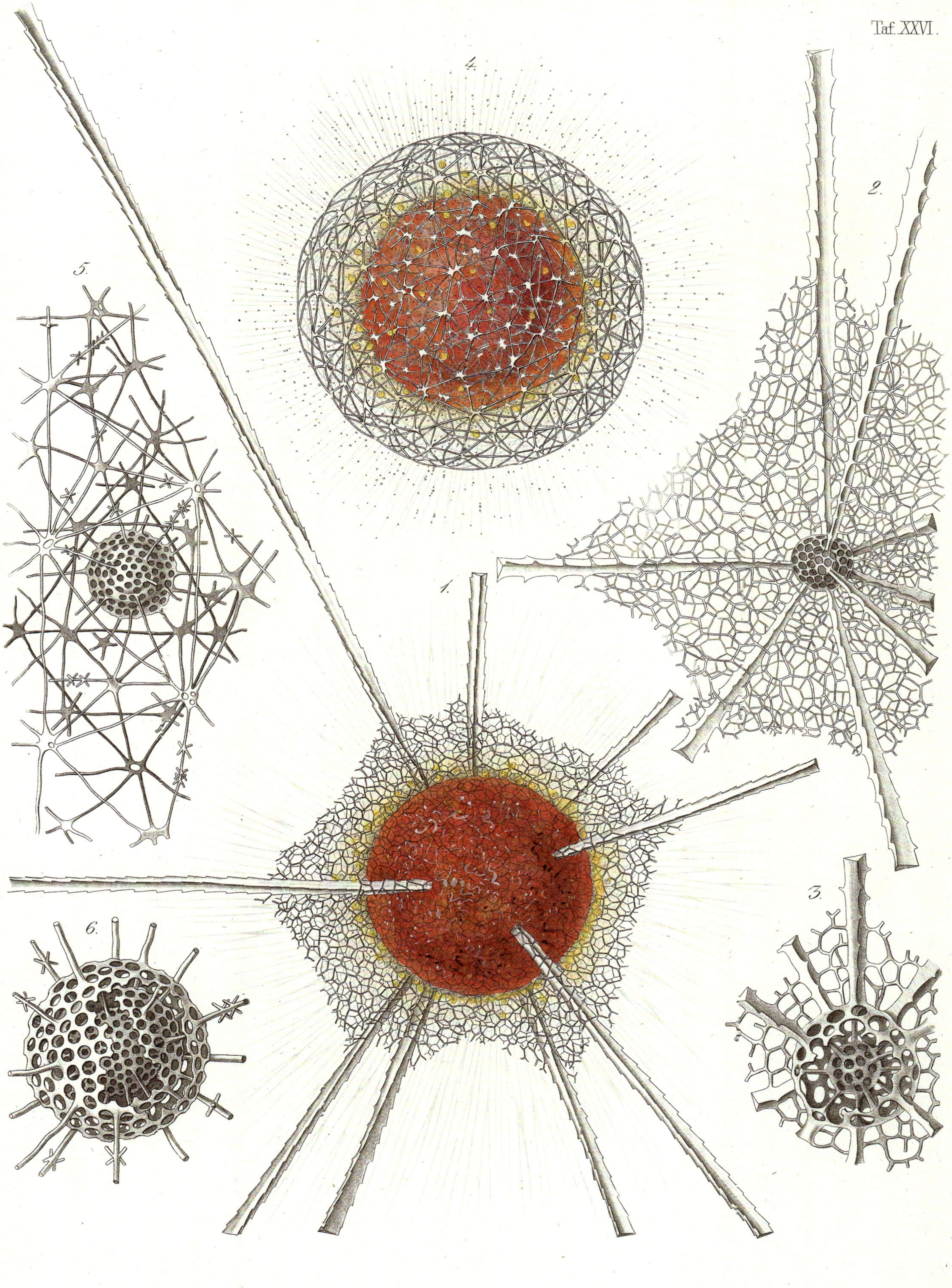

1–3. Spongosphaera streptacantha, Hkl. 4–6. Dictyosoma trigonizon, Hkl.

E. Haeckel del.

Wagenschieber sc.

TAFEL XXVII

Abb. 1	Spongurus cylindricus
Abb. 2, 3	Spongotrochus longispinus
Abb. 4, 5	Spongotrochus brevispinus
Abb. 6, 7	Lithelius spiralis
Abb. 8, 9	Lithelius alveolina

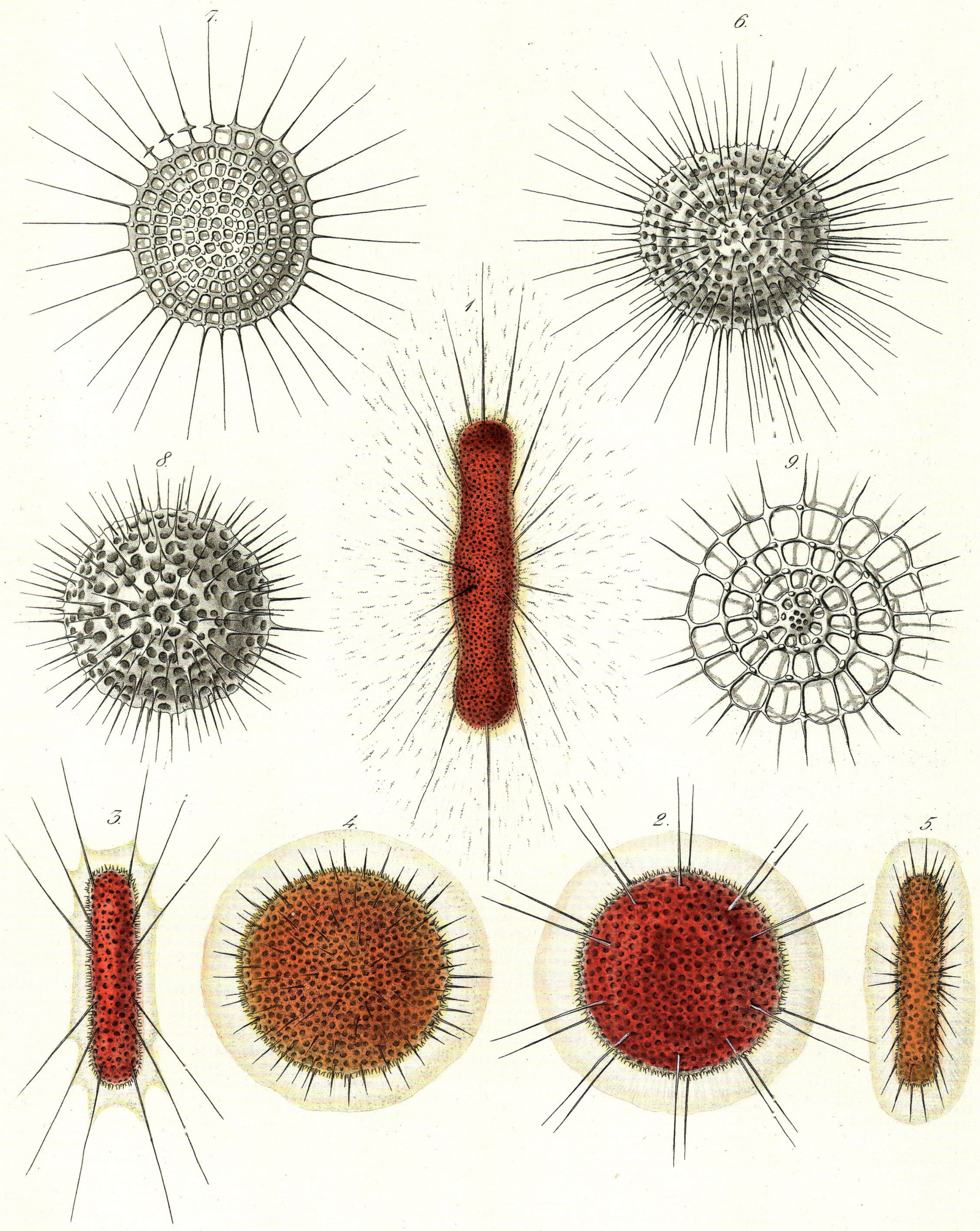

1. Spongurus cylindricus, Hkl. 2–5 Spongotrochus. 2. 3. S. longispinus, Hkl. 4. 5. S. brevispinus, Hkl.
6–9. Lithelius. 6. 7. L. spiralis, Hkl. 8. 9. L. Alveolina, Hkl.

E. Haeckel del.

Wagenschieber sc.

TAFEL XXVIII

Abb. 1	Spongocyclia cycloides
Abb. 2	Spongocyclia elliptica
Abb. 3	Spongocyclia orthogona
Abb. 4	Spongocyclia scyllaea
Abb. 5, 6	Spongocyclia charybdaea
Abb. 7	Stylospongia Huxleyi
Abb. 8 – 10	Spongastericus quadricornis [Spongasteriscus]
Abb. 11, 12	Coccodiscus Darwinii

Taf. XXVIII.

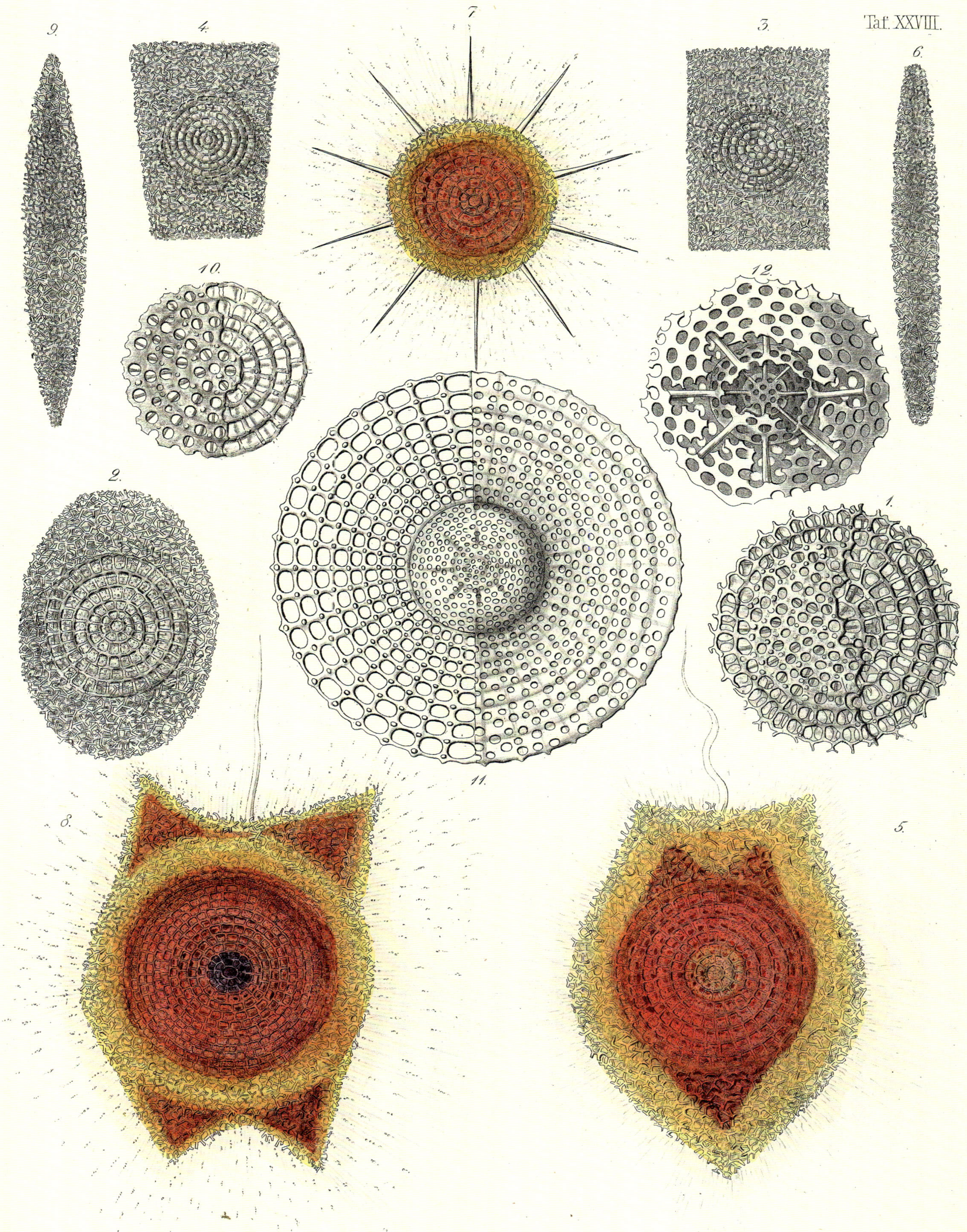

1–6. Spongocyclia 1. S. cycloides, Hkl. 2. S. elliptica, Hkl. 3. S. orthogona, Hkl. 4. S. Scyllaea, Hkl. 5. 6. S. Charybdaea, Hkl.
7. Stylospongia Huxleyi, Hkl. 8–10. Spongasteriscus quadricornis, Hkl. 11. 12. Coccodiscus Darwinii, Hkl.

E. Haeckel del. Wagenschieber sc.

TAFEL XXIX

Abb. 1 Trematodiscus orbiculatus

Abb. 2 Trematodiscus sorites

Abb. 3 Trematodiscus heterocyclus

Abb. 4 Stylodictya quadrispina

Abb. 5 Stylodictya multispina

Abb. 6 Rhopalastrum truncatum

Abb. 7 Discospira helicoides

Abb. 8 Discospira operculina

Abb. 9, 10 Stylospira Dujardinii [Edwardsii]

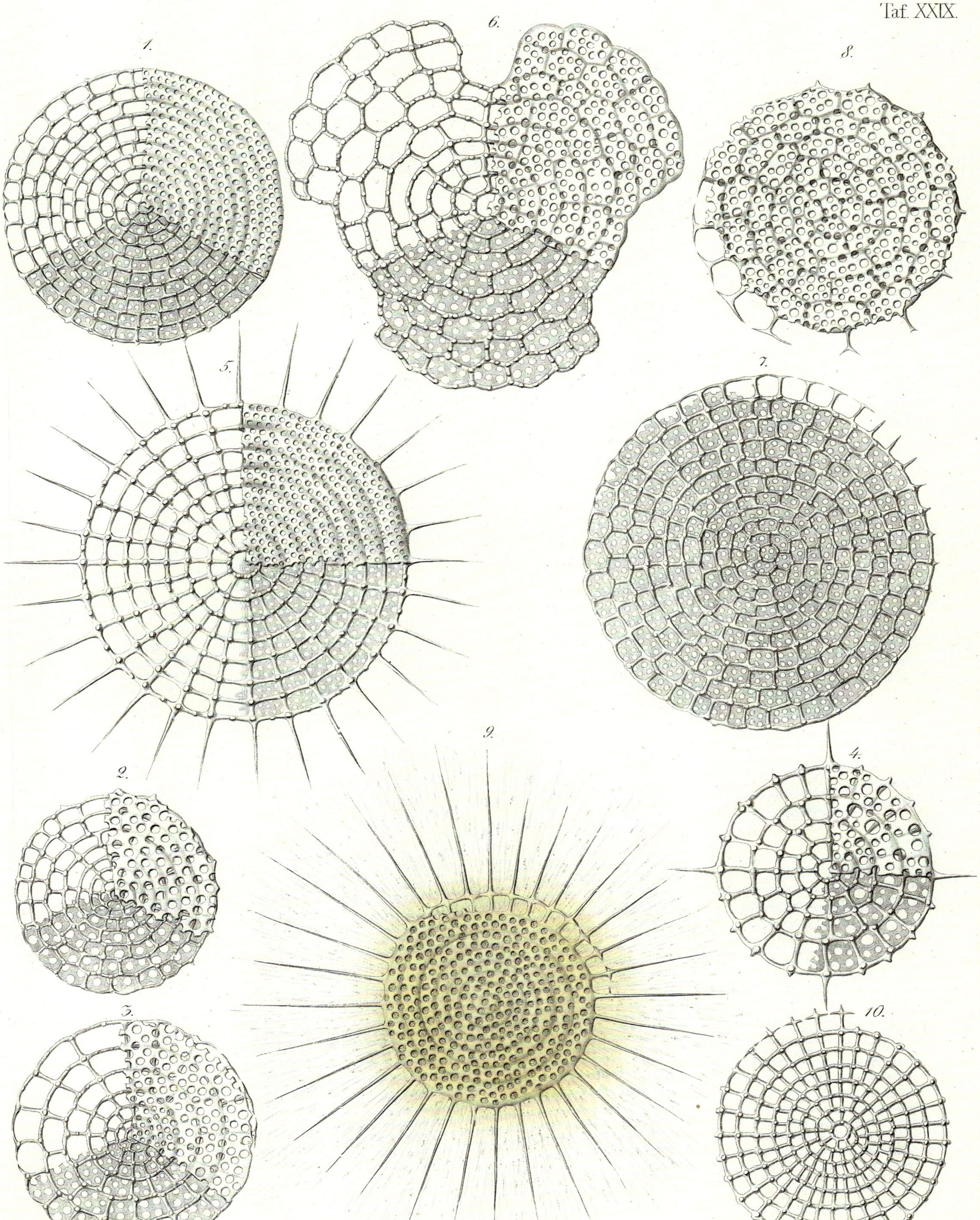

1–3. Trematodiscus. 1. T. orbiculatus, Hkl. 2. T. Sorites, Hkl. 3. T. heterocyclus, Hkl. 4. 5. Stylodictya. 4. S. quadrispina, Hkl.
5. S. multispina, Hkl. 6. Rhopalastrum truncatum, Hkl. 7. 8. Discospira. 7. D. helicoides, Hkl. 8. D. Operculina, Hkl. 9. Stylospira Edwardsii, Hkl.

E. Haeckel del. Wagenschieber sc.

TAFEL XXX

Abb. 1 – 4	Euchitonia Virchowii
Abb. 5 – 10	Euchitonia Muelleri

Taf. XXX.

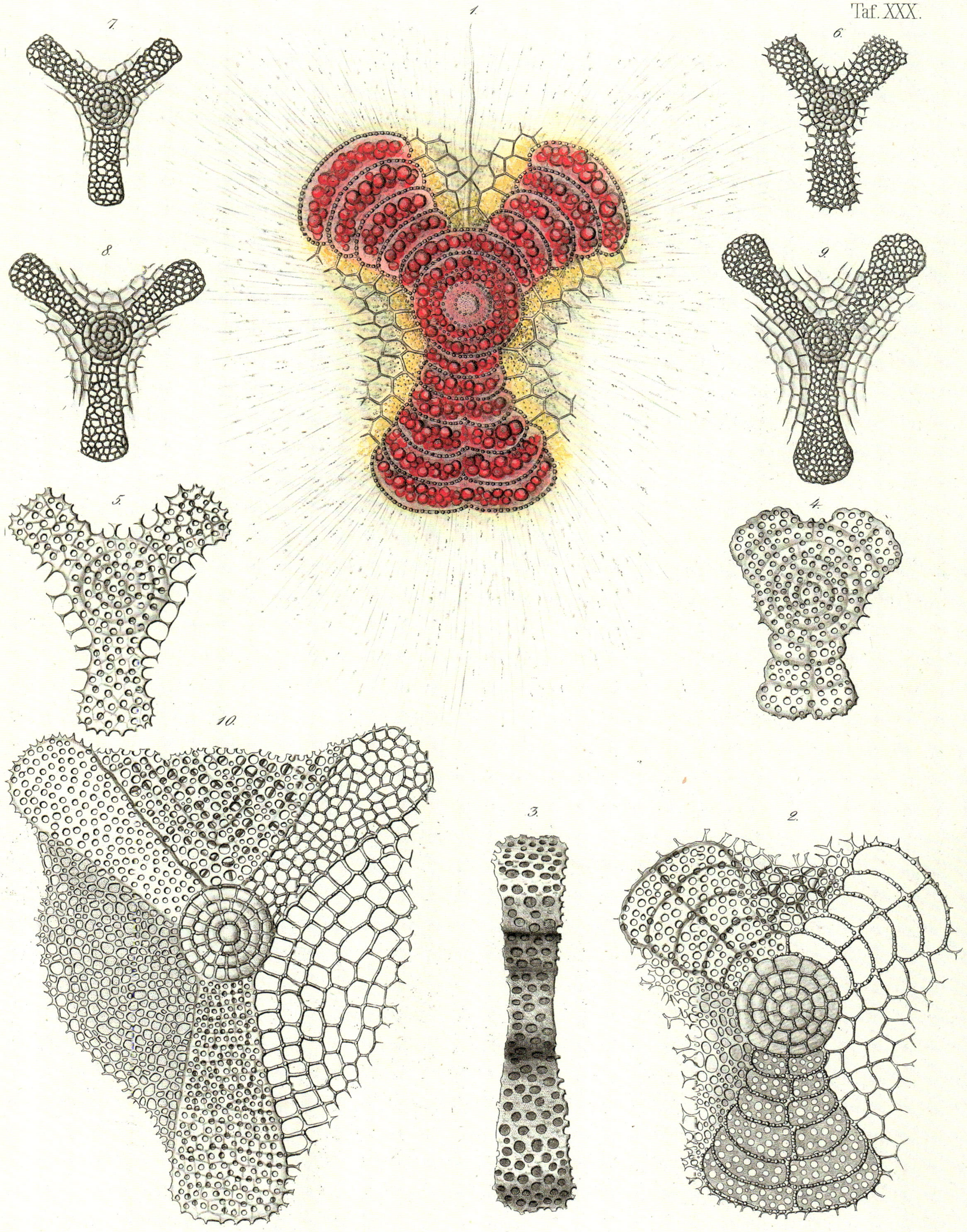

1-10. Euchitonia. 1-4. E. Virchowii, Hkl. 5-10. E. Mülleri, Hkl.

E. Haeckel del. Wagenschieber sc.

TAFEL XXXI

Abb. 1	Euchitonia Beckmanni
Abb. 2, 3	Euchitonia Gegenbauri
Abb. 4, 5	Euchitonia Leydigii
Abb. 6, 7	Euchitonia Koellikeri

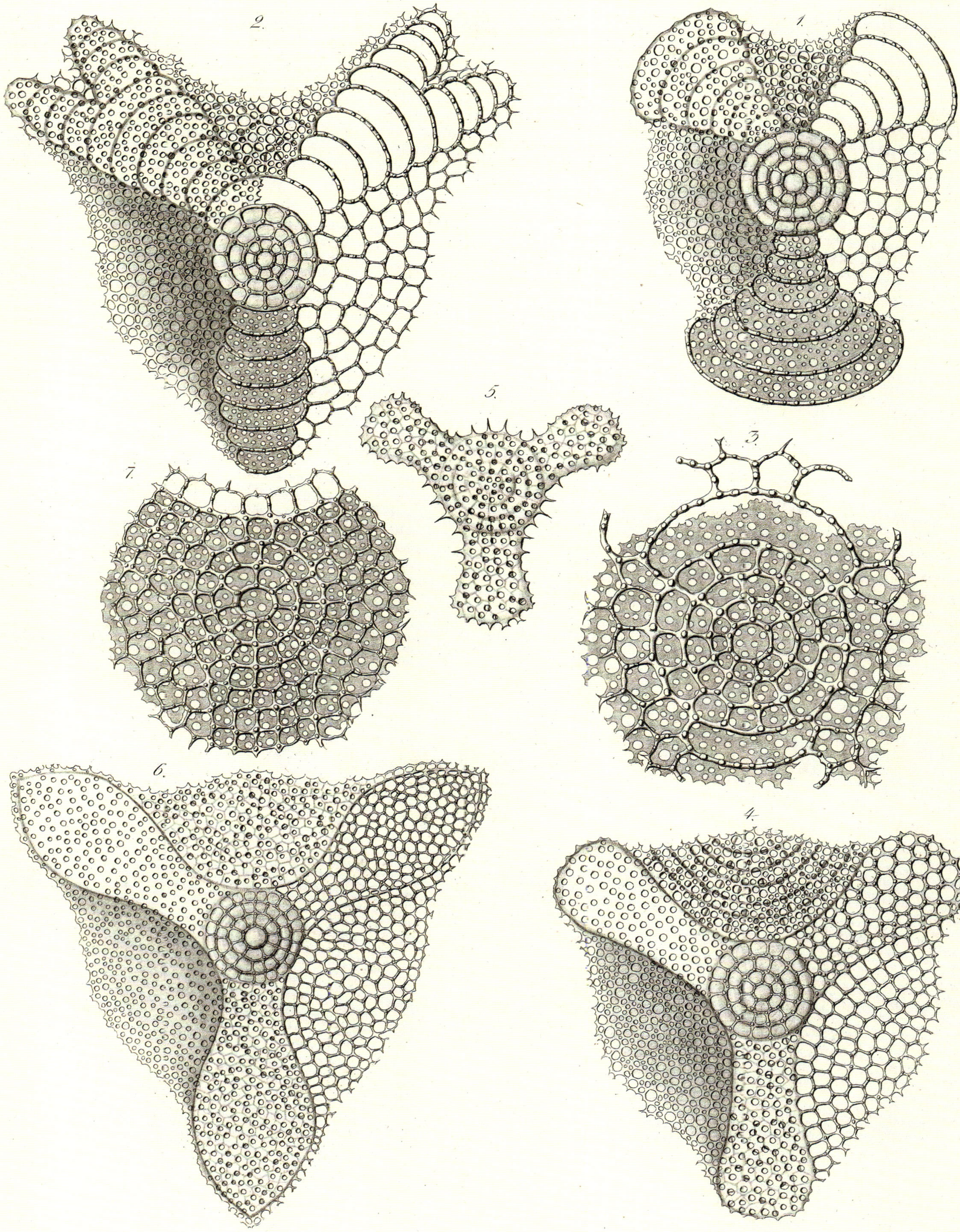

1–7. Euchitonia. 1. E. Beckmanni, Hkl. 2. 3. E. Gegenbauri, Hkl.
4. 5. E. Leydigii, Hkl. 6. 7. E. Köllikeri, Hkl.

E. Haeckel del.

Wagenschieber sc.

TAFEL XXXII

Abb. 1 – 3	Coelodendrum gracillimum
Abb. 4, 5	Collozoum pelagicum
Abb. 6 – 8	Collozoum coeruleum
Abb. 9 – 11	Rhaphidozoum acuferum

Taf. XXXII.

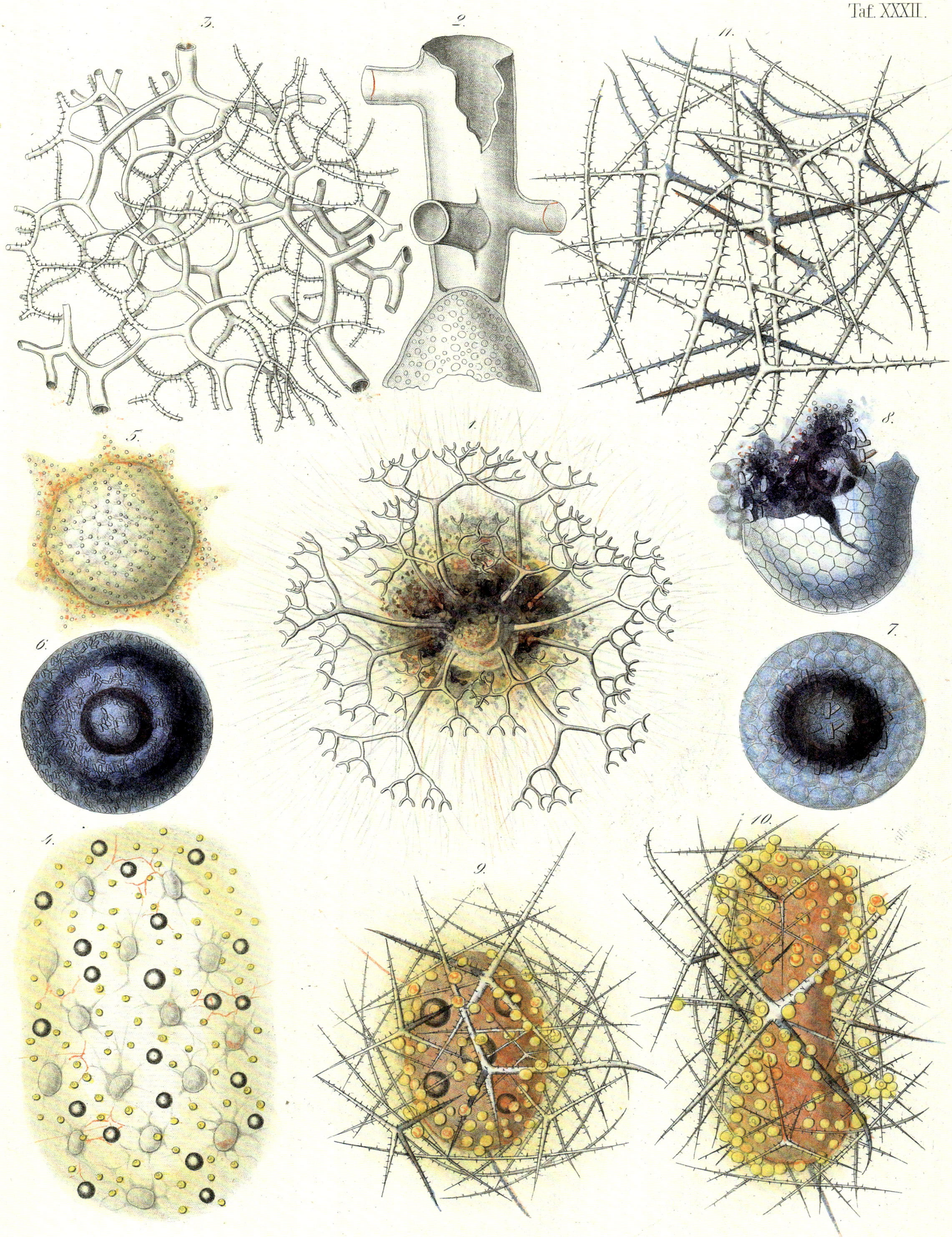

1–3. Coelodendrum gracillimum, Hkl. 4–8. Collozoum. 4.5. C. pelagicum, Hkl.
6–8. C. coeruleum, Hkl. 9–11. Rhaphidozoum acuferum, Hkl.

E. Haeckel del. Wagenschieber sc.

TAFEL XXXIII

Abb. 1, 2	Sphaerozoum italicum
Abb. 3, 4	Sphaerozoum spinulosum
Abb. 5, 6	Sphaerozoum ovodimare
Abb. 7 – 9	Sphaerozoum punctatum

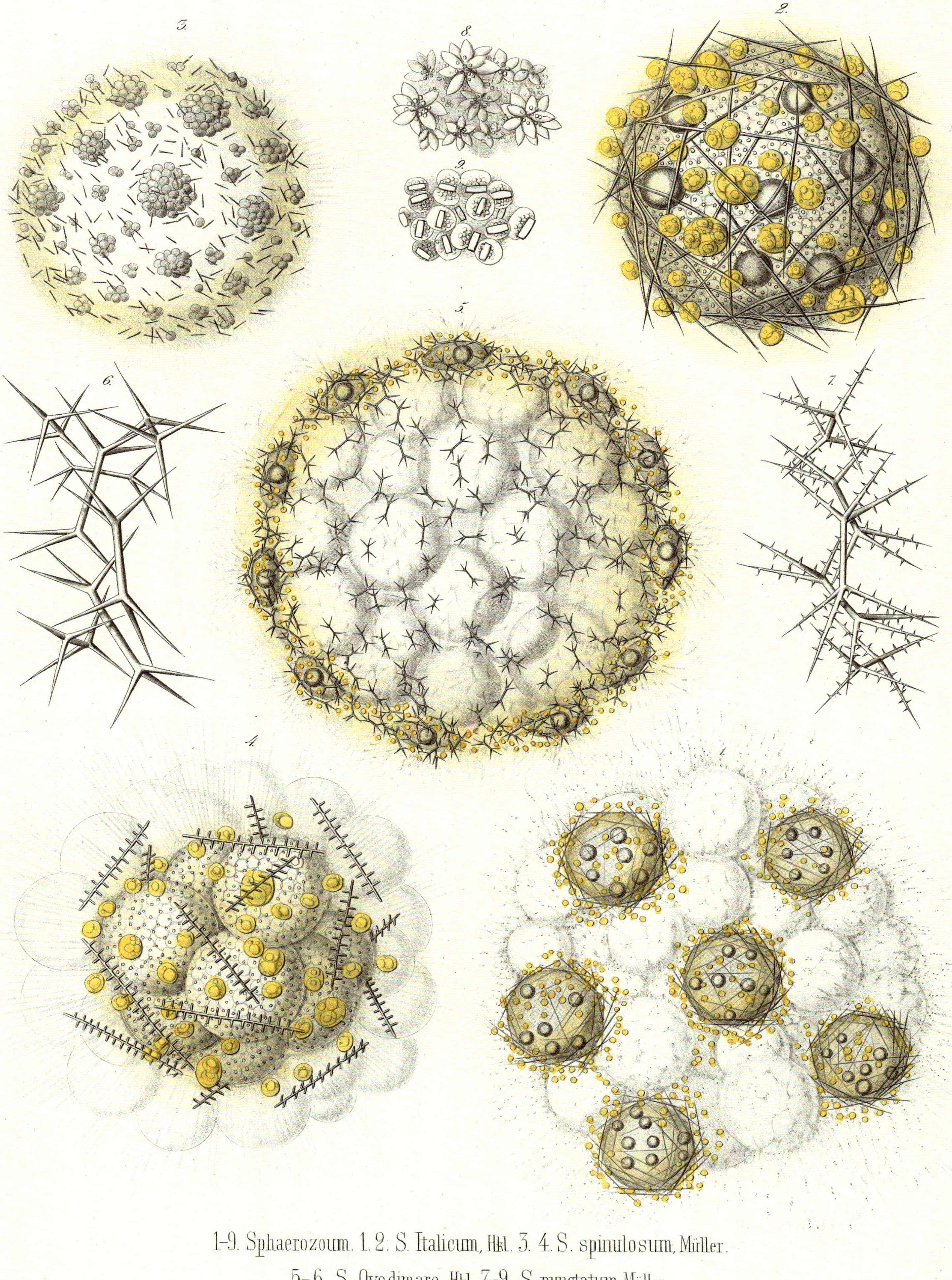

1–9. Sphaerozoum. 1. 2. S. Italicum, Hkl. 3. 4. S. spinulosum, Müller.
5–6. S. Ovodimare, Hkl. 7–9. S. punctatum, Müller.

E. Haeckel del. Wagenschieber sc.

TAFEL XXXIV

Abb. 1 – 11 Collosphaera Huxleyi

Abb. 12, 13 Collosphaera spinosa

Taf. XXXIV.

1–13. Collosphaera. 1–11. C. Huxleyi, Müller. 12 13. C. spinosa, Hkl.

E. Haeckel del.

Wagenschieber sc.

TAFEL XXXV

Abb. 1 – 14 Collozoum inerme

Taf. XXXV.

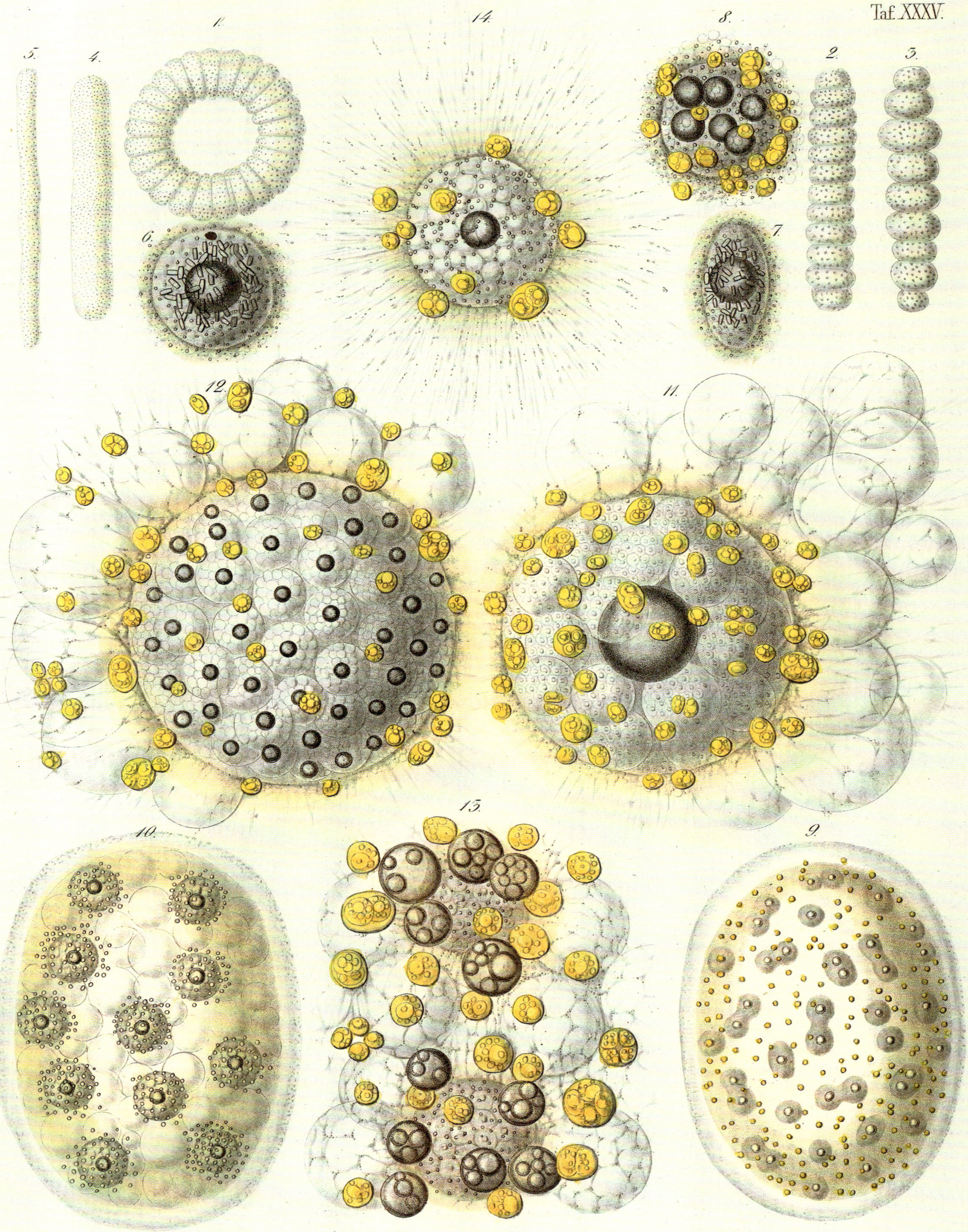

1–14. Collozoum inerme, Hkl.

E. Haeckel del.

Wagenschieber sc.

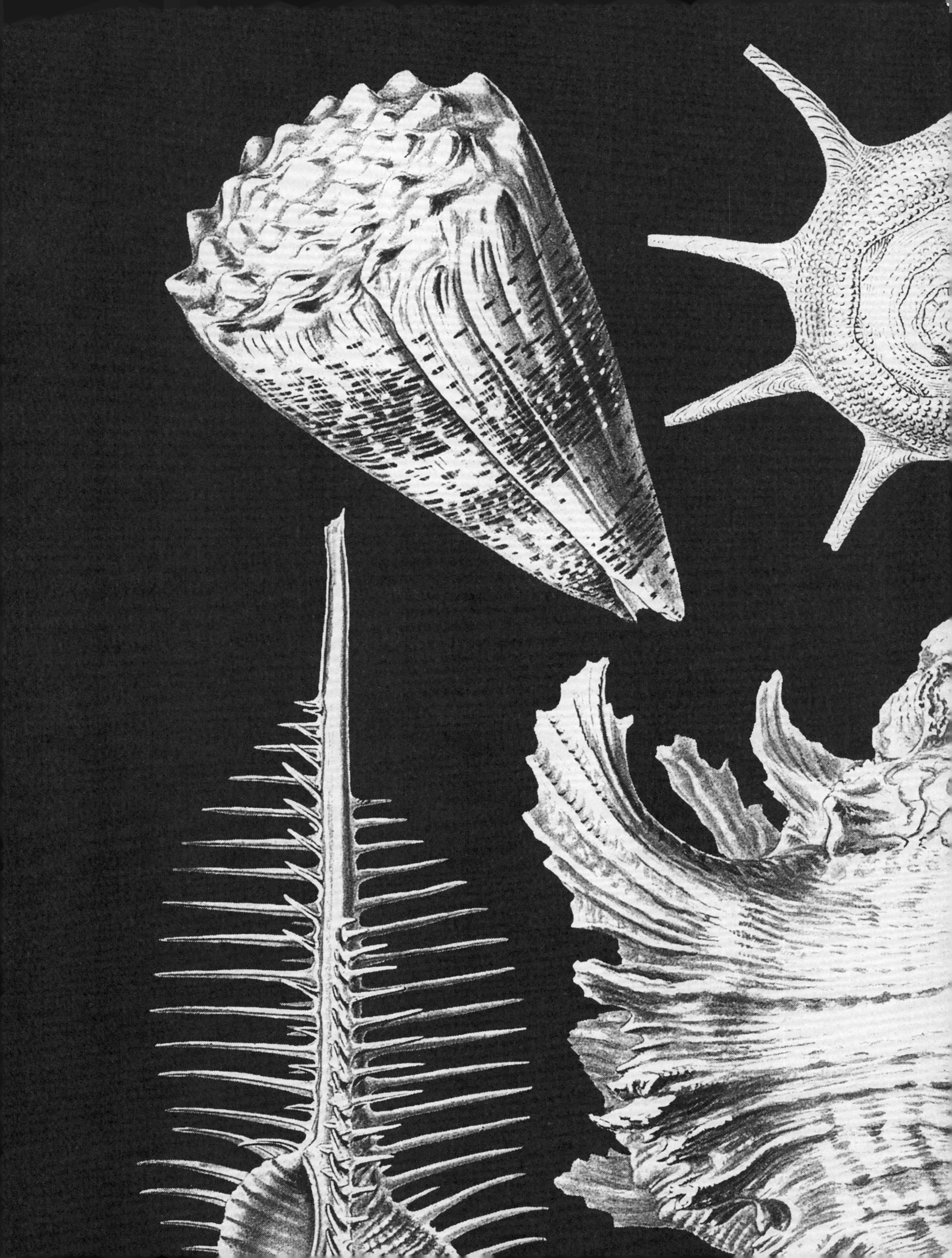

KUNSTFORMEN
DER NATUR

Kurze Anleitung zum Bildgebrauch

OLAF BREIDBACH, 1998

DER BIOLOGE ERNST HAECKEL

Wer war Ernst Haeckel? Eine erste konzise Beschreibung zeigt uns einen kämpferischen Biologen, den ersten Ordinarius für Zoologie in Jena, bekannt und wichtig durch sein massives Eintreten für die Evolutionstheorie Darwins. In seinen Schriften pointiert und oft polemisch formulierend, steht er im Zentrum nicht weniger, zum Teil äußerst scharf geführter Debatten der Biowissenschaften am Ende des 19. Jahrhunderts. Bekannt wurde er aber nicht nur durch seine vielfältigen populären Reden und Schriften, sondern auch durch eine Fülle sorgfältig erarbeiteter Monographien zu einzelnen Tiergruppen. Er habilitierte sich mit einer Schrift über eine in ihrer ornamentalen Struktur exquisite Gruppe von Einzellern, die Radiolarien. In ihnen entdeckte er – geleitet durch seinen Lehrer Johannes Müller – komplexe, an Kristalle erinnernde Symmetriebezüge und gründete darauf eine Klassifikation dieser Formen. Die Idee eines kristall-analogen Aufbaus organischer Formen verfolgte er weiter, entdeckte Symmetrien auch in anderen Gruppen und holte sieben Jahre nach der Publikation von Darwins epochalem Werk über die Entstehung der Arten zu einem umfassenden Klassifikationsversuch der Formen des Lebendigen aus. Er entwarf eine Art organischer Kristallographie, eine – wie er selbst formulierte – organische Stereometrie.

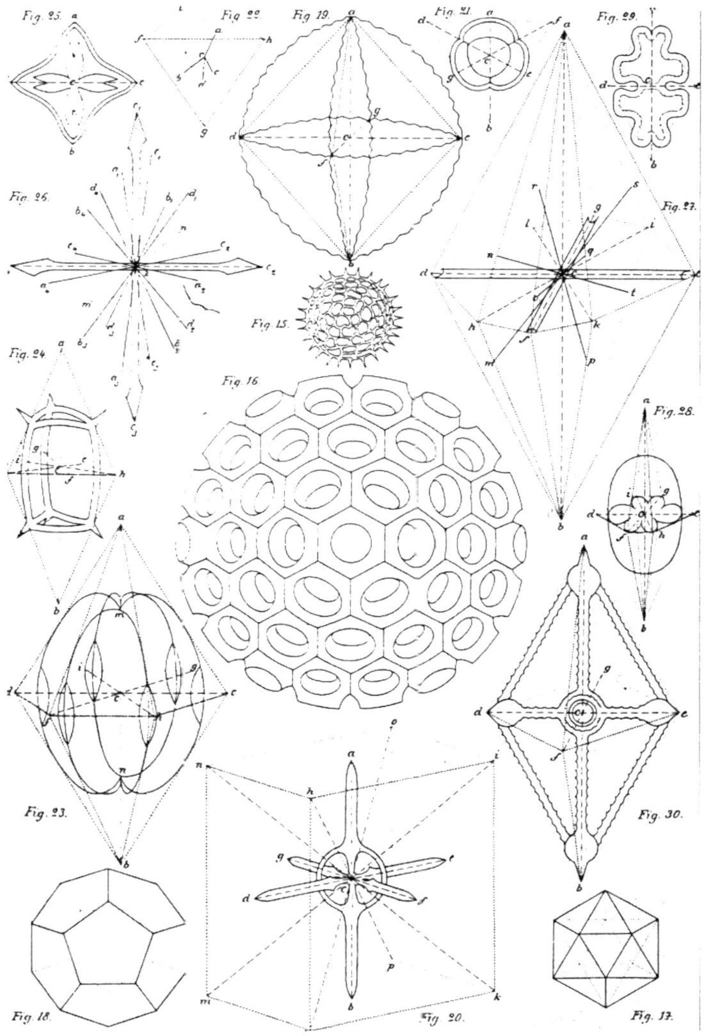

1 Ideale Grundformen. Polyaxonie und homopole Grundformen. Tafel II aus ›Generelle Morphologie der Organismen‹, Bd. 1, 1866

Seiner Idee zufolge wird in der aufzuweisenden Ordnung der organischen Formen eine Reihe fortwährender Komplizierungen deutlich. Diese Reihung zeigt sich nur bedingt in der äußeren Gestalt der Organismen. Allerdings werden deren Gewebe mit aufsteigender Evolutionsreihe immer weiter differenziert. Die einzelnen, schon in Symmetrien angelegten Zellen werden in diese Gewebe eingebunden, die makroskopisch zum Teil in einfachen stereometrischen Begriffen zu beschreiben sind, in ihrer Feinstruktur aber eine Stufung komplizierter Gestalteigenheiten aufweisen. Die in einer solchen Beschreibung zu gewinnende Reihe von Formen interpretierte Haeckel als Resultat einer real durchlaufenen Geschichte der Lebensformen. Die Grundstrukturen des Organischen, die Zellen, legen sich – seiner Interpretation zufolge – in immer komplizierter werdenden Mustern an. Hierbei etablieren sie eine Formreihe von Einzelwesen. Diese so entstandenen Organismen bleiben aber nicht festgeschrieben, vielmehr – so Haeckel – vermochten und vermögen sie ihren jeweils gewonnenen Bauplan im Wechselgefüge des Prozesses von Vererbung und Anpassung auch weiter zu differenzieren. Vor seinem Auge entwarf sich damit das Bild einer sich fortlaufend auffächernden

Strukturvielfalt der Lebensformen. Jede beliebige Lebensform, die in einem Ast dieses Fächers der verschiedensten Konstruktionen zu finden ist, sei nach den in der Entwicklung dieser Form gewonnenen und hierbei jeweils konservierten Regeln aufgebaut. Daraus folgt für Haeckel – und diese Idee wird für ihn zentral – dass die einzelnen Formen in ihrem Bildungsprogramm diese Abfolge der gewonnenen Einzelregeln festschreiben, die jeweilige Individualentwicklung (oder Ontogenese) also die Stammesentwicklung (oder Phylogenese) replizieren (oder – wie es Haeckel formulierte – rekapitulieren). Dies ist die Grundaussage seines sogenannten ›Biogenetischen Grundgesetzes‹.

Eine einzelne Lebensform, eine bestimmte Art, kann sich nun aber nicht nur in ihrem Status konservieren, sie kann weitere Entwicklungsmodifikationen und damit weitere Komplexitätsstufen in ihrem Bau ›zulassen‹. Gegebenenfalls sind – ausgehend von solch einem Formtyp – sogar zwei oder mehrere alternative Wege der Weiterentwicklung möglich. Die rekonstruierte Verwandtschaft der Formen zeichnet demnach also nicht eine bloße Ähnlichkeitsreihe nach, in der wir, als Beobachter, uns vergleichbar erscheinende Formen einordnen. Diese Ähnlichkeitsreihen bezeichnen vielmehr reale, in der Evolution durchlaufene Entwicklungslinien. Die adäquate Darstellung der Vielfalt der Formen erstellt also nicht nur einen Katalog, der Ähnliches einander zuordnet, in diesem gewinnt sich vielmehr ein Stammbaum, der real existierende Formreihen aufweist.

Derartige Stammbäume entwarf Haeckel in seiner 1866 erschienenen ›Generellen Morphologie der Organismen‹ (vgl. S. 273, Abb. 2). Diese Stammbäume umfassen hierbei ebenso Einzeller, Pflanzen und Tiere wie letztlich auch den Menschen. Alle Lebensformen – so Haeckel – sind Etappen im Entwicklungsprogramm eines letztendlich einheitlich zu zeichnenden Stammbaumes der Lebensformen. Die Vielfalt des Lebendigen ordnet sich in eine auf eine einfache Grundform zurückzuführende Abstammungsreihe.

Mit dieser von ihm detailliert dargelegten These ergriff er in der kritischen Phase der Diskussion um eine Akzeptanz der Darwinschen Lehre nicht nur Partei für dessen Evolutionstheorie; er legte hiermit vielmehr zugleich auch den ersten konzisen Entwurf einer sich evolutionsbiologisch begreifenden Biologie vor. Dieser Entwurf war in seiner Konsequenz revolutionär. Er radikalisierte das Darwinsche Programm, was Darwin selbst in dieser Konsequenz zunächst nicht hatte darstellen wollen. Darwin griff diesen, wie er selbst an Haeckel schreibt, äußerst mutigen und wegweisenden Entwurf dann aber auf.

HAECKELS ARGUMENTATION

Für Haeckel war diese Darstellung eines Stammbaums der Lebensformen, d. h. die Möglichkeit, die Darwinsche Theorie konsequent und widerspruchsfrei als Ordnungsprinzip für die Vielfalt der organischen Formen zu nutzen, zugleich der Beweis für die Geltung der Darwinschen Theorie. In der innerbiologischen Diskussion geriet Haeckel mit dieser Argumentation allerdings in Schwierigkeiten, nicht zuletzt auch deshalb, weil er in seinen Entwürfen zwar weit ausgriff, in seinen Einzelstudien jedoch in einer eher minutiösen und vergleichsweise engen Methodik gefangen blieb. Einen umfassenden Beweis für die Evolution der Formen bleibt er schuldig; der Forderung, die Evolutionsmechanismen zu erklären, kam er nicht nach. Seine Detailstudien verblieben bei der Beschreibung von Formähnlichkeiten und lieferten so eben keine *Erklärung* für die Evolutionsabläufe.

Haeckel arbeitete als Zoologe mit klassischen, in den Biowissenschaften schon vor der Evolutionstheorie eingeführten Methoden des morphologischen Vergleichs. Hieraus erwuchsen in seiner Arbeit Widersprüche, die für die Ideengeschichte der Evolutionsbiologie und für ein Verständnis der weiteren Entwicklung der Biologie – insbesondere in ihrer Ausgrenzung der Physiologen gegen die morphologisch operierenden Forscher – bedeutsam sind, uns hier direkt aber nicht weiterführen (vergl. hierzu Bowler 1989; Breidbach 1997a).

Wichtig bleibt in unserem Kontext, demgegenüber festzuhalten, dass – für Haeckel – die strukturelle Vervollkommnung und Differenzierung in der sich fortwährend verkomplizierenden Architektur der Formen nicht nur ein Klassifikationsmittel für den einzelnen Typus darstellt, sondern zur Grundlage eines Aufweises realer Stammreihen wurde.

DIE KUNSTFORMEN DER NATUR ALS ZOOLOGISCHES WERK

Blättern wir – vor diesem Hintergrund – das vorliegende Buch durch, so erscheinen uns die vielfältigen dort gezeichneten, oft aberwitzig strukturiert erscheinenden Formen nicht mehr nur als eine Reihung von Exotica. Haeckel demonstriert an den verschiedenen Formen deren Stereometrie. Sie alle scheinen Symmetrieprinzipien unterworfen, die somit nicht etwa nur als Resultat eines »Spiels« der Natur zu deuten sind. Vielmehr scheint alle Natur symmetrisch. In diesen Symmetrien könnten sich – so folgert Haeckel – demnach die konstitutiven Merkmale des

2 Die Korallenbänke bei Tur am Sinai. Abb. III aus ›Arabische Korallen‹, (1876)

Lebendigen verbergen. – Diese direkt an der romantischen Naturforschung und von Haeckel her vor allem an Goethe anknüpfende Idee weist auf eine sehr alte Tradition der Naturbeschreibung zurück und wurde von der französischen Physiologie des 18. Jahrhunderts verfolgt.

In der Fülle all jener, der Werkstatt eines genialen Designers entsprungen erscheinenden Symmetriereihen schimmert für Haeckel eine Grundformel des Lebendigen durch. Die vielen in seinem Werk zusammengestellten Formen erscheinen ihm als Variationsreihen einfacher Symmetriekonstellationen. Deren Darstellung erschließe eine Folge von Komplexitäten, in der Haeckel die Mechanik der Evolution gefangen sieht. Die ›Kunstformen der Natur‹ suchen diese Konstruktionsmechanik nachzuzeichnen. Jede Tafel dieses Werkes ist ein Beispiel für diese Idee einer prinzipiellen Einigkeit des Lebendigen. Jede dieser für einen unbefangenen Beobachter zunächst nur höchstgradig ornamental anmutenden Illustrationen wird für Haeckel demnach zu einem Beweis seiner These. Die einzelne Form, die in ihr aufgezeigte Symmetrie, belegt ihm die Darwinsche Vorstellung einer evolutiven Entstehung des Lebendigen.

Entsprechend große Sorgfalt verwandte er auf dessen Darstellung. Seine Tafeln illustrieren nicht nur einen Text; sie stehen für sich selbst, zeigen die Natur in ihrer Eigenheit auf. Die Qualität der Darstellungen entspricht dieser Bedeutung. Die einzelnen Formen sind mit äußerster Delikatesse gezeichnet, die zwar – wie noch detailliert beschrieben wird – Stilelemente der Zeit nutzt und dabei Sichtweisen der Zeit aufnimmt, deren Ziel es jedoch war, die Naturformen möglichst genau zu reproduzieren. Ein Vergleich der Haeckel'schen Zeichnungen etwa der Radiolarien mit den im Ernst-Haeckel-Haus Jena noch vorhandenen Originalpräparationen zeigt auf, dass Haeckel diesem Anspruch entsprach. Der Vorwurf der Verfremdung des Natürlichen, mit dem einzelne Fachkollegen Haeckel entgegentraten, ist nicht treffend. Haeckel zeigt die Natur der Formen; er zeigt diese nur in einer gewissen »Art«, die auch den hohen Reiz dieser Tafeln erklärt.

DIE BIOLOGIE DES FREMDEN

Haeckel konzipierte kein Fachbuch. Schon die Publikationsform dieses Werkes spricht dem entgegen: Haeckel veröffentlichte die ›Kunstformen der Natur‹ in einer Folge von 10 Heften mit jeweils 10 Illustrationen. Dies wie auch die allgemeinverständlich gehaltenen Kurzeinführungen zu den einzelnen Tafeln zeigen, dass er sich mit diesem Werk an eine breite Öffentlichkeit wenden wollte. Analog dem – allerdings sehr viel systematischer geordneten – Brehmschen Tierleben scheint hier eine populäre Darstellung vor allem der mikroskopisch zu erschließenden Lebensformen gewonnen zu sein. Es findet sich hierbei eine bunte Reihung von Tafeln, an denen allein auffällt, dass vor allem dem Laien fremde Formen Darstellung finden.

Interessanterweise ist aber gerade dieses Fremde besonders ansprechend. Die netzartigen Gefüge von Radiolarien erscheinen vertraut; es überrascht nur, sie als Formen der Natur zu finden. Bei Betrachtung der Tafeln muss einem erscheinen, dass vor allem Radiolarien, Medusen und Stachelhäuter (Verwandte von Seeigeln und Seesternen) die Formen des Lebendigen bestimmen. Insekten, die nach der Schulbuchweisheit mehr als drei Viertel aller Tierarten ausmachen, finden sich kaum, Käfer beispielsweise überhaupt nicht.

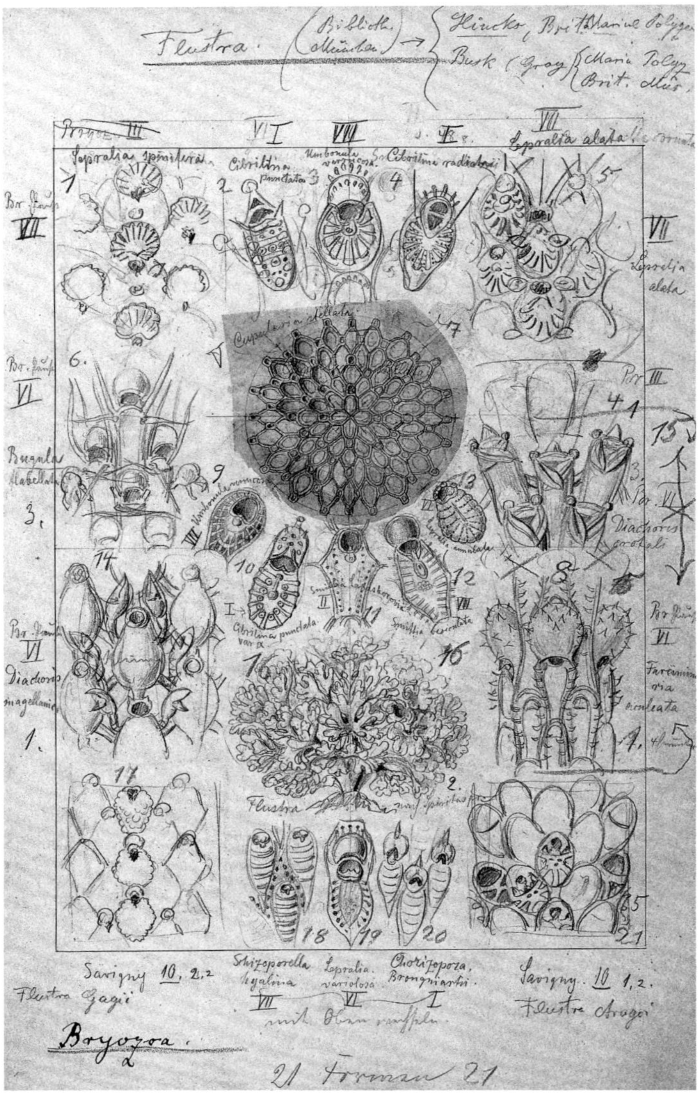

3 Bryozoen (Moostiere). Entwurf für Tafel 33 der Kunstformen der Natur

Was ist das für eine Folge von Illustrationen, die Haeckel hier vorlegt? Die letzte der Tafeln der ›Kunstformen‹, das Blatt 100, zeigt Säugetiere, verschiedene Formen von Antilopen, allerdings konzentriert auf die Darstellung des Gehörns, das in seinen Formen an die schon vorher dargestellten Schnecken und Ammonshörner gemahnt. Blatt 92 zeigt ein Diorama von Farnen. Blatt 74 zeigt Orchideen, fast konventionell gezeichnet. Auf dem Blatt 67 finden wir dann wieder Säugetiere, diesmal Fledermäuse. Die Graphik beschränkt sich hier aber auf die Wiedergabe der oft kurios erscheinenden Strukturen von Ohren und Nasen. Die Gesichter dieser Tiere reduzieren sich auf das in ihnen erkannte Ornament. Hierin kommt es den vielen Tafeln, die uns die Symmetrien in der Organisation der verschiedensten Wirbellosen demonstrieren, recht nahe. Deren Darstellungen konfrontieren uns mit einer hochsensibel nachgestalteten Ornamentik. Das Tier scheint hierbei aber nicht als eine Existenz zu interessieren, die sich in einer bestimmten Umgebung auf bestimmte Weise verhält. Bei fast allen Radiolarien-Bildern sind denn auch nur die Skelette dieser Tiere gezeichnet. Lebend sind diese in einem gallertigen, schleimartigen Zellkörper gefangen. Meist werden allerdings schon bei der Präparation diese fragilen Zellkörper zerstört. Haeckel skizziert demnach in der überwiegenden Anzahl seiner Radiolarien-Darstellungen nicht diese schwammigen, wenig präzise zu umreißenden Lebewesen, sondern einzelne Struktureigenheiten dieser Lebensformen. Die Symmetrien dieser Teilstrukturen sind das, was er uns vor Augen führt. Diese Formierungseigenheiten, die er in seinen Darstellungen durch Farbwahl, Art und Form der Zeichnung und nicht zuletzt auch auf Grund der Gruppierung der Einzelwesen in seinen Tafeln besonders akzentuiert, und nicht die Physiologie oder Ökologie der Lebewesen, scheinen ihm das Wesen der von ihm untersuchten Lebensformen darzustellen.

ARGUMENTIEREN IM BILD

Betrachten wir etwa das Blatt 65 – eine Darstellung von Rotalgen. Wir finden drei vertikale Schichten von Einzeldarstellungen, die sich jeweils nach unten verdichten. In der Mitte der Tafel ist – in einer halbschematischen Zeichnung – der Teil eines Seitenastes einer Rotalge skizziert, um die sich (auf Grund der besonderen Akzentuierung dieses Details) die weiteren Teilabbildungen hin verdichten. Figur 4 nimmt zur Seite hin das in der zentralen Zeichnung dargestellte Motiv der Fiederung des Rotalgenastes in sehr lockerer Form auf. Zur anderen Seite hin zeigt Figur 6 eine fraktal anmutende Blattrandzone, die in dieser Zuordnung nun nicht mehr als zerschlitztes Blatt, sondern als verdichtete Fiederungsstruktur erscheint. Auch die beiden basalen Schnittbilder (Figur 10 und Figur 11) fügen sich in dieses Muster einer rein visuellen Demonstration von Formvariationen ein. Neben Figur 9 gestellt, wirken diese nach dem mikroskopischen Präparat gezeichneten Details nur als vereinfachte Formen des Grundhabitus einer Rotalge (eines Thallus). Was erreicht Haeckel hiermit? Sein Bild überzeugt dadurch, dass es mit visuellen Signalen spielt. Ohne die Sprache bemühen zu müssen, verdichtet er in seinen Tafeln den Grundeindruck eines Formtypus, der durch die einheitliche Kolorierung der einzelnen Blätter noch hervorgehoben wird.

Es geht ihm um die Darstellung von Symmetrievariationen und – in der Demonstration der Variationen – um ein »Sinnfällig-machen« seiner Idee eines Formtypus.

Vor diesem Hintergrund wird denn auch klar, warum Haeckel eine Reihung der Tafeln vornimmt, die keiner direkt einsichtigen, übergreifenden Ordnung entspricht. Jede Tafel ist ein Argument für die eingangs erläuterte Grundidee. Jede Tafel ist ein Beispiel, ein Sammlungs- und Belegstück, das in seiner bloßen Existenz das Konzept einer organischen Stereometrie expliziert. So versteht es sich auch, dass die Texte zu den einzelnen Abbildungen vergleichsweise oberflächlich bleiben. Haeckel führt kurz in den jeweils dargestellten Formtyp ein und detailliert exemplarisch die hierbei gegebenen kurzen Grundaussagen oder verzichtet gänzlich auf eine eingehendere Kommentierung der von ihm zusammengestellten Stücke.

ORGANISCHE SYMMETRIEN

Von daher versteht es sich auch, dass Haeckel die von ihm betrachteten Organismen auf die ihn interessierenden Symmetriegrundmuster reduzierte. Am deutlichsten wird dies vielleicht an seinen beiden Tafeln zu den Fischen. Eine dieser Tafeln zeigt so genannte Kofferfische, die genau in das Schema einer symmetrischen Organisation der Lebensformen hineinpassen (Tafel 42). Die andere Darstellung zu den Fischen (Tafel 87) konzentriert einige wenige besonders skurril erscheinende Fischformen in die Mitte des Blattes und umrankt diese schon als Arabesken erscheinenden Formtypen durch einen Saum von Fischschuppen, an denen Haeckel die Ornamentik auch dieser Gruppe höher organsierter Formen zu demonstrieren vermochte. Seine Nachricht ist eindeutig: Die Lebensform Fisch wird reduziert auf die in dieser Tafel einsichtigen Symmetriebezüge. Der Bezug auf die in die Mitte gesetzten ornamentalen Formen suggeriert eine Kontinuität in der Organisation dieses Typs von Lebewesen, die in ihrer fragmentalen Strukturierung – von den Schuppen bis hin zu den eben als Ornament dargestellten Grundformen in der Mitte des Bildes – einer organischen Stereometrie fassbar scheinen. Dieses Blatt ist kein Einzelfall, durchzieht die hier erläuterte Idee doch die gesamte Konzeption des Buches.

Darstellungen wie etwa Tafel 49, die uns ein Lebensbild der Formen vermitteln, sind nur wenige zu finden. Diese Darstellungen sind zudem gegenüber den die Symmetriekonstellationen illustrierenden Tafeln eher konventionell ausgeführt – und in ihrer Darstellungsqualität mit den Formtypentafeln nicht zu vergleichen.

4 Adolf Giltsch (1852–1911). Jenaer Lithograph, der nach Haeckels Anweisungen die Tafeln für die Kunstformen der Natur verfertigte

Was sind nun die ›Kunstformen der Natur‹? Sind sie eine Schrift, die eine breite Öffentlichkeit für die Biologie – speziell der Meeresformen – begeistern sollte oder versteckt sich mehr hinter diesem vermeintlichen Potpourri von Formen?

Es ist vielleicht interessant, näher auf die Texte zu schauen, mit denen Haeckel seine Illustrationen einführt. Es zeigt sich, dass Haeckel auch in den einzelnen Tafeln selbst die Formen von ihrer Verteilung her breit streut; es finden sich Formen aus Helgoland wie aus Australien, aus dem Thüringer Umfeld ebenso wie aus den Steppen Afrikas. Diese Organismen sind – was etwa einen Großteil der Wirbellosen und einzelne Pflanzen anbelangt – sogar von Haeckel erstmals beschrieben worden. Der in Klammern stehende Name hinter dem zweiteiligen lateinischen Namen, dem wissenschaftlichen Namen einer Art, nennt den Erstbeschreiber der Art. Ein näheres Hinsehen zeigt, dass Haeckel in dieser auf den ersten Blick populärwissenschaftlich erscheinenden Schrift eine Fülle von Erstbeschreibungen veröffentlicht. Dies gilt sowohl für Pflanzen (etwa Tafel 63, Fig. 1) wie für Einzeller und höhere

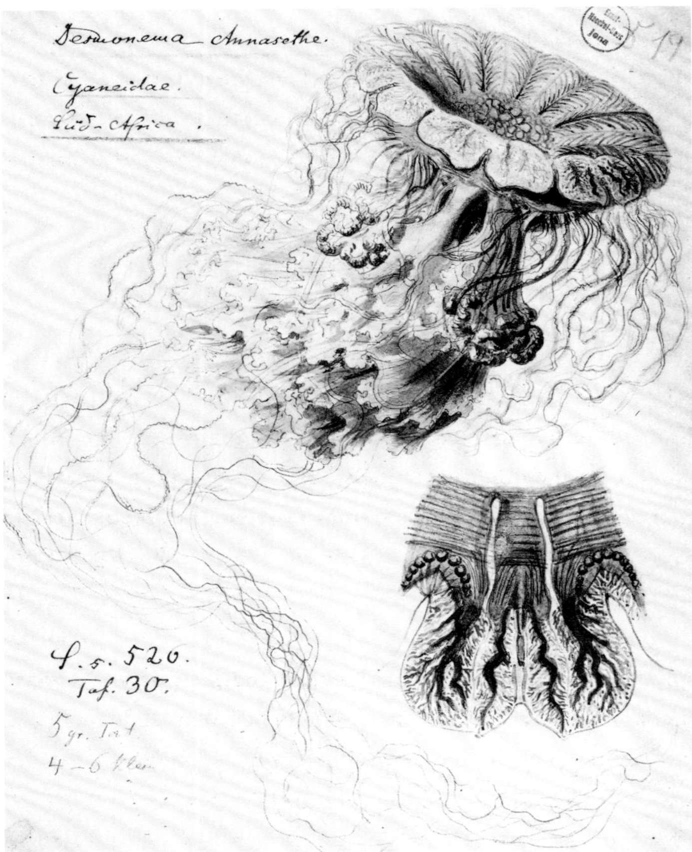

5 Desmonema Annasethe Haeckel. Scheibenqualle, Bleistiftzeichnung Haeckels zur Monographie der Medusen, 1879 (Tafel XXX)

tierische Organismen (etwa Tafel 88). Die Qualität auch der Erstbeschreibungen ist – was die literarische Form anbelangt – hierbei zum Teil zwar dürftig, auch hier verlagert Haeckel die Beschreibung im wesentlichen auf die visuell vermittelten Signale. Diese Beobachtung ist aber interessant für ein Urteil über den Charakter dieser Schrift. Zeigt sie doch, wie ernst Haeckel diese Folge von Illustrationen genommen hat.

Diese Folgerung lässt sich noch durch eine zweite Beobachtung unterstützen: Haeckel nutzt die ›Kunstformen der Natur‹ zur Belohnung und Bewertung seines menschlichen Umfeldes. Es ist durchaus üblich, bei Erstbeschreibungen Kollegen und Freunden ein Denkmal zu setzen, indem Namen zur Bildung der wissenschaftlichen Bezeichnung einer Art verwandt werden. Nach den gültigen Regeln der Taxonomie ist die erstmalige Artbezeichnung einer beschriebenen Form bindend. Der Taxonom, derjenige, der eine Art systematisch zuordnet und ggf. eine neue Art eben auch neu zu benennen vermag, hat damit ein Werkzeug an der Hand, auch ohne Hammer und Meißel ein vergleichsweise unvergängliches Denkmal für die zu bedenkende Person aufzubauen. Haeckel bedenkt seine erste Frau Anna Sethe zweimal (vgl. Tafel 6; nicht aber Agnes Haeckel), die Freifrau Frida von Uslar Gleichen einmal (Tafel 10), seinen Lithographen Adolf Giltsch zweimal (vgl. Tafel 27), Förderer und Gönner der Zoologie in Jena und – nicht zuletzt – auch Fürst Bismarck, dem er – mit Tafel 23 – ein »festgefügtes« Radiolarium widmet.

Was bedeutet dies? Die Neubeschreibung einer Art ist nichts Unwesentliches. Es ist keineswegs Fahrigkeit, dass Haeckel in diesem Werk seine Neubeschreibungen einstreut. Die Belegung entsprechender neu beschriebener Arten mit den Namen von ihm hochgeschätzter Personen zeigt vielmehr, welche Bedeutung er den entsprechenden Beschreibungen – und damit notwendigerweise auch dem Ort ihrer Veröffentlichung – zubilligt. Für die Herren Kollegen Taxonomen bedeutet dies bei der keinem übergeordneten Schema folgenden Reihung der Tafeln eine Menge Arbeit, schließlich ist es keineswegs einfach, in diesem Werk die Neubeschreibungen für eine bestimmte systematische Gruppe zu entdecken. Das demonstriert aber die Bedeutung, die Haeckel den ›Kunstformen der Natur‹ auch in wissenschaftlicher Hinsicht zubilligt. Dieses Werk stellt für ihn eine Summa seiner Naturauffassung dar.

Die Tafeln verdeutlichen seine Grundidee einer organischen Stereometrie. Dies begründet er ausführlich im Nachwort zu den 10 Heften der ›Kunstformen der Natur‹. Die Idee, in der Anschauung der Formen deren Organisation erkennen zu können und so ein Ordnungsschema zu gewinnen, das die

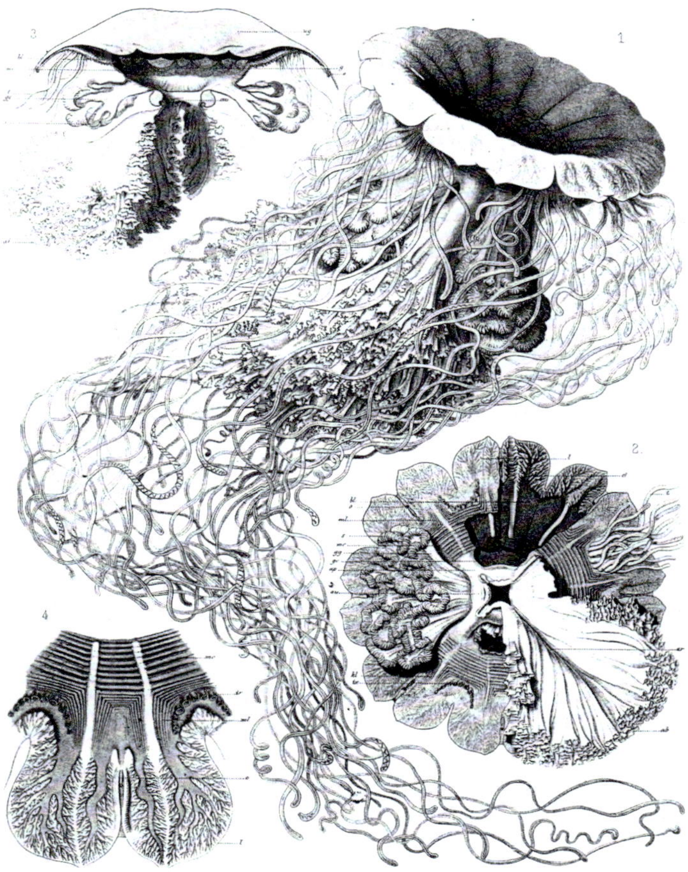

6 Desmonema Annasethe Haeckel. Tafel XXX aus Monographie der Medusen, 1879

Phylogenese des Lebendigen zu rekonstruieren erlaubt, wird von ihm hier noch einmal eingehender ausgeführt.

Es zeigt sich, dass die einzelne Tafel nicht als Illustration einer Kuriosität gedacht ist; jede Tafel hat vielmehr eine exemplarische Funktion. Jede in ihr vor Augen geführte Anschauungs-Form gibt Haeckel einen Beleg seiner in der Einführung formulierten Thesen und belegt damit sein Konzept einer organischen Stereometrie. Wie weit Haeckel in diesem exemplifizierenden Einsatz der Einzelblätter ging, zeigt die Tafel 95, in der er – ohne eine aus einer rein vergleichenden Betrachtung zwangsläufig abzuleitenden Notwendigkeit – Larvenformen rezenter Echinodermen (Verwandter der Seesterne) mit fossilen Echinodermen aus dem Erdaltertum zusammenstellt. Damit schuf er sich eine Ikone seiner Vorstellung von der Bedeutung des ›Biogenetischen Grundgesetzes‹.

Dabei ist dieses Nebeneinander schwierig zu rechtfertigen: Die in ihrer systematischen Position im Vergleich zu lebenden Echinodermen problematischen fossilen Formen werden in ihrer phylogenetischen Stellung aber genau dann deutbar, wenn sie als Vorformen der heute lebenden, in ihrem Bau schon erheblich differenzierteren Arten aufgefasst werden. Haeckel hatte diese Formen in einer Monographie bearbeitet. In ihrer stärker bilateralsymmetrischen Organisation scheinen sie in die Gruppe der rezenten Echinodermen jedoch nicht so recht zu passen. Dies wird aber anders, wenn Haeckel sie mit frühen Larvenformen der rezenten Formen vergleicht. Hier zeigen sich analoge Bildungsprinzipien. Insoweit ist auf der Tafel 98 auch nicht auf den ersten Blick zu erkennen, was rezente und was fossile Formen sind. Gilt das ›Biogenetische Grundgesetz‹, wäre es erlaubt, diese Vielfalt der Formen der Echinodermen in eine phylogenetische Reihe zu setzen: Die in der Individualentwicklung sehr früh erscheinenden Formen zeigten eben die Struktur der zu postulierenden Stammformen, wie sie für alte fossile Formen zu fordern waren. Was eben zu beweisen war. Zugleich aber soll die aufgezeigte Koinzidenz von ontogenetischen und fossilen Formen die Gültigkeit des ›Biogenetischen Grundgesetzes‹ belegen, das allerdings nur aus solchen Beobachtungen erschlossen zu werden vermag. Das heißt aber, dass diese Zusammenstellung im letzten doch nicht begründet ist. Die Gegenüberstellung ontogenetischer und fossiler Formen weist Parallelen auf, die Deutungen zulassen, gibt aber selbst noch keine Erklärung.

Haeckel denkt hier – zugegebenerweise – anders. Die Anschauung, die Möglichkeit eine entsprechende Zuordnung vornehmen zu können, ist ihm selbst schon Beleg dafür, dass eine entsprechende Zuordnung Gültigkeit besitzt. Es gelte eben, die Wahrheiten zu sehen. Das Sehen, die Darstellung der Formen, scheint ihm die wahre Art der Naturerkenntnis.

AB-BILDUNGEN

Die Abbildung ist bei ihm nicht die Illustration einer Erkenntnis, sondern selbst Erkennen der Natur. Die Wahrheiten der Natur werden gesehen. Haeckels ›Kunstformen der Natur‹ sind für ihn demnach nicht etwa nur Exempel, die Einzelheiten zeigen jeweils den Teil eines Ganzen. Sie demonstrieren das Natürliche selbst. Im Aufweis der Gestalt der Natur finde sich Naturwissen, das sich – so Haeckel – eben nicht auf die Aussagen der Experimentalprogrammen folgenden Teildisziplinen der Naturwissenschaft zu beschränken habe. Naturerkennen sei Natur»ästhetik«. Ästhetik ist demnach nichts als ein Widerspiegeln des der Natur Eigenen. Die Natur, die sich so aus und in sich bildet, sei eben »schön«.

Wie ist diese Auffassung von Ästhetik zu begründen? Ist die Natur im Akt des Erkennens immer schon bei sich? Ist das Schöne nur der Befund, derart bei sich zu sein? Haeckels

Argumentation ist einfach: Der Mensch ist Natur, er ist Teil und Resultat der Evolution. Sein Handeln und Denken ist Produkt dieser Evolution. Wenn er also etwas erkennt, zeigt sich in ihm demnach also letztlich seine Natur. Sein Erkennen – das sich ja eben in der Natur und nach Maßgabe ihrer Gesetzmäßigkeiten entwickelt habe – ist selbst Natur (und – Haeckel zufolge – auch nichts anderes). Die Gestalt des Zeichnenden, seine Sinnesorgane, seine Motorik sind Resultat einer Entwicklung, mit der sich letztlich die Natur nur selbst abbildet. Haeckels Weltanschauung, sein Monismus, den er insbesondere in den ›Welträthsel‹n dargelegt hat, baut auf dieser Vorstellung von Naturerkenntnis, Naturschönem und dem daraus abgeleiteten, im Monismus selbst aber geläutert erscheinenden Biologismus auf. Die ›Kunstformen der Natur‹ sind auch als Teil dieses Weltanschauungsprogramms zu deuten.

Dabei gewinnen die Blätter der ›Kunstformen der Natur‹ für Haeckel eine weitere Dimension. Da sie »ästhetisch« sind, schön erscheinen, dieses Schöne sich aber auch im Kleinsten der Natur – etwa in den Einzellern oder in den Medusen der Tiefsee – findet, zeigt dies für Haeckel, dass sich in der Natur schon im Kleinsten das findet, was den Menschen in seinem Urteilen auszeichnet (oder zumindest auszeichnen sollte): »Geist«. Die Schönheit des Kleinen demonstriert ihm damit die Naturhaftigkeit des Größten – des Menschen. Natur sein heißt bei Haeckel, Element im und Resultat des Evolutionsprozesses zu sein. Die Phylogenie der Formen wäre demnach zugleich auch die Phylogenie des Geistes.

KUNST-FORMEN

Verstehen wir damit die ›Kunstformen der Natur‹ und von daher auch die in ihr explizierten Kunst-Formen? Was ist nun das Schöne, das Haeckel hier darstellt? Es ist die Schönheit des Ornaments. Die in den vorliegenden Blättern demonstrierten Formen scheinen nahtlos in das Formenrepertoire der Kunst der Art nouveau zu passen. Haeckel demonstriert den Zauber organischer Symmetrien. Er lehrt uns die Lebensformen nurmehr als Elemente einer organischen Kristallographie zu sehen. Was tut er damit?

Betrachten wir dies an einem Beispiel: Eine der schönsten, immer wieder reproduzierten Formen aus den ›Kunstformen der Natur‹ ist die Meduse Desmonema Annasethe Haeckel (Tafel 8). Diese vor der südamerikanischen Küste gefangene Medusenart – das Phyletische Museum der Universität Jena besitzt noch das Exemplar, anhand dessen Haeckel seine Beschreibung erarbeitete – besteht aus einem glockenförmigen Schirm, dem daran hängenden Körper und einem wirren Gefüge feiner lang gezogener Fanghaare. Seine erste – im Archiv des Haeckel-Hauses verwahrte – nicht farbig gefasste(!) Bleistiftskizze gibt denn auch einen Eindruck von der gallertigen Struktur des Tierkörpers und dem wirren Gefüge der aus diesem gleichsam auswachsenden Fangfäden (Abb. 5). Schon in der einfarbigen, von E. Giltsch ausgeführten lithographischen Tafel (Abb. 6), die er der ersten wissenschaftlichen Beschreibung dieser Art beigab, ist dieses wirre Gefüge zu einem gefälligen Ensemble von Fangfäden geronnen, die – gegenüber dem Original um einiges zu dick – ein Gefühl vom Bauplan dieser Art vermitteln. Dem Lithographen A. Giltsch, der nach Haeckels Anweisungen die Tafeln der Kunstformen der Natur verfertigte, gab Haeckel diese schon publizierte Lithographie zur Vorlage und fügte ihr noch eine Farbskizze bei, die nunmehr den eigentlich gallertigen Körper als eine duftig, ja blumenartig strukturierte Bildung erscheinen lässt (Abb. 7). Was

7 Discomedusen (Scheibenquallen). Entwurf zu Tafel 8 der Kunstformen der Natur

8 ROSACE. Tafel aus Esquisses décoratives von René Binet, Paris 1902

ist nun im Endresultat in den ›Kunstformen‹ aus der Qualle Desmonema Annasethe geworden?

Die diese Art abbildende Tafel 8 zeigt eine Art Blütenstand, ähnlich einer Anemone, nur viel zarter befiedert. Unter diesen gefügt findet sich eine drapierte, fein gefältelte Seide, umhüllt von zwei wie samtene Vorhänge erscheinenden orangenen »Tüchern«. Dies Ganze wird umhüllt von einer »Jugenstil-Ornamentik« hellgelb-orange getönter Arabesken, die den duftigen Körper dieses Blumentieres sanft umspielen und in einer vollendeten Ornamentik ausläuft, die sich dann aber, wie in einem Kontrapunkt, in einer vergleichbaren, nur viel weniger kostbar erscheinenden Struktur fängt. Dieses Spiel der ornamentalen Fäden umrankt ein fast rundes, in seinem Randbereich aber vielfach ineinandergefaltetes Tüllengefüge: die perfekte Inszenierung eines Bildes, in dem ein Organismus auftritt, der in seiner Konsistenz, seinem Bewegungsmuster und seiner funktionellen Organisation auch gänzlich anders zu begreifen wäre.

Was macht Haeckel hier? Erzieht er uns zu sehen, wie die Natur wirklich ist? Sieht er das, was er darstellt, in der Natur? Oder demonstriert er nicht vielmehr, dass die Sichtweise der ›Art nouveau‹ ein ideales Medium darstellt, diese uns in ihrer eigentlichen Struktur doch vergleichsweise unzugänglichen Organismen visuell ansprechend zu »transportieren«? Wie nah er hierbei der Sichtweise des Jugendstils stand, zeigt nicht zuletzt auch das Innere seines Wohnhauses, der ›Villa Medusa‹, in der er die von ihm gezeichneten Kunstformen der Natur auch als ornamentalen Deckendekor nutzte. Haeckels Sichtweise bestimmt nicht den Jugendstil, vielmehr bestimmt die Sichtweise des Jugendstils Haeckel. Hieraus ergab sich seinerseits dann aber eine Symbiose zwischen Dekorentwurf und Naturbeschreibung, die sich als äußerst fruchtbar erweisen sollte.

NATURDEKOR

Siegfried Wichmann (1984) und Christoph Kockerbeck (1986) sind der Frage des Einflusses Haeckels auf den deutsche Jugendstil nachgegangen und konnten etwa bei Hermann Obrist (1862–1927) repräsentative Belege dafür beibringen. Derartige Einflüsse finden sich darüber hinaus bei Louis Comfort Tiffany (1848–1933), Josepf Maria Olbrich (1867–1908) oder dem Architekten August Endell (1871–1918). Eine der monumentalsten Umsetzungen der Haeckel'schen Formtypen findet sich in der von René Binet (1866–1911) konzipierten Eingangspforte der Pariser Weltausstellung von 1900, die – wie die Custodin des Ernst-Haeckel-Hauses Erika Kraußе nachwies –, direkt auf die Haeckel'schen Radiolariendarstellungen zurückgriff. Am 21. März 1899 schrieb dieser Architekt direkt an Haeckel:

> »Vor etwa 6 Jahren habe ich angefangen, in der Bibliothek des Pariser Museums die zahlreichen Bände über die Challenger-Reise zu studieren und ich habe dank Ihrer Arbeit eine große Menge mikroskopischer Dokumentationen sammeln können: Radiolarien, Bryozoen, Hydroiden, usw... die ich mit größter Sorgfalt in künstlerischer Zielsetzung untersucht habe: im Interesse der Architektur oder des Ornaments. Derzeit bin ich mit der Realisierung des Monumentaleinganges der Ausstellung für das Jahr 1900 beschäftigt und alles, von der allgemeinen Komposition bis zu den kleinsten Details, ist von Ihren Studien inspiriert.«
>
> Zitat nach Krauße 1995

Derselbe Architekt brachte 1902 ein umfangreiches Tafelwerk mit Entwürfen für Dekorationen der Art nouveau heraus, die ›Esquisses décoratives‹ (vgl. Abb. 8 –10), die er Haeckel gegenüber mit der Bemerkung ankündigte:

> »Das Buch, das ich veröffentlichen werde, wird sehr klar den hohen Wert Ihrer Arbeiten demonstrieren, und es wird denen helfen, die nicht allzuviel über die Geschichte der unendlich kleinen Wesen wissen, die Tragweite der ›Kunstformen‹ zu begreifen.«
>
> Zitat nach Kraußе 1995

Wenn Haeckel also in der Einleitung zur Tafel 72 schreibt, dass »das feine Zellennetz der zarten Blätter [der Laubmoose] schöne Motive für Stickmuster [ergebe], während die Kapsel mit dem zierlichen Deckel und gezähnten Mündungsrand Vorlagen für Urnen und Flaschen liefert« darf es nach dem Gesagten kaum mehr verwundern, dass etwa das Musée d'Orsay solch einen vegetabilen Vasencorpus – 1905 geformt von Lucien Bonvallet – besitzt.

NATUR-ÄSTHETIK

Die Bedeutung dieser Art der Naturästhetik für die Schulung des Sehens und damit unsere Auffassung und Orientierung in den Formen der Natur greift aber weit über die noch vergleichsweise unzureichend erforschten direkten Wirkungen »der Kunstformen« auf Architektur und Design hinaus. Haeckels Abbildungen wurden in einem weiten Umfeld reproduziert, sie finden sich in Lexika – etwa in Meyers Enzyklopädie oder im Brockhaus – wie auch in Schulbüchern. Sie disponieren damit nicht nur die Sichtweise der Künstler, denen sie ein neues Repertoire von Formen an die Hand gaben. Haeckels Einfluss geht darüber hinaus. Hierbei zeigt sich die Natur als Arabeske begriffen. Haeckel geht sogar soweit – wir sahen dies an den Kofferfischen, den Fledermäusen und den Rotalgen –, dass er die Natur auf derartige Arabesken reduziert. Dabei bleibt sein Blick detailliert, seine »Kunstformen« sind Naturformen. Haeckel sieht nichts Neues, der Natur Fremdes. Er reproduziert und fixiert eine Art des Sehens, die die Momente des Dekorativen, die den Naturdingen zu Eigen sind, besonders herausstellt. Haeckel wählt eine Perspektive, einen Ausschnitt, eine Vergrößerung, in der gerade diese Eigenschaften zur Geltung kommen. Die Natur der Dinge, die sich in dieser »Natur« aufgewiesen finden, wird so reduziert, zugleich werden damit aber auch fremd erscheinende Formen eingängig. Der Aufweis ihrer ornamentalen Charakteristik befreit dabei von den Fragen nach dem »Warum« solcher Formen. Haeckel zeigt Reihungen von Ornamenten und knüpft dabei Analogien, in denen sich zwar die »Natur« zu zeigen scheint, die Frage nach Wirkursachen und Wirkungen in der Gestalt einzelner Formen jedoch nachrangig wird.

Von der Fledermaus interessiert in seinen Kunstformen nur das Ornament von Nasen und Ohrenöffnungen. Das Ornament führt ein Eigendasein. Es kann – wie im Falle der Fische – diese sogar fragmentieren: Gesehen wird nicht mehr der Hai, gesehen wird die Schuppe des Haifisches. Die Natur scheint in Symmetrien geschichtet. Diese Symmetrien sind offensichtlich. Im Sehen der lebendigen Natur scheint sich Haeckel demnach dann auch schon deren Wesen zu eröffnen. Sehen – und zwar

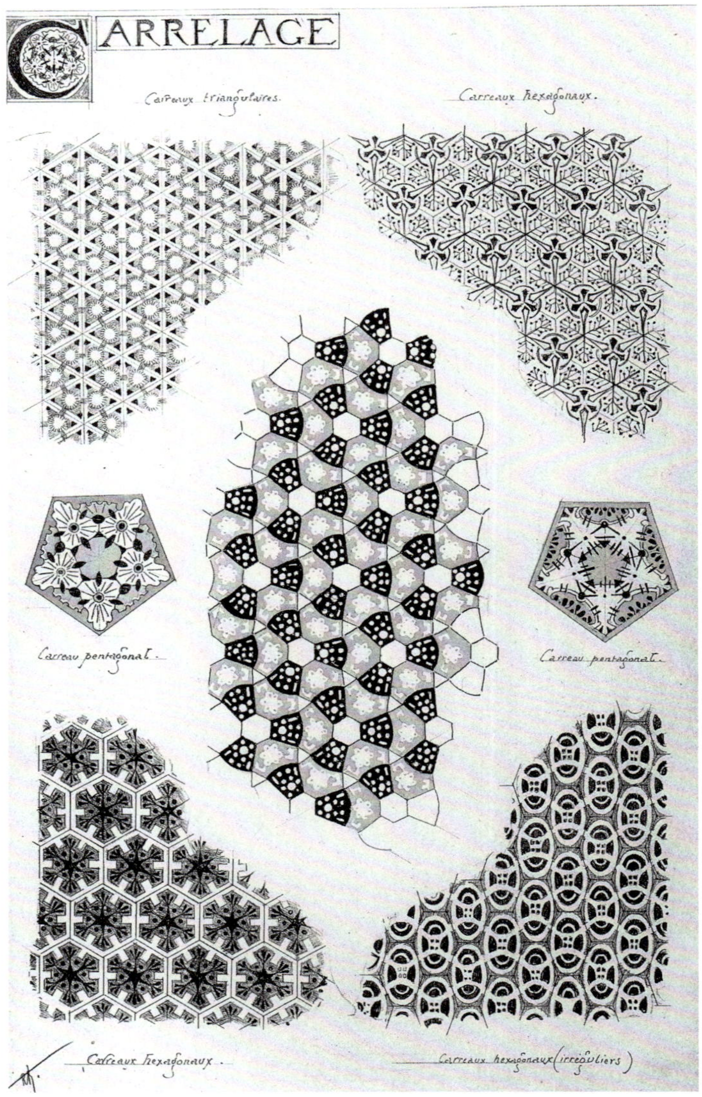

9 CARRELAGE. Tafel aus Esquisses décoratives von René Binet, Paris 1902

Sehen »à la mode de l'art nouveau« – wird zum Erkenntnisakt. Haeckels Wahrnehmen bleibt durch eine Mode bestimmt, aber es gewinnt gerade dadurch seine Sicherheit. Da sich dieses modische Sehen mit seinen verengten Kategorien ja selbst in den Organisationseigentümlichkeiten der so fernen Tiefseeorganismen bestätigt findet, leitet es für sich eine universelle Geltung ab. Es reflektiert nicht mehr seine Voraussetzungen, es bildet diese nurmehr ab: Die Natur erscheint modisch.

Die Natur der Lebewesen wird damit handhabbar, sie erscheint als ein Ganzes. Dies ist bedeutsam, verliert sich so doch genau zu dieser Zeit in den analytischen Instrumentarien der Physiologen und in den mathematischen Formeln der Physik dieser Anschauungsraum »Natur«, den Haeckel für seine Sichtweise reklamieren kann.

Haeckel steht in diesem Tun allerdings auch in einer Traditionslinie seiner Wissenschaft. In der Ausstellung ›L'âme au corps‹, Paris 1993, war eine ganze Sektion der Geschichte der biologischen Illustrationen gewidmet. Hier war zu sehen, dass nicht erst mit Haeckel diese fremde »Natur« in bestimmte Darstellungsformen gebunden wird. Der Anatom, der ein Tier bis auf dessen Skelett sezierte, stand vor der Schwierigkeit, in ihm neue, aus seinem ihn täglich umgebenden Umfeld nur bedingt zu abstrahierende Strukturen vorgeführt zu bekommen. Die Darstellungen der Präparationen Lamarcks, der eine Vielfalt bisher unbekannter Formen – wirbelloser wie auch wirbeltragender Tiere – zusammensuchte, geben ebenso ein Beispiel wie die Illustrationen von George Cuvier, der – ebenfalls in den ersten Jahrzehnten des 19. Jahrhunderts – fortlaufend neue Beschreibungsmuster für bisher unbekannte fossile Formen, die er aus dem Kalk des Montmarte präparieren ließ, zu finden hatte. Aber auch diese sind schon Exponenten einer langen Tradition, in der die Naturforscher sich die Methoden schafften, die in den alltäglichen Kategorien nicht beschreibbare Natur zu charakterisieren und gegebenenfalls zu skizzieren.

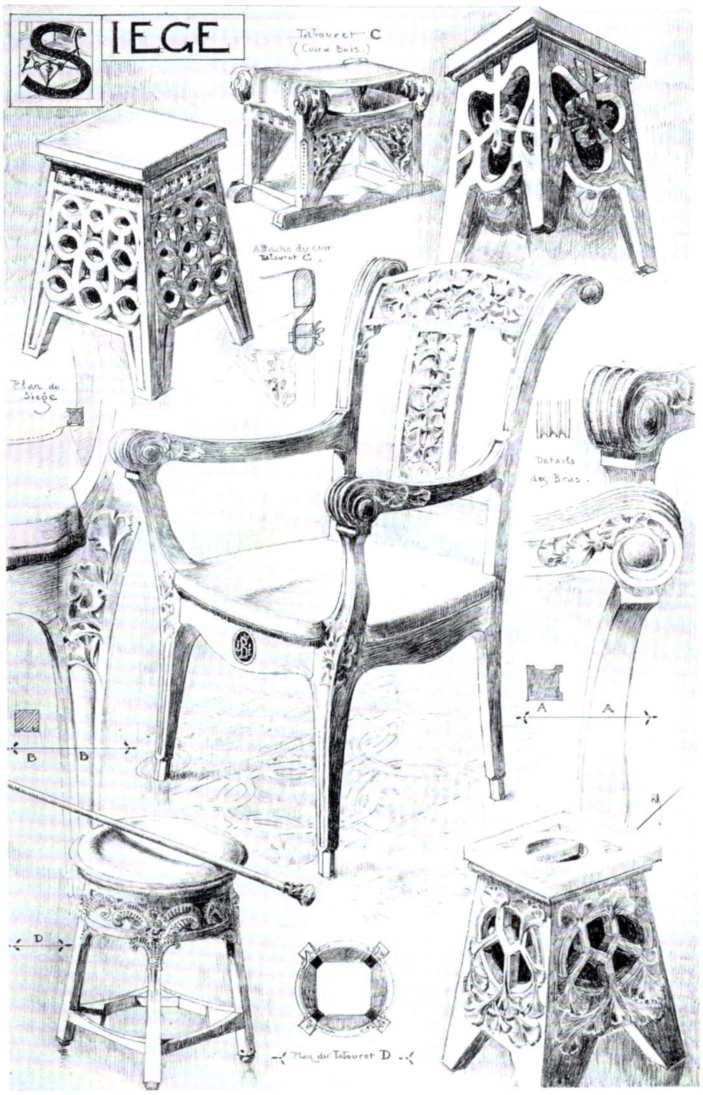

10 SIEGE. Tafel aus Esquisses décoratives von René Binet, Paris 1902

Was zeichnet in dieser Traditionslinie Haeckel aus? Es ist zum einen die exquisite Form der Darstellungen, zum zweiten das Sujet – die Vielfalt neuer, bisher unbekannter Formen, die er einem Publikum offerierte, dem doch Jules Verne in seinen Romanen schon vor Jahrzehnten demonstriert hatte, dass die »Welt« kaum mehr Lebensformen zu verbergen hatte. Schließlich aber trifft Haeckel in den ›Kunstformen der Natur‹ mehr als das Interesse seiner Zeitgenossen, er trifft ihren Geschmack.

Im Jugendstil formierte sich erstmalig eine umfassende, ganz bewusst die Gesamtgesellschaft prägende Sichtweise. Das Jugendstil-Design war Mode, es diktierte nicht nur den Geschmack, sondern – wie sich an Haeckel demonstrieren lässt – auch Sichtweisen. Die Möglichkeit, das Gesicht dieser Mode auf das Natürliche zu passen, wurde – wie beschrieben – für beide Seiten fruchtbar, Biologen wie Designern. Haeckel operierte dabei zugleich aber auch immer in der Sicherheit, seine Nachricht auch verstanden zu wissen. Das Fremde, das er demonstrierte, war – durch die Brille des Dekorativen gefiltert – seinen Zeitgenossen gar nicht mehr fremd, sie konnten es sich aneignen. In diesem Fremden entdeckte der Bürger sich selbst, seine Art zu sehen – und zwar in der Mode der Avantgarde (vgl. Abb. 11). In dieser Mode fand sich die Lösung, wohinein auch das fremd erscheinende Etwas zu bannen wäre: Das Ornament.

Im Ornament ließ sich jede Symmetrie fangen. Es gilt somit nur, an den natürlichen Formen ihre Symmetrien zu entdecken. Haeckels Darstellungen sind der Versuch, dieses zu tun. So verzichtet er dann sowohl bei den Mollusken wie auch bei verschiedenen Korallen darauf, das eigentliche Tier abzubilden. Er verzichtet auf den Weichkörper, in dem sich deren Bauplan direkt manifestiert, und betrachtete nur die Ausscheidungsprodukte, die die »eigentlichen Tierkörper« hinterlassen. – Taxonomisch ist dies berechtigt, registriert er hiermit doch Merkmale des Tieres. Diese Merkmale, diese Spuren sind aber nicht das Tier selbst. Sein Sehen zeigt sich von der Mode geleitet, es wird verleitet, seine Vor-Stellungen für das Ganze der Natur zu nehmen.

NATURANSCHAUUNG

Die so gewonnene Natur ist eine beschauliche Natur. Haeckel bringt das völlig Fremde ins Wohnzimmer; aber er zeigt an diesem, dass es so ist, wie es gefällt. Hierbei wirkte Haeckel nicht nur durch Schriften wie die ›Kunstformen der Natur‹ oder die 1913 erschienene Schrift ›Die Natur als Künstlerin‹. Bedeutsam sind hier vor allem Haeckels Schriften und Aktivitäten im Bereich des Monismus und seinerzeit sehr populäre Autoren wie etwa W. Bölsche, die in ihren literarischen Arbeiten direkt und explizit an Haeckel anknüpften. Diese Arbeiten zeichneten ein umfassendes und in seinem expliziten Verweis auf die – im Haeckel'schen Sinne verstandenen – naturwissenschaftlichen Grundlagen entsprechender Ausführungen auch enorm wirkungsvolles Bild der Natur-Anschauung. Insoweit war eine dem skizzierten Konzept folgende Betrachtung der Natur ihrer selbst auch sehr schnell sicher. Sie schien durch eine breite Zustimmung getragen. Das methodische Bekenntnis Haeckels sicherte ihm dabei gerade beim Laien Verständnis: Die Natur zu sehen, ist ihm schon Erkennen.

Haeckel gewinnt damit das Bild eines Naturganzen, das die seinerzeitige Physik in ihren formalen Operationen zu verlieren schien. Der seinerzeitige Physiker suchte nicht nach einer Illustration von Welt; im Gegenteil, deren Anschaulichkeit ging ihm zusehends verloren. Er war darauf angewiesen, seine Erkenntnis in Formeln zu bannen, zu abstrahieren und damit das unvermittelte Ganze einer »Natur« zu verlieren. Eine Formel ist in und aus ihrer mathematisch/logischen Konsistenz zu begründen. Aus ihr sind Folgerungen zu ziehen, die dann eindeutige Experimentalsituationen ableiten lassen. Damit sind Tests formulierbar, die Aussagen über den Wert einer Formel erlauben. Ist deren Geltung bewiesen, lassen sich über schlüssige Ableitungen weitere physikalische Postulate konstruieren. Eine derart verfahrende Physik hat insoweit aber die Unmittelbarkeit ihres Zugriffs auf die Natur verloren.

Gegen die Stringenz der Formeln setzt Haeckel die Anschauung. Es ist noch nicht erforscht, welche Relevanz Haeckels Ansatz im speziellen und das Konzept der Naturanschauung insgesamt für die Entwicklung des Naturverständnisses der Moderne hatte. Am Ende der mit Haeckel beginnenden Entwicklung stehen die Tierfilme Sielmanns oder die Grzimek-Produktionen, die jeweils auch – möglichst detailliert – zeigten, wie es »eigentlich« in der Natur gewesen ist. Auch dort war das Mittel, Naturverständnis zu induzieren, möglichst brillante Bilder zu produzieren. Fängt sich in diesen Anschauungen dann »Natur«? Findet sich hier – entgegen den philosophisch breit diskutierten Konsequenzen der modernen Physik – für unser Naturverständnis eine zweite die Moderne bestimmende Linie in der Tradition des naturwissenschaftlichen Weltbildes? Die Frage zu stellen scheint dringlich, da genau in dieser Traditionslinie der Begriff belegt ist, der in der analytisch formal operierenden Naturforschung aufgegeben scheint: der Begriff Natur.

Haeckel steht hier – wohlgemerkt – nicht alleine. Seine Reiseberichte, seine ›Kunstformen der Natur‹ stellen aber wohl einen der seinerzeit populärsten Beiträge zu einer derartigen »Ästhetisierung« der Natur aus den Reihen der Naturforscher selbst dar. Eine Geschichte der Illustration biologischer Lehr- und Schulbücher nach 1900, die hier mehr und detailliertes Material offerieren dürfte, ist bisher allerdings noch nicht geschrieben.

Wie ist Haeckels Naturästhetik nun zu bewerten? Unbewusst suchte er in der Perspektive seiner Kultur aus dieser Kultur heraus zu schauen. Auch in seinem Blick nach außen blieb er damit in sich. Dabei zeigt sich ein Weiteres. Haeckels Natursicht ist eine Kultursicht. Seine Illustrationen, ja schon seine Wahrnehmung des Naturgefüges ist spezifisch durch den Jugendstil geprägt. Sein Sehen ist also nicht – wie er meinte – »objektiv«. Sein Sehen, aber auch seine »Art« der visuellen Vermittlung von Anschauungen, steht unter den Bestimmungen, Erwartungshaltungen und Dispositionen seiner Zeit. Die »Kunstformen der Natur« sind demnach in zweierlei Hinsicht Kunstformen: Sie sind dies zum einen, weil sie in der Natur das Schöne entdecken. Sie sind dies aber zum anderen, weil sie die Natur als eine Kunstform, d.h. nach einer Mode strukturieren.

Die ›Kunstformen der Natur‹ sind »arte-facte«. In den hier vorgelegten Abbildungen der Natur spiegelt sich zunächst die Wahrnehmungskultur von Haeckel, d.h. die Sichtweise jener Epoche. Die ferne Welt, das Fremde wird in dieser Kultur Teil des Dekors; es scheint »beherrschbar«. Genau in

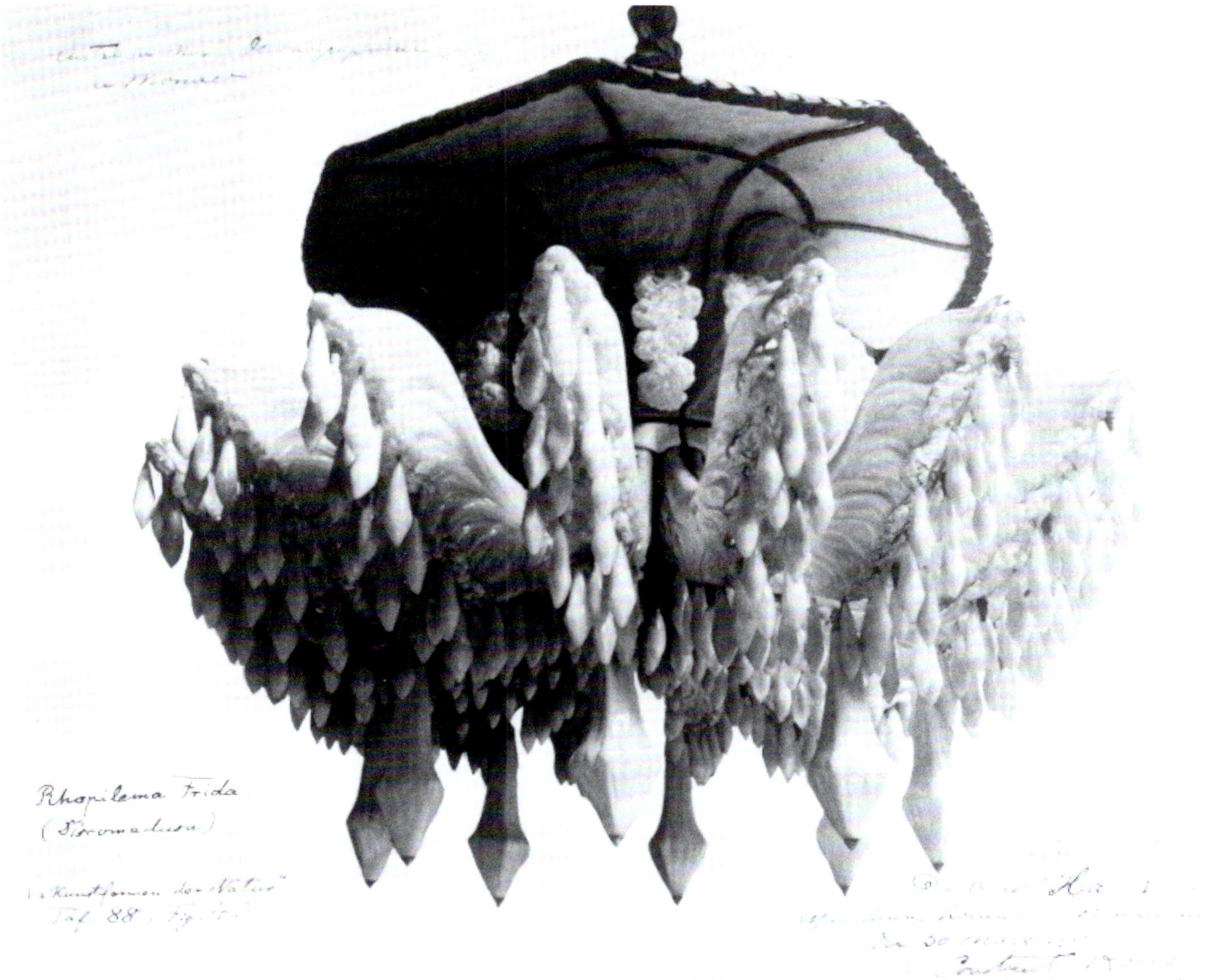

11 Glaslüster im Ozeanographischen Museum im Monaco. Gestaltet von Constant Roux, Paris, nach Tafel 88 der Kunstformen der Natur (Rhopilema Frida)

diesem Punkt treffen sich interessanterweise die Entwicklungen in der Physik und dieser Art von Biologie. Beiden schien – aus ganz unterschiedlicher Perspektive – die Natur beherrschbar.

Auch das Programm einer Ästhetisierung der Natur beschränkt sich nicht auf die Biologie. Physiker wie Ernst Mach und Franz Exner entdeckten um 1900 das Ästhetische. Um die Jahrhundertwende scheint sich kurzfristig ein Miteinander von Kunstkultur und Wissenschaftskultur zu verdichten (Breidbach 1997b). Eine eingehendere Analyse steht hier noch aus.

Zu einer umfassenderen Bestandsaufnahme gehören ebenso die Kriminalpathologie von Lombroso, die Bewegungsstudien von Muybridge, Darstellungen der Praxis des Klinikers Jean Martin Charcot oder auch der Ästhetikkonzeptionen Benedetto Croces und etwa Gustav Theodor Fechners. Es kann hier nur der Beginn von Fährten markiert werden, denen zu folgen wäre.

In den ›Kunstformen der Natur‹ liegt zunächst ein grandioses Illustrationswerk vor, das zum Besten gehört, was je ein Wissenschaftler an Bildern über die Natur gezeichnet hat. Was finden wir in ihm? Tafeln. Diese Tafeln haben eine eigene Sprache – was Haeckel hierin sah, ist das eine, was wir daraus machen, ist vielleicht ein anderes; was man damit machen konnte, zeigten Binet und seine Kollegen, später auch Max Ernst: Kunst formen!

4/1

Ernst Haeckel – Der Künstler im Wissenschaftler

IRENÄUS EIBL-EIBESFELDT, 1998

»Die Kunst ist die Speise des vollendeten Menschen, sie ist seine Daseinsbedingung, für ihn ist sie das Medium des Lebens, und da Kunst keine Erschöpfung kennt, eines ewigen Lebens ohne Erschöpfung. Denn in der Kunst spricht sich das schöpferische als unerschöpflich aus.«

Ernst Fuchs, 1977

»Als ich vor 25 Jahren zum ersten Male das Meer besuchte und im August 1854 auf Helgoland von meinem unvergeßlichen Meister Johannes Müller in die unerschöpfliche Wunderwelt des Seethier-Lebens eingeführt wurde, da übten unter den vielen, bisher nie lebend gesehenen Thierformen keine anderen eine so mächtige Anziehungskraft auf mich aus, als die Medusen. Niemals werde ich das Entzücken vergessen, mit welchem ich damals als zwanzigjähriger Student die erste Tiara und Irene, die erste Chrysaora und Cyanea beobachtete und ihre prächtigen Formen und Farben mit dem Pinsel wiederzugeben versuchte ...«

Mit diesen fast überschwenglichen Worten eröffnet Ernst Haeckel (1879) den ersten Teil seiner Monographie über die Medusen, ein 672 Seiten starkes Werk, ergänzt durch einen prachtvollen 40 Tafeln umfassenden Bildatlas. Bis auf die Einführung, in der Haeckel seine Begeisterung ausdrückt, ist der umfangreiche Text sachlich trocken. Zwei Seiten seines Wesens finden in diesem Werk ihren Ausdruck, die des künstlerisch begabten Betrachters und die des sachlichen Wissensvermittlers. Die eine entflammt beim Anblick der Schönheit des Geschauten, die andere gibt sich nüchtern, sachlich interessiert. Die Bildtafeln sprechen für sich.

Als die höchsten Kulturleistungen des Menschen werden Wissenschaft und Kunst oft in einem Zusammenhang genannt. Man stellt sie dabei einander als verschiedene Arten der Weltbetrachtung gegenüber: Hier die Vernunft und der sachlich ausgerichtete Verstand, der sich durch vorurteilsfreie Beobachtung und Experiment um die Erforschung der Gesetzmäßigkeiten bemüht, die den Erscheinungen der belebten und unbelebten Natur zugrunde liegen. Dort der Künstler, der mit Geschick und schöpferischer Phantasie Werke schafft, die in ihm und in anderen ästhetische Erlebnisse wachrufen. Hier der Wissenschaftler, der sich im Bemühen um Objektivität von allem Gefühlsmäßig-Subjektiven freihalten möchte und der sich als Entdecker mit den Gegebenheiten dieser Welt auseinander setzt, dort der Künstler, der seiner Eingebung und seinem Gefühl folgt, danach strebend, schöpferisch Neues zu schaffen.

In Wirklichkeit verkörpern Wissenschaftler und Künstler aber selten grundverschiedene Persönlichkeitstypen.

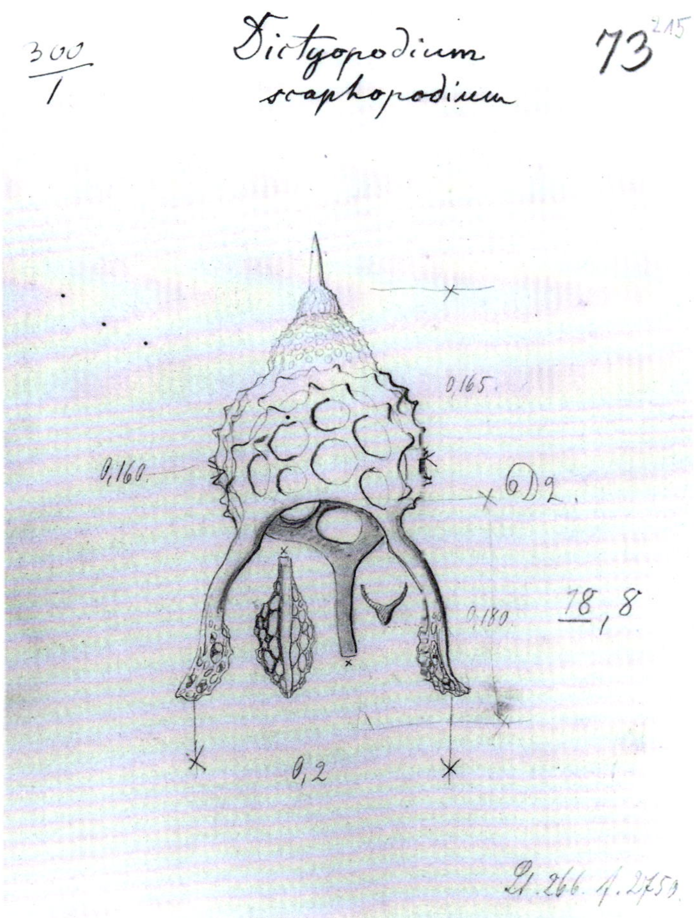

1 Zeichnungen E. Haeckels von Radiolarien *Dictyopodium scaphopodium*

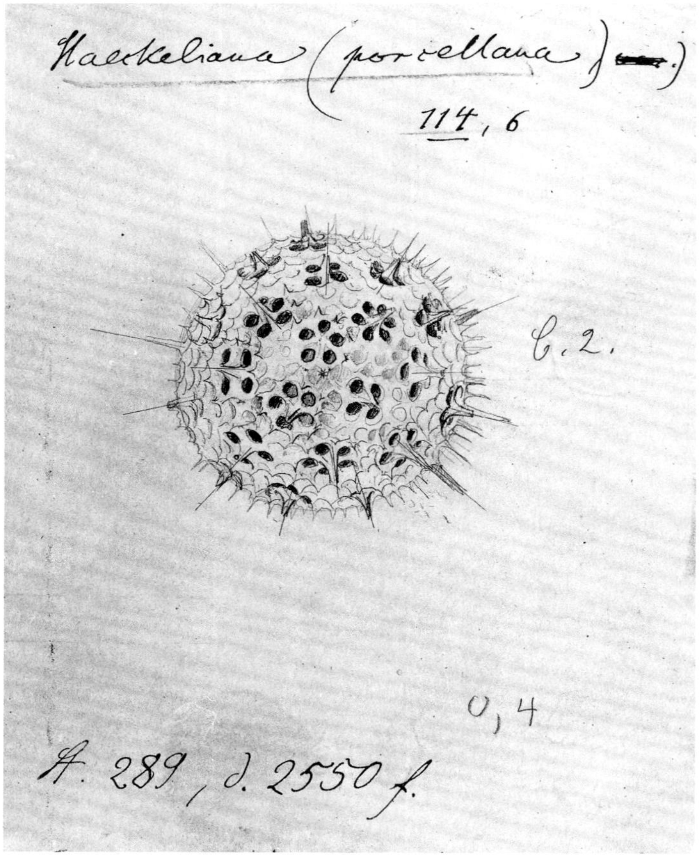

2 Zeichnung Haeckels von Radiolarien: *Haeckeliana porzellana*

Sowohl die Schönheit als auch die Probleme dieser Welt sind für den Forscher wie den Künstler ein wichtiger Anreiz, sich mit ihr auseinander zu setzen. Künstler sind ferner ebenso neugierig wie Wissenschaftler. Sie experimentieren gern und lernen dabei Erstaunliches über ihre Klientel – etwa, dass man ihr auch leere Bilderrahmen verkaufen kann: des Kaisers neue Kleider gewissermaßen. Sie wollen wissen, worauf sich die Wirksamkeit ihrer Werke begründet und welche Aufgabe ihrem Wirken in der Gesellschaft zukommt, wozu etwa die Denkmäler gut sind oder die Prunkfassaden der Gebäude, die sie künstlerisch gestalten. Beide zeichnet ferner ein starkes Mitteilungsbedürfnis aus. Allerdings bemüht sich der Wissenschaftler in erster Linie um die Vermittlung von Sachwissen, der Künstler dagegen wendet sich vor allem an die Gefühle seiner Mitmenschen. Weniger die Zahl der Staubgefäße einer Blüte findet sein Interesse als die Schönheit einer Blume, das Charisma einer Person oder die Stimmung einer sturmgepeitschten See. Seine Empfindungen, seine Sicht von schön, edel, würdevoll, erhaben oder schrecklich möchte er vermitteln. Abstrahierend und pointierend, mit den Mitteln der Verfremdung wie der Übersteigerung, sucht er den Schlüssel zu unserer Seele.

Aber nach Schönheit steht wie gesagt auch des Wissenschaftlers Sinn. Er entdeckt sie auch in der gelungenen Lösung eines Problems – die ihm dann als »elegant« erscheint, und je mehr Einblick der Naturwissenschaftler und hier wohl insbesondere der Biologe in die Details organismischer Schöpfung gewinnt, desto mehr bestrickt ihn das Wunder dieses Seins, die Schönheit selbst im Kleinsten. Entgegen mancher Behauptung entzaubert Wissen nicht. Es erschließt vielmehr vor unseren Augen immer neue Wunder. Schließlich sind Künstler wie Wissenschaftler in ihrem Bestreben auf der Suche nach einer besseren Welt verbunden. Sie fühlen sich dem Guten, Wahren und Schönen verpflichtet. Und auf der Suche nach der »letzten« Wahrheit verlieren beide nicht allzuselten den Bezug zur Realität.

Ernst Haeckel war Wissenschaftler und Künstler in einer Person. Am Anfang seiner Laufbahn wollte er sogar Landschaftsmaler werden. Die Schönheit der Organismen führte ihn zur Wissenschaft (Abb. 1– 3). Mehr als zwölf Jahre seines Lebens widmete er dem Studium von Einzellern. In seiner Monographie der Radiolarien (Strahltiere) von Messina legte er den Grund zu seinen Einzellerstudien (E. Haeckel 1862). 25 Jahre später veröffentlichte er eine weitere Monographie über die Radiolarien der englischen Challenger-Expedition (E. Haeckel 1887). Über viertausend Arten beschrieb er und er schwärmt von »märchenhaften Radiolarienschätzen«, die diese Expedition aus den Tiefen des Weltmeeres zutage gefördert hatte. Eine Auswahl aus diesem Schatz stellte er in den hier neu aufgelegten ›Kunstformen der Natur‹ vor. Und was wir sehen dürfen, ist fürwahr erstaunlich. Die oft mit Stacheln bewehrten, zierlich durchbrochenen Gitterschalen aus Kiesel treten in einer schier unbegreiflichen Formenmannigfaltigkeit auf.

Angesichts der beeindruckenden Vielfalt fragen wir uns: Welche Gesetzlichkeiten der Natur drücken sich hier aus? Was bewirkte diese Formenvielfalt, welche Aufgaben erfüllt sie? Und was schließlich finden wir an diesen Organismen so aufregend schön? Haeckel meint, die Natur trete hier als Künstlerin auf. Entsprechend seiner pantheistischen Vorstellung von einer Allbeseeltheit der Natur spricht Haeckel von einer Plasmaseele und er postuliert einen dem Plasma innewohnenden, unbewusst wirkenden Kunsttrieb (E. Haeckel 1913).

Das sehen wir heute sicher anders. Die Kunstwerke des Menschen stehen im Dienste der Kommunikation. Der Künstler wendet sich mit seinen Werken an Mitmenschen, sei es zu ihrer Erbauung oder Belehrung.

Im Tierreich gibt es zwar uns ästhetisch ansprechende Gebilde wie die Schmuckfedern der Kolibris oder die bunte

Färbung der Korallenfische. Sie dienen als Signale der innerartlichen Kommunikation. Aber diese Signaleinrichtungen wachsen ihnen ohne ihr schöpferisches Zutun. Eine interessante Ausnahme bilden die Laubenvögel Australiens und Neuguineas, deren Männchen für die Balz Lauben aus Ästchen bauen, die sie auf artspezifische Weise ausschmücken. Der Seidenlaubenvogel malt seine Laube zum Beispiel aus. Er verwendet dazu zerkaute Beeren, die er mit Speichel gemischt auf die Laube aufträgt. Beim Kurzschopflaubenvogel baut das Männchen um einen Schößling eine nach vorne offene, zeltartige Bühne, die er mit Moos, Früchten, Schneckenschalen, Blüten und bunten Käfern schmückt. Die Blüten steckt er in eigens dafür aufgebaute Mooswälle. Heinz Sielmann, der sie dabei beobachtete und filmte, sah, wie ein Männchen nach dem Einstecken einer Blüte zurücktrat und sein Werk betrachtete. Offenbar war es nicht so recht damit zufrieden, denn es nahm die Blüte anschließend wieder heraus und steckte sie etwas anders plaziert wieder ein. Wenn wir unsere Blumenstöcke nach unserem persönlichen Geschmack arrangieren, dann kommt dies dem Verhalten dieses Kurzschopflaubenvogels nahe. In beiden Fällen handelt es sich um ein ästhetisches Gestalten der Umwelt. Aber die bewundernswerten Radiolarienskelette, von denen Haeckel berichtet, wenden sich mit ihrem Aussehen weder an ihresgleichen noch an uns, die wir sie erst dank unserer Mikroskope in ihrer bildhaften Schönheit wahrnehmen können. Die prachtvollen Skelettbildungen sind keine Kunstwerke, sie dienen ihren Erzeugern vielmehr zum Schutz, und die langen, strahlenartigen Fortsätze wohl auch als Schwebeeinrichtungen, da sie die Oberfläche und damit den Auftrieb der Winzlinge vergrößern. Kontraktionsfähige Molekülgruppen, die an den Stacheln ansetzen, erlauben es, die Oberfläche des Weichkörpers zu variieren und damit den Auftrieb auch aktiv zu regulieren.

Wir als Betrachter finden die Radiolarien schön. Und das hat Gründe, die mit der Existenz dieser Organismen nicht das Geringste zu tun haben, sondern die einzig und allein in der Funktionsweise unseres Wahrnehmungsapparates begründet sind. Unsere Sinnesorgane und unser Zentralnervensystem sind als Ergebnis einer stammesgeschichtlichen Entwicklung genetisch so programmiert, dass sie in der Lage sind, Regelmäßigkeiten und damit Ordnung zu erkennen. Für einen Organismus muss die Welt voraussagbar sein, sonst kann er in ihr nicht leben. In der Umwelt, in der wir leben, gibt es wiederkehrende und daher erkennbare Gegenstände und Lebewesen, Objekte, die als Hindernisse wahrgenommen werden müssen und die Vielzahl der Organismen, die als Raubfeinde, Jagdwild oder

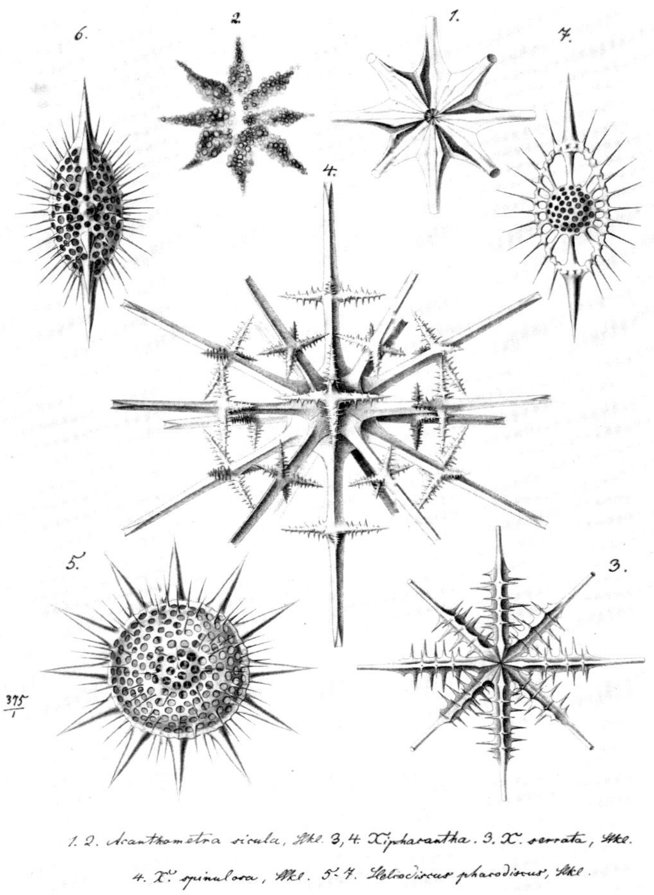

3 Eine der von Haeckel als Druckvorlage ausgearbeiteten Radiolarientafeln. 1., 2.: *Acanthometra sicula* 3.: *Xipharantha serrata* 4.: *Xipharantha spinulosa*. 5–7.: *Heliodiscus phacodiscus*

Nutzpflanzen eine Rolle spielen, und schließlich unsere Mitmenschen, deren Intentionen zu erkennen von überlebenswichtiger Bedeutung ist.

Dass es solche Regelmäßigkeiten gibt, die man entdecken kann, ist wohl eine Primärhypothese, auf der sich unsere Existenz gründet. Wir sind so gebaut, dass wir sie erwarten. Erfüllt sich die Erwartung, dann erleben wir dies lustbetont als Entdeckungserlebnis. Darauf beruht unter anderem der ästhetische Anreiz der Suchbilder und die Freude beim Entdecken der in ihr verborgenen Figur. Unsere Sinneswahrnehmung ist aktiv auf der Suche nach gestalthaft Erfassbarem. Das haben die Gestaltpsychologen schon früh herausgefunden. Haben wir etwas wahrgenommen und erkannt, dann fragt unsere Wahrnehmung häufig nach: Was gibt es noch zu sehen? Sie löst sich dabei von dem bereits Wahrgenommenen. Das geschieht vor allem bei Bildern, die verschiedene Möglichkeiten der Interpretation zulassen.

Beim Necker-Würfel sind alle Kanten durchgezeichnet und zwar so, dass die Quadrate, die man als Vorder- oder Rückenseite wahrnehmen kann, gleich groß und gegeneinander seitlich und in der Höhe verschoben sind. Fixiert man diese Abbildung des Würfels, dann erscheint zunächst eine Fläche als die Vorderseite des Würfels; nach etwa drei Sekunden springt das Bild um, und wir sehen das bis dahin als Rückseite interpretierte Quadrat als Vorderseite. Auf Flächen mit einer Musterung, die viele Deutungsmöglichkeiten zulassen, nehmen wir im 3-Sekundenwechsel einen bunten Wechsel der Deutungsmuster wahr. Die Fläche scheint auf Grund dieses autonomen Deutungsprozesses von den verschiedenen Auslegungen zu brodeln (Abb. 4 und 5).

Wir suchen Ordnung. Der Gestaltpsychologe Wolfgang Metzger (1936) sprach in diesem Zusammenhang von einer »Ordnungsliebe der Sinne«. Der Ordnungsliebe des Gesichtssinnes entsprechen Figuren, die sich klar und deutlich von dem Hintergrund abheben und die als Formen durch klar erkennbare Symmetrieebenen und Symmetrieachsen ausgezeichnet sind. Das ist ein Grund, weshalb wir Kristalle schön finden oder Organismen, seien sie nun bilateral- oder radiärsymmetrisch gebaut. Und deshalb wird aus einer unansehnlichen Ansammlung bunter Glassplitter etwas Schönes, wenn sie durch Spiegelung im Winkelspiegel eines Kaleidoskops als sechsstrahliger Stern erscheinen. Haeckel diskutiert diese »idealen Grundformen« in seiner generellen Morphologie der Organismen (E. Haeckel 1866).

Unser Wahrnehmungsapparat ist so konstruiert, dass er in mehreren Schritten vom Sinnesorgan über verschiedene Instanzen des Zentralnervensystems die einkommenden Sinnesdaten verarbeitet. Durch eine besondere Schaltung der Nervenzellen der Netzhaut und der nachfolgenden zentralnervösen Instanzen wird zunächst bewirkt, daß nur relative Helligkeitsunterschiede und nicht die absoluten Lichtstärken unser Sehen bestimmen. Ein Stück Kohle erscheint uns schwarz, gleich ob wir sie in heller Sonne oder bei dämmriger Zimmerbeleuchtung wahrnehmen, und entsprechend ein Blatt Papier unter denselben Beleuchtungsverhältnissen weiß. Unser Auge läßt sich da nicht täuschen, obgleich die Kohle in der Sonne mehr Licht in unser Auge wirft als das helle Blatt Papier bei Zimmerbeleuchtung.

Die besondere Verdrahtung der Retinazellen bewirkt auch eine physiologische Wechselwirkung von rezeptiven Feldern, die entweder nur durch Licht (›on-Systeme‹) oder nur durch Dunkel (›off-Systeme‹) aktiviert werden. Sie wirkt sich als wechselseitige Hemmung aus und das verstärkt den Kontrast der Hell-Dunkel-Grenzen und der Hell-Dunkel-Kontraste der Objektflächen. Wir sehen daher helle Flächen gegen einen dunklen Hintergrund als heller und dunkle gegen einen hellen Hintergrund als dunkler. Das hebt die Gestalten von einem Hintergrund ab.

Das Erkennen einer Figur gegen den Hintergrund wird auch durch in unserem Wahrnehmungsapparat eingebaute Annahmen gefördert. So nimmt unsere Wahrnehmung automatisch an, dass sich immer Objekte, definiert als kleinere abgegrenzte Gebilde, gegen einen ruhenden Hintergrund bewegen. Diese Hypothese erlaubt es uns, ohne langes Überlegen Jagdbeute oder Fressfeinde zu erkennen und schnell darauf zu reagieren. Dieselbe Wahrnehmungsleistung führt uns aller-

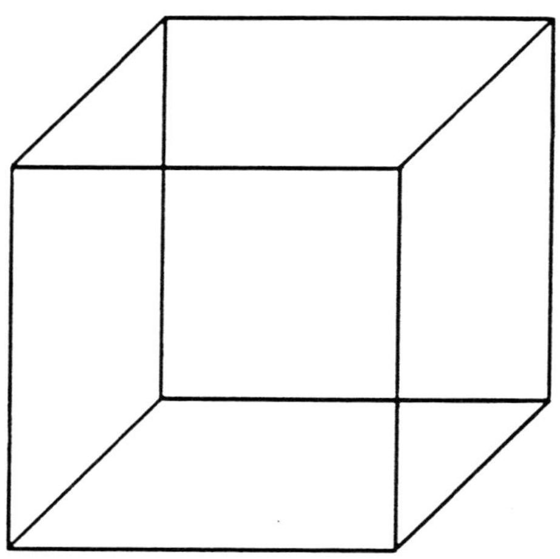

4 Der Neckersche Würfel, ein Beispiel für ein Umspringbild, das die aktiv suchende Leistung der Wahrnehmung belegt. Wir nehmen einmal eines der quadratischen Felder als Vorderseite wahr, nach etwa drei Sekunden (Pöppelsche Konstante) springt das Bild um und wir sehen die bisherige Hinterseite als Vorderseite. Unsere Wahrnehmung löst sich von dem Gesehenen und fragt gewissermaßen neu an, was es sonst noch zu sehen gibt

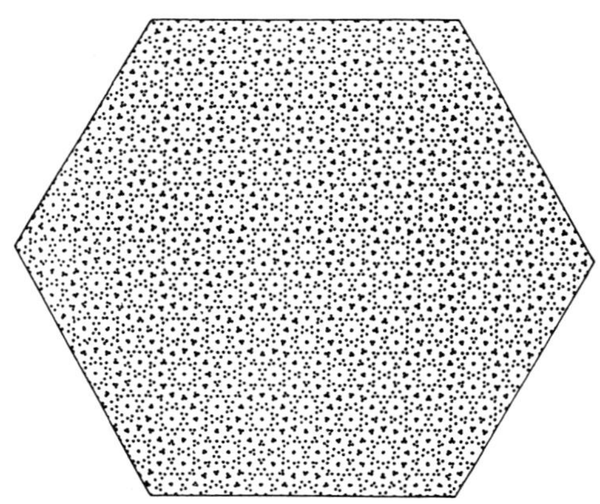

5 Beim Betrachten dieses Bildes nehmen wir einen etwa alle drei Sekunden erfolgenden Wechsel der Muster wahr. In ihrer Suche nach Ordnung strukturiert unsere Wahrnehmung das Wahrgenommene und interpretiert es auf verschiedene Weise. Aus D. Marr (1982)

6 Teddybären aus den Anfangsjahren der Produktion, links (Firma Steiff 1905/6), und in seiner weiteren Evolution zum Kuscheltier. Die Gliedmaßen wurden verkürzt, Kopf und Rumpf runder, und auch das Gesicht glich sich mehr dem Babyschema an (Aus Ch. Sütterlin 1993)

dings in die Irre, wenn wir bei leichter Bewölkung in einer Mondnacht den Mond betrachten. Dann sehen wir nämlich den Mond gegen die Wolken ziehen, und auch unser besseres Wissen darum, dass dies nicht der Fall ist, denn es sind die Wolken, die der Wind vorbeitreibt, hindert nicht, dass wir dieser Illusion unterliegen. Und wer erlag bei einem Aufenthalt seines Zuges in einer Bahnstation nicht dem Eindruck, sein Zug würde anfahren, während er in Wirklichkeit den auf dem Nebengeleise anfahrenden Zug vorbeigleiten sah. Aber dass sich die geschlossen das Gesichtsfeld abdeckende Kulisse davonbewegt, das glaubt unser Wahrnehmungsapparat nicht. Er schließt vielmehr, dass wir uns in Bewegung setzen.

Leistungen dieser Art setzen die Existenz spezifischer Nervennetze voraus, die als zentralnervöse Referenzmuster dienen. In ihnen ist ein Wissen um die Bedeutung bestimmter Wahrnehmungen gespeichert und damit eine Erwartung vorgegeben. Gegen diese Referenzmuster werden von den Sinnesorganen einkommende Meldungen verglichen, und entsprechen sie den Erwartungen, dann werden häufig bestimmte Verhaltensweisen ausgelöst. Es kann aber auch ein Suchverhalten beendet werden, wenn ein erwarteter Zustand erreicht wurde. Konrad Lorenz (1935) führte für diese Referenzmuster den Begriff angeborenes Schema ein, gelegentlich spricht man heute auch von Leitbildern oder Sollmustern. Im Englischen hat sich der Begriff »template« eingebürgert.

In solchen Referenzmustern kann ein Wissen um Merkmale des Artgenossen oder spezifischer, des potentiellen Rivalen oder Geschlechtspartners, festgeschrieben sein, ebenso wie das Wissen um die Bedeutung bestimmter Auslösereize, die Beistand, Werben, Kampf oder Flucht auslösen. Sie wurden auch bei uns Menschen nachgewiesen und sie liegen vielen Bewertungen zugrunde. Dass wir etwas als schön, häßlich, Furcht oder Abscheu erregend oder in anderer Weise aufregend oder interessant finden, beruht unter anderem auf uns in angeborenen Schemata vorgegebenen Vorurteilen. Die ihnen zugrunde liegenden, neuronalen Strukturen wachsen im Laufe der Embryonal- und Jugendentwicklung bis zur Funktionsreife heran, auf Grund der im Erbgut vorgegebenen Entwicklungsanweisungen. Weitere bilden sich neu über Lernprozesse auf Grund individueller und häufig auch kulturell tradierter Erfahrung. Vielfach erfahren angeborene Referenzmuster über individuelle Lernprozesse ihre weitere Spezifizierung und Differenzierung. Am bekanntesten ist wohl das von Konrad Lorenz beschriebene Kindchenschema. Säuglinge und Kleinkinder zeichnen sich durch einen im Verhältnis zum Rumpf großen Kopf und kurze Extremitäten, ferner durch rundliche Körperkonturen aus. Der Hirnschädel dominiert außerdem über den Gesichtsschädel, so dass die leicht vorgewölbte Stirn das Gesicht überragt. Die Puppenindustrie bietet diese Merkmale in übertriebener Form. In einer Art Versuch-und-Irrtum-Lernen an den Reaktionen des Marktes wurden dabei die Teddies immer niedlicher, weil die Extremitäten immer kürzer und der Kopf mit Stirnbetonung immer größer wurde (Abb. 6).

Das menschliche Antlitz ist für die zwischenmenschliche Kommunikation eine wichtige Bezugsfläche. Unterhalten wir uns mit einer anderen Person, dann betrachten wir deren Antlitz und lesen aus ihrem Mienenspiel, ob sie uns freundlich zugewandt oder abhold ist. Die Mimik, mit deren Hilfe wir unsere spezielle Stimmung oft völlig unbewusst signalisieren, ist uns im Wesentlichen angeboren. Menschen in aller Welt lächeln, lachen und weinen auf eine uns durchaus verständliche Weise, ebenso auch taub und blind Geborene, obgleich sie das niemandem absehen konnten.

Bei dieser großen Bedeutung des Antlitzes für die zwischenmenschliche Kommunikation nimmt es nicht wunder, dass es bei Affen und Menschen eine eigene Hirnregion gibt, die dem Gesichtererkennen dient (Abb. 7). Bereits Neugeborene betrachten schematisierte Bilder von Gesichtern, die nur aus zwei Augenflecken und einem in der Mitte darunter plazierten Mundfleck in einem durch eine Linie abgegrenzten Gesichtsoval bestehen, mit Aufmerksamkeit. Eine daneben gebotene Kopie dieser Gesichtsattrappe, die man um 180 Grad drehte, so dass der »Mund« über den Augen zu liegen kommt, findet dagegen viel weniger Aufmerksamkeit (Abb. 8) (E. Valenza et al. 1996). Um dem Gesichtsschema zu entsprechen, müssen Augenflecken und Mund in einer

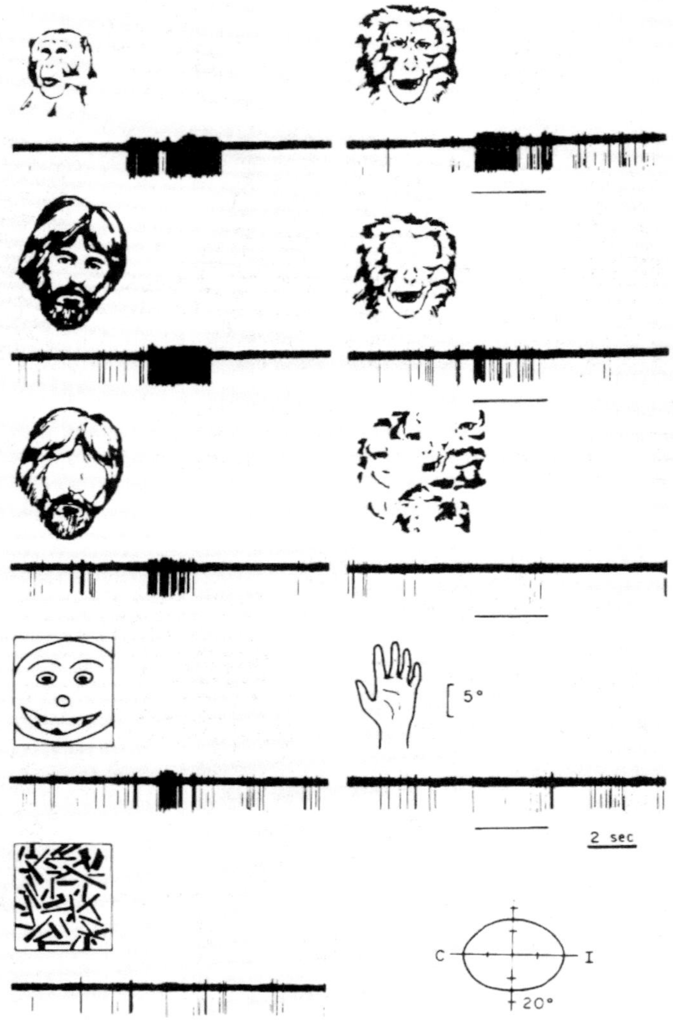

7 Antworten einzelner Nervenzellen aus dem temporalen Kortex eines Rhesusaffen. Die Bilder zeigen die visuellen Reizmuster und darunter die jeweils entsprechende, neuronale Antwort. Jeder Strich entspricht einem Nervenimpuls. Die Spezifizität des Ansprechens auf Gesichtsreize ist bemerkenswert. Affengesichter mit Augen lösen die stärksten Antworten aus. Bei Fehlen der Augen sinkt die Zahl der nervösen Entladungen. Sie bleibt aber noch höher als die auf ein durcheinander gemischtes Affengesicht, auf eine Hand oder auf unregelmäßige Striche.
Ein stark schematisiertes Gesicht erzielt dagegen noch starke Antworten.
Nach G. G. Gross et al. (1981)

bestimmten Beziehung zueinander stehen. Das Gesichtererkennen scheint also durch uns angeborene, neuronale Referenzmuster abgesichert. Beim Menschen gibt es dann noch eine weitere Hirnregion, die auf das persönliche Erkennen von Gesichtern spezialisiert ist. Fällt diese Region durch Krankheit oder Unfall aus, dann kann die davon betroffene Person ihre Mitmenschen nicht mehr an ihren Gesichtern erkennen. Sie kann allerdings noch Gesichter als solche ansprechen. Eine Person erkennt sie jedoch erst dann, wenn diese spricht. Das Phänomen ist als Prosopagnosie bekannt.

8 Die den Neugeborenen gebotenen Gesichtsattrappen. Die um 180° gedrehte Gesichtsattrappe, bei der der Mundfleck über den Augen lag, fand bei den Neugeborenen, gemessen an der Fixierzeit, viel weniger Beachtung.
Aus E. Valenza et al. (1996)

Für das Gesicht des Erwachsenen gelten in Europa bestimmte Schönheitsvorstellungen. Als schön gilt eine hohe Stirn, ein unter dem Hirnschädel etwas zurücktretender Gesichtsschädel mit nur geringer Prognathie, eine nicht zu große Mundspalte und ein feiner Nasenrücken. Es handelt sich um pädomorphe Züge, die bei der Frau noch ausgeprägter sind als beim Manne. Die Neigung zu der damit verbundenen Grazilisierung finden wir auch bei anderen geographischen Ökotypen, doch überlagert sich dem allgemeinen Schönheitsideal das Mittelbild der Population. Computergenerierte Durchschnittsbilder erwiesen sich für Testpersonen attraktiver als Einzelgesichter, aus denen die Durchschnittsgesichter komponiert waren.

Judith Langlois und L. A. Rogman (1990), die diese Experimente machten, postulieren die Existenz von »Schönheitsdetektoren«. Da drei Monate alte Säuglinge von erwachsenen Testpersonen zuvor als schön bewertete Bilder länger betrachteten als unattraktive, dürfte es sich um angeborene Referenzmuster handeln, die der unterschiedlichen Zuwendung zugrundeliegen.

V. S. Johnston und M. Franklin (1993) ließen Studenten mit Hilfe eines Computerprogramms in mehreren Arbeitsschritten ein Idealgesicht einer schönen Frau komponieren. Sie entwickelten ein Gesicht, das stark dem Durchschnittsgesicht der Population, in der sie lebten, angenähert war, sich aber durch kindlichere Züge auszeichnete (Abb. 9 und 10).

Auch der erwachsene menschliche Körper ist durch geschlechtsspezifische Proportionsmerkmale ausgezeichnet, die wir als schön und edel bewerten. Und unser anthropomorphisierendes, ästhetisches Urteil bewertet auch Tiere nach dem uns für die Bewertung unserer Mitmenschen vorgegebenen Maß. Die muskulöse schlanke Gazelle erscheint uns edel, nicht so dagegen das plumpe Nilpferd.

Ein ästhetisches Vorurteil besonderer Art stellt unsere Positivbewertung von Pflanzen dar – die Phytophilie (I. Eibl-Eibesfeldt und H. Hass 1985). Pflanzenwuchs erfreut ganz allgemein unser Auge. Die Vorliebe beschränkt sich nicht nur auf blühende und fruchtende Bäume und Kräuter. Und wo es uns an Grün mangelt, wie etwa in einer städtischen Wohnumgebung, da schmücken wir unser Heim mit Ersatznatur. Farne, Gummibäume, Philodendren und Weihnachtssterne zieren unsere Zimmer und wir freuen uns an ihrem Gedeihen. Wir bringen ferner nicht nur Pflanzen in unsere Wohnung. Wir schmücken diese mit Vorhängen und Tapeten, die Pflanzendekor zeigen. Wie kommt es zu dieser Vorliebe? Vermutlich spiegelt sich in ihr eine archaische, ästhetische Prägung. Wo Pflanzen gedeihen, da fanden unsere altsteinzeitlichen Vorfahren auch alles, was sie zum Leben brauchten. Pflanzen wurden so zu Indikatoren für einen unserem Überleben förderlichen Lebensraum. Die natürliche Auslese züchtete auf eine ästhetische Präferenz für Pflanzen, die unsere Biotopwahl mitbestimmt. Carl Gustav Jung würde von einem archetypischen Leitbild sprechen.

In ähnlicher Weise ist uns auch eine ästhetische Präferenz für einen bestimmten Landschaftstypus vorgegeben. Parkanlagen zeigen in aller Welt eine ziemlich ähnliche Gestaltung: Bäume stehen einzeln oder in kleinen Gruppen, dazwischen genießt man den Ausblick über freie Wiesenflächen. Felsen und einzelne Büsche sind dekorativ eingestreut, und Bäche und Teiche mit Wasservögeln beleben diese »Ideallandschaft«, die an die Savanne erinnert. In ihr vollzog sich die Menschwerdung. Das Leben unserer Vorfahren dürfte unsere Ahnen auf die Merkmale dieser Urheimat des Menschen geprägt haben (G. H. Orians 1980). Diese über die natürliche Auslese in angeborenen Referenzmustern festgeschriebene, ästhetische Präferenz hielt sich bis zum heutigen Tage. In diesem Zusammenhang ist eine Untersuchung von E. Synek (1998) bemerkenswert, derzufolge Kinder im vorpubertären Alter eine deutliche Savannenpräferenz zeigen. Danach überlagert sich dieser eine sekundär durch das Aufwachsen in einer bestimmten Umgebung entwickelte Vorliebe für den Landschaftstyp, der ihre Heimat charakterisiert. Diese Präferenz ist als Heimatbindung affektiv besetzt und dauerhaft. Es könnte sich um eine prägungsähnliche Festlegung handeln (Abb. 11 und 12).

9 Die Unterschiede der Proportionen und Gesichtszüge (Mund, Lippen) der komponierten »Idealschönen« und das Durchschnittsbild der weißen Studentenpopulationen Neu-Mexikos, mit denen Johnston und Franklin experimentierten

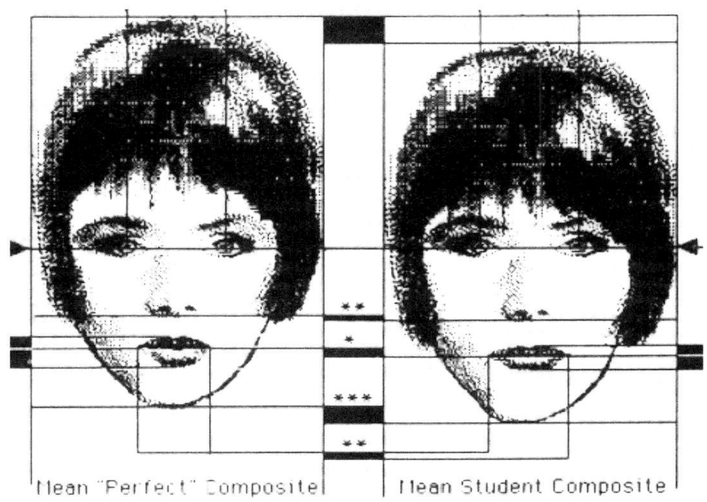

10 Die als schönste eingestufte Komposition (links) und eine mit den gleichen Merkmalen, aber in den Proportionen eines Mittelbildes der Population. Aus V. S. Johnston und M. Franklin

Bei der von Konrad Lorenz (1935) entdeckten Prägung handelt es sich um einen Lernvorgang, für den in der Entwicklung eines Tieres ein Zeitfenster offen gehalten wird. In dieser sensiblen Periode Gelerntes wird nicht mehr vergessen. Jungen Hühnerküken ist es angeboren, jedem Objekt nachzulaufen, das rhythmische Locklaute von sich gibt, gleich welcher Art diese sind. Sie laufen auch einem Ball nach, der mit Pfeiftönen lockt. Taten sie das jedoch einmal, dann bleiben sie dabei und lernen nicht um. Die »Prägung« erweist sich als unumkehrbar. Man kennt mittlerweile auch das neuronale Geschehen, das für diese Irreversibilität verantwortlich ist. Bei unerfahrenen Küken sind die zuführenden Äste (Dendriten) jener Nervenzellen, die Hörreize verarbeiten, durch zahlreiche synaptische Verbindungen mit anderen Nervenzellen ausgezeichnet. Man kann sie als Fortsätze wahrnehmen und auszählen. Nach einer Prägung auf einen reinen Ton sind die meisten »Ohren« der Neuronen eingeschmolzen. Die Nervenzellen sind nunmehr auf eine ganz bestimmte Reizqualität abgestimmt (E. Wallhäuser und H. Scheich 1987). Die Referenzmuster, die unsere ästhetischen Präferenzen bestimmen, können individualgeschichtlicher Entwicklung sein, wobei prägungsähnliche Fixierungen ebenso wie umlernbare Geschmacksbildungen *à la mode* zu beobachten sind.

Aber hilft uns das alles zu verstehen, weshalb wir Radiolarien und Quallen schön finden, Organismen, mit denen wir als Landbewohner normalerweise wirklich nichts zu tun haben? Welche der von uns als Anpassungen entwickelten Schemata sprechen hier an, welche Referenzmuster werden angesprochen?

In einem Brief vom 27.1.1867 von Lanzarote an seine Eltern schildert Haeckel eine Staatsqualle mit folgenden Worten:

> »Denkt Euch einen zierlichen schlanken Blumenstock, dessen Blätter und bunte Blüten durchsichtig wie Glas sind und der sich in den zierlichsten und lebhaftesten Bewegungen durch das Wasser schlängelt, und Ihr habt eine Vorstellung von diesen wunderbaren, schönen und zierlichen Tierstaaten.«

Ähnlich äußert sich der Zoologe W. Breitenbach in einem Beitrag in einem von Haeckel (1913) veröffentlichten Buch über diese Tiere:

> »Wenn solch eine Röhrenqualle ... an der Oberfläche des ruhigen Meeres warmer Gegenden schwebt, so gleicht sie einem schwimmenden Blumenstock, dessen Blätter, Ranken, Blüten und Früchte wie aus lebhaft bunt gefärbtem, durchsichtigen Kristallglas gebildet erscheinen. Die Formen der einzelnen Teile sind außerordentlich zierlich und oft so zart und durchsichtig, daß sie im Seewasser kaum wie ein Hauch oder Nebel wahrzunehmen sind ... Die Natur hat kaum etwas Zarteres und Farbenprächtigeres hervorgebracht als diese wunderbaren Wesen ... Dem Laien und Binnenländer erscheinen diese Ozeantöchter geheimnisvoll und phantastisch, und er weiß nichts Rechtes mit ihnen anzufangen.«
>
> (W. Breitenbach in E. Haeckel 1913, S. 62)

11 Die von der präpubertären Gruppe bevorzugte Landschaft zeichnet sich durch wenige Bäume und wenige Hügel aus. Sie repräsentiert den Archetyp der Savannenlandschaft, in der sich die Menschwerdung vollzog

Die beiden Aussagen weisen darauf hin, dass es unser phytophiles »Organ« ist, was hier anspricht, jenes zentrale Referenzmuster also, in dem unsere ästhetische Vorliebe für Pflanzen festgeschrieben ist. Aber noch etwas weiteres kommt in Breitenbachs Schilderung zur Sprache: die Zartheit und Differenziertheit sowie das Geheimnisvoll-Phantastische.

Bei der Bewertung eines Organismus als schön und interessant, aber auch bei seiner Einstufung nach einer Werteskala als »hoch« oder »niedrig«, spielt dessen organische Differenziertheit eine große Rolle. Wir können nicht umhin, einen Vogel ästhetisch höher zu bewerten als eine Seegurke, deren komplizierten Aufbau, ja Schönheit wir erst entdecken, wenn wir uns dem Detail zuwenden. Als längliche Wurst auf dem Sandboden kommt sie uns recht unansehnlich vor. Die Staatsqualle, von der Breitenbach schwärmt, erscheint uns in ihrem Gesamteindruck viel differenzierter und damit schöner, obgleich sie im Gesamtaufbau eigentlich primitiver organisiert ist als eine Seegurke. Wir erkennen Ordnung in den Tentakelreihen, in der Reihung der auf verschiedene Aufgaben spezialisierten Polypen, in ihrer Symmetrie, und zugleich erscheint sie uns ungeheuer kompliziert – als ein »höherer« Organismus. Und da sie überdies neu und fremd ist, weckt sie unser Interesse, unsere Neugier.

Die Höherbewertung von Differenziertheit vor Undifferenziertheit führt auch dazu, dass wir sekundären Differenzierungsverlust (Involution) negativ bewerten. Es gibt einen Krebs *(Sacculina)*, der als parasitäres Wurzelgeflecht den Körper seines Wirtes, einer Krabbe, durchwächst. Als Larve schwimmt er mit Beinen und Sinnesorganen ausgestattet, und damit als höherer Organismus ausgewiesen, umher. Hat er sich am Wirt festgesetzt, wirft er alle diese Differenzierungen

12 Das von der postpubertären Gruppe bevorzugte Bild ist eines mit vielen Bäumen und Hügeln. Darin, so darf man vermuten, drückt sich die heimatlich aufgeprägte Landschaftspräferenz für Österreichs Hügel- und Waldlandschaft aus. Im Test wurden insgesamt sechs Bilder geboten, die Übergangsstufen von 11 nach 12 zeigten. Von der präpubertären Gruppe wurde das erste Bild dieser Serie, von der postpubertären Gruppe das letzte Bild bevorzugt (aus Synek 1998)

ab. Übrig bleibt ein vielfach verzweigtes, schlauchartiges Gebilde, das den Wirtskörper durchwächst und das im Wesentlichen aus den Keimdrüsen des Parasiten besteht. Bei manchen Haustierrassen tritt ein vergleichbarer, wenn auch weniger dramatischer Differenzierungsverlust in Körperbau und Verhalten gegenüber der Wildform ein, den wir ebenfalls negativ bewerten.

Auf kultureller Ebene schätzen wir die Vielfalt der Menschenkulturen. Dieses Kulturerbe ist gegenwärtig durch eine weltweite Homogenisierungstendenz in allen Bereichen des Lebens gefährdet. Diese Einebnung aller Unterschiede wird als etwas Negatives erlebt. Wieweit uns die Positivbewertung von Vielfalt vor völlig einebnenden Entwicklungen schützen kann, wird sich erweisen. Als Art spiegeln wir die Natur bewusst in so vielen Facetten wie keine andere Art zuvor. In uns wird sich diese Welt gewissermaßen erstmals ihrer selbst bewusst. Dem All mit seinen Milliarden Sternen und Planeten ist dies sicher gleichgültig, aber für uns eröffnen sich Chancen bewusster Weiterbildung, die wir pflegen sollten. Unsere Wertempfindung für Differenziertheit und Vielfalt sollten wir daher durch Erziehung fördern, sie schützt uns vor involutiven Entwicklungen.

Breitenbachs Lobrede auf die Schönheit der Qualle spricht schließlich das Geheimnisvoll-Phantastische an und nimmt damit Bezug auf unsere Neugier, die auch das eigentliche Grundmotiv aller Forschung ist. Immer wenn wir Neues entdecken, sei es ein noch unbekanntes Tier, eine neue Pflanzenart oder gar einen neuen, ursächlichen Zusammenhang, dann wird diese Entdeckung von einem höchst positiven Erlebnis begleitet. Für einen Forscher ist das Entdecken von Gesetzmäßigkeiten, durch die bis dahin Undurchsichtiges durchschaubar wird, ein ästhetisches Erlebnis besonderer Art – ein geistiger Sieg. Es verschafft uns weitere Orientierung in der Welt. Die Neugier, die uns auch das Schöne in allen Varianten suchen und als Phänomen hinterfragen läßt, ist sicher eine unserer stärksten und wichtigsten Antriebe, das belegt auch der Markt, der von diesem Trieb lebt: der Rundfunk, das Fernsehen, die Presse und der Tourismus. Sie treibt uns zum aktiven Erkunden an. Höhere Säugetiere sind vor allem in ihrer Jugend neugierig und verspielt. Der Mensch bleibt es bis ins hohe Alter und damit zumindest geistig jugendlich.

Vertiefen wir uns in die Bildtafeln von Haeckels Kunstformen, dann nimmt uns zunächst einmal die Fülle des nie zuvor Geschauten gefangen. Unser forschender Blick wandert und entdeckt immer neue Details und Ordnungsmuster, auf der Ebene der Gesamtorganismen ebenso wie bei den sie aufbauenden Teilen. Und sie erscheinen schön, in ihrer Spiegelung, in den verschiedenen Symmetrieebenen und ihrer räumlichen Orientierung um die verschiedenen Achsen. Dazu kommt noch der filigrane Aufbau der Radiolarien (Strahltiere), Diatomeen (Kieselalgen), Desmidiaceen (Zieralgen), Foraminiferen (Kammerlinge) und Dinoflagellaten.

Besonders bei den Strahltieren verblüfft die Vielgestalt und Differenziertheit der Skelettbildungen. Drückt sie unterschiedliche Anpassungen an verschiedene ökologische Nischen aus? Ich habe bereits meine Zweifel ausgedrückt, leben doch alle als frei schwebende Planktonten nebeneinander im gleichen Ozean, und viele der so verschiedenartigen auch in den gleichen Tiefen. Vermutlich sind sie vom Skelett her alle gleich überlebenstüchtig. Ihre Vielfalt wäre dann Ausdruck der Mutationsfreudigkeit dieser Organismen. Und was nicht schadet, hält sich. Nicht alles erfüllt Funktionen. Bernd Lötsch (1991) meinte einmal treffend: »Die Natur schafft nicht wie ein Ingenieur, sondern wie ein verspielter Künstler.«

Manche der uns in ihrer Buntheit so schön erscheinenden Meerestiere signalisieren auf diese Weise, dass sie ungenießbar sind, dass es sich nicht lohnt sie zu schnappen. Das gilt für jene Nacktkiemenschnecken, die sich von nesselnden Polypen ernähren. Sie fressen diese, ohne dabei deren Nesselkapseln zur Entladung zu bringen. Unbeschadet transportieren sie diese in bunten Fortsätzen auf ihrem Rücken. Dort bleiben sie funktionsfähig und dienen ihrem neuen Besitzer als Verteidigungswaffe. Sollte es ein vorwitziger Fisch wagen, einen solchen Nacktkiemer zu schnappen, dann wird er ihn wohl schnell wieder ausspucken und sicher nicht wieder eine

13 Die Qualle *Toreuma bellagemma*. Die von Ernst Haeckel gelieferte Vorlage für die Tafel 28 der Kunstformen

dieser bunten Schnecken zu fressen versuchen. Davon dürften schließlich wieder andere Schnecken und vielleicht auch Würmer profitieren, die über keine gestohlenen Nesseln (Kleptokniden) verfügen, die aber in Farbe und Form nesselnde Nacktkiemer nachahmen.

Es empfiehlt sich sicher, über die in den Kunstformen abgebildeten Organismen nachzulesen. Über die brutpflegenden Frösche etwa, die ihre Kaulquappen bei Austrocknung der Kleingewässer auf dem Rücken in ein anderes Kleingewässer transportieren, oder über die Geierschildkröten, die mit offenem Maul gut getarnt auf dem Grunde ihres Wohngewässers liegen und ihre dünne, wurmartige Zungenspitze im Wasser spielen lassen. Das lockt Fische an, die einen Wurm zu sehen vermeinen und die so im Rachen dieser angelnden Schildkröte landen.

Ernst Haeckel war Künstler und Wissenschaftler zugleich. In Zusammenarbeit mit dem Lithographen Adolf Giltsch setzte er das, was er erschaute, für uns künstlerisch um, sowohl in der Einzeldarstellung der Organismen als auch ihrer Plazierung im Verband mit anderen auf den Tafeln. Kritiker haben Haeckel zu seiner Zeit vorgeworfen, die ästhetisch ansprechende, künstlerische Ausführung füge etwas hinzu. Gewiss! Aber das mindert nicht den Wert der naturwissenschaftlichen Beschreibung, da diese ja erhalten bleibt. Die künstlerische Ausgestaltung bereichert, denn sie lädt das Auge zum Verweilen ein, bindet damit die Aufmerksamkeit, stimmt nachdenklich und erfreut das Auge. Wie nehmen staunend wahr, und das Staunen sollten

14/15 Quallen als Deckendekor in Haeckels ehemaligem Wohnhaus

wir nicht verlernen. Nichts spricht dagegen, dass man dies alles vermittelt – man muss es nur können.

Ernst Haeckel war darin zweifellos ein Meister. Die ersten drei Abbildungen dieses Beitrags zeugen bereits von der künstlerisch-handwerklichen Begabung, die sich sowohl in den Skizzen wie auch in den für den Druck vorbereiteten Tafeln spiegelt. Dem sei hier noch die Bildtafel der Qualle *Toreuma bellagemma* zugefügt (Abb. 13). Die Abbildung der Qualle ist künstlerisch-ornamental und zugleich morphologisch einwandfrei. Sie diente als Vorlage für die Tafel 28 der Kunstformen und erlaubt damit den Vergleich mit der lithographischen Umsetzung durch Adolf Giltsch.

Haeckel verwendete sie ferner als Vorlage für ein Deckenornament im ehemaligen Speisezimmer seines Wohnhauses. Weitere Beispiele für die Verwendung des Quallenmotivs als Deckendekor zeigen die Abbildungen 14 und 15. Zu seinem 80. Geburtstag erhielt Ernst Haeckel vom Deutschen Monistenbund eine Holztruhe, die mit Perlmutterintarsien der Qualle *Desmonema Annasethe* geschmückt war, jener Qualle, die Haeckel seiner ersten Frau gewidmet hat (Abb. 16). Vielen Künstlern seiner Zeit dienten die Haeckel'schen Abbildungen als Anregung. Der Pariser Architekt René Binet nahm eine Radiolarie als Vorbild für das Monumentaltor zur Pariser Weltausstellung 1900 (Abb. 8, S. 24), und in seinem Tafelwerk ›Esquisses Décoratives‹ (1902) finden wir viele künstlerische Umsetzungen dieser von Haeckel empfangenen Anregungen. Als Beispiel sei die Tafel seiner Ringe aus dem genannten Werk vorgestellt (Abb. 17), weitere bringt Olaf Breidbachs Beitrag zu dieser Neuausgabe von Haeckels Kunstformen. In diesem Zusammenhang sei auch auf die Veröffentlichung von Erika Krauße (1995) verwiesen, die Haeckels ästhetische Theorie und deren Auswirkungen ausführlich erörtert.

Als Forscher und Lehrer war Haeckel in vielem Wegbereiter. Er hat der Darwinschen Selektionstheorie und damit der Abstammungslehre auf dem Kontinent zum Durchbruch verholfen und durch seine Schriften volksbildnerisch-aufklärend gewirkt. Von großer Bedeutung ist seine Auseinandersetzung mit den Thesen Immanuel Kants. Kant behauptete, nur ein Teil unserer Erkenntnisse sei empirisch durch Erfahrungen und damit *a posteriori* – im Nachhinein – gewonnen. Ein erheblicher Teil beruhe jedoch auf dem Schlussvermögen der reinen Vernunft *a priori* – vor aller Erfahrung –, sei also von solchen unabhängig. Dieser dualistischen Erkenntnistheorie stellt Haeckel eine, wie er sich ausdrückt, »Biologische Erkenntnistheorie« entgegen. Was Kant als *a priori*-Wissen einstufte, erklärt Haeckel als phylogenetisch *a posteriori* entwickeltes Erkenntnisvermögen. Es seien ja das stammesgeschichtlich entwickelte Hirn und damit ererbte Hirnstrukturen, die uns zu den *a priori*, das heißt zu vor individueller Erfahrung entwickelten Einsichten befähigen. Damit ist er eigentlich der Begründer der von Konrad Lorenz und Karl Popper weiterentwickelten »Biologischen Erkenntnistheorie«, was in Vergessenheit geriet.

16 Die mit Perlmutterintarsien der Qualle *Desmonema Annasethe* geschmückte Truhe. Haeckel widmete diese besonders schöne Qualle seiner ersten Frau Anna Sethe und setzte ihr damit ein Denkmal

Ich möchte dazu Haeckel zitieren. Er schreibt: »Die rein spekulative Metaphysik, die sich weiterhin auf dem von Kant gegründeten Apriorismus entwickelte und die in Hegel ihren extremsten Vertreter fand, kam endlich zu der Verwerfung der Empirie überhaupt und behauptete, daß eigentlich alle Erkenntnis durch reine Vernunft, unabhängig von aller Erfahrung, erworben werde.

Der große Irrtum Kants, der so folgenschwer für die ganze folgende Philosophie wurde, beruht hauptsächlich darauf, daß seiner kritischen »Erkenntnistheorie« die physiologischen und phylogenetischen Grundlagen fehlten, die erst 60 Jahre nach seinem Tode durch Darwins Reform der Entwicklungslehre und durch die Entdeckungen der Gehirnphysiologie gewonnen wurden. Er betrachtete die Seele des Menschen mit ihren angeborenen Eigenschaften der Vernunft als ein fertig gegebenes Wesen und fragte gar nicht nach ihrer historischen Herkunft ... er dachte nicht daran, daß diese Seele sich phylogenetisch aus der Seele der nächstverwandten Säugetiere entwickelt haben könne. Die wunderbare Fähigkeit zu Erkenntnissen *a priori* ist aber entstanden durch Vererbung von Gehirnstrukturen, die bei den Vertebraten-Ahnen des Menschen langsam und stufenweise (durch Anpassung und synthetische Verknüpfung von Erfahrungen, von Erkenntnissen *a posteri*-

17 Tafel mit Ringen aus René Binets Esquisses Décoratives

ori) erworben wurden. Auch die absolut sicheren Erkenntnisse der Mathematik und Physik, die Kant für synthetische Urteile *a priori* erklärt, sind ursprünglich durch die phyletische Entwicklung der Urteilskraft entstanden, und auf stetig wiederholte Erfahrungen und darauf gegründete Schlüsse *a posteriori* zurückzuführen. Die »Notwendigkeit«, die Kant als besondere Eigentümlichkeit diesen apriorischen Urteilen zuschrieb, würde auch allen anderen Urteilen zukommen, »wenn uns diese Erscheinungen und ihre Bedingungen vollständig bekannt wären«. (E. Haeckel 1904, S. 5)

Haeckel kommt gegen Ende seines Buches ›Die Lebenswunder‹ noch einmal auf diese Problematik zu sprechen.

»Unzweifelhaft ist unser menschliches Wissen beschränkt: unserer Erkenntnis der Wahrheit sind bestimmte Grenzen gesteckt durch die angeborene (– von einer Reihe Primaten-Ahnen ererbte! –) Organisation unseres Gehirns und unsere Sinnesorgane. Kant hat also in seiner kritischen Erkenntnis-Theorie insoweit recht, als wir immer nur die Erscheinung der Dinge erkennen können, nicht ihr innerstes unbekanntes Wesen, das er als »Ding an sich« bezeichnet. Er hat aber Unrecht und führt unsere Naturerkenntnis irre, wenn er deshalb die Realität der Außenwelt in Zweifel zieht und behauptet, daß sie nur in unseren Vorstellungen existiere! – mit anderen Worten, daß ›das Leben nur ein Traum sei‹.«

(E. Haeckel 1904, S. 182)

Nun, den Zweiflern an der Realität einer »Außenwelt« hat schon der amerikanische Zoologe Gaylord Simpson vor Jahren entgegnet, daß der Affe, der sich von dem Ast, auf den er springen wollte, keine der Wirklichkeit entsprechende Vorstellungen machte, nicht zu unseren Vorfahren gehörte.

Unsere Wahrnehmung ebenso wie andere Anpassungen spiegeln eignungsrelevante Facetten einer Wirklichkeit, und diese immerhin so gut, dass wir heute Sonden ins All schicken können, die auch dort ankommen, wo wir sie haben wollen. Gegenwärtig ist es wieder einmal Mode, an der Erforschbarkeit der Wirklichkeit, ja an ihr selbst zu zweifeln. Dem liegen Verdrängungswünsche zugrunde. Man möchte die Wirklichkeit ausblenden, wo sie ideologisch begründeten Utopien störend im Wege ist: und das gilt vor allem für den Bereich der Verhaltensbiologie des Menschen. Auch das empirisch erarbeitete Wissen wird als Konstruktion ausgelegt, und damit als eine unverbindliche Sicht unter vielen möglichen Sehweisen. Hubert Markl (1986) bemerkte dazu sehr treffend, dass der, der die Wirklichkeit nicht wahrnehmen will, schon an ihr gescheitert ist. Auch die Relativierung des Kunstbegriffes von Beuys in der eher provozierenden Aussage »Alles ist Kunst und jeder ist Künstler« ist in diesem Zusammenhang zu sehen. Im Vorwort zu Walter Schurian ›Österreichische Malerei nach 1945‹ schrieb Hubert Christian Ehalt: »War es früher handwerkliches Können, das lange gelernt und geübt wurde, sind es nun immer mehr neue Ideen und Diskurse, die das Kunstwerk ausmachen. Die Künste entfernen sich damit immer weiter von Traditionen und festen Kriterien, über die Konsens besteht; sie wurden kontext- und zeitbezogener. Man kann zugespitzt fragen, ob – wenn die Ideen veraltet sind – von diesen kontextbezogenen Werken nur eine Rumpelkammer der Materialien und eine Geistesgeschichte der Diskurse übrigbleibt.« (in W. Schurian 1997, S. 10)

Mir stellt sich die Frage, ob nicht weit mehr hinter dieser Entwicklung steht. Ganz abgesehen davon, daß zu allen Zeiten Bluffer ihren Markt fanden, und bei der allgemeinen Verunsicherung heute erst recht jeder nur Geschickte oder auch nur Unverschämte seinen Kunstmarkt findet, frage ich mich, ob nicht auch die Änderungen der visuellen Umwelt, in der viele Menschen heute heranwachsen, bei der modernen Geschmacksentwicklung eine Rolle spielen.

Viele Kinder erleben nicht mehr, wie Raupen sich verpuppen und zu Schmetterlingen werden. Sie können nicht mehr zusehen, wie Libellenlarven aus dem Wasser kommend Schilfhalme hochklettern und ihrem Rücken die Libelle entschlüpft. Sie können sich selten noch an einem sonnigen Frühsommertag, wenn die Margeriten und der Salbei blühen, in einer duftenden Wiese auf den Rücken legen, den Schwalben nachträumen, die hoch im blauen Himmel ihre Bahnen ziehen, den Käfern, die die Halme entlang krabbeln, zusehen, dem Gewimmel der Insekten auf den weißen Schirmblüten, und den Hummeln und Bienen in ihrer emsigen Suche nach Honig. Könnte es nicht sein, dass Menschen, die in der uns hässlich erscheinenden, naturfremden Umgebung der industriellen Randbezirke moderner Millionenstädte heranwachsen, auf diese neue Umwelt vielleicht auch ästhetisch heimatlich geprägt werden? Wäre dies so, dann würde dies die Akzeptanz von Arrangements aus Müll und anderen unedlen Materialien zumindest zum Teil erklären. Es ist nicht von der Hand zu weisen, dass mit dieser Entwicklung, bei der das Gefühl für die Schönheit der Natur verkümmert, eine Werterblindung einhergeht, die unsere Beziehung zur Natur und damit die Erhaltung der für unser Überleben wichtigen Lebensgemeinschaft gefährdet.

Nicht, dass Kunst immer nur die Aufgabe hätte, das Schöne zu präsentieren. Goya hält uns mit den Darstellungen der Schrecken des Krieges einen Spiegel vor, der Grauen erweckt. Und dass Künstler experimentieren und zu allen unseren Seelenregungen den Schlüssel suchen, dass sie herausfinden wollen, was uns als hässlich anspricht, ja fasziniert, dass sie provozieren wollen, all dies ist legitimes Experimentierfeld. Aber der wichtige erzieherische und pazifizierende Wert des Schönen sollte darüber nicht in Vergessenheit geraten.

Wir sind eine ungeheuer erfolgreiche Spezies, die in diesem Jahrhundert vom mechanischen Zeitalter ins elektronische voranstürmte und nun die ersten Spaziergänge im All erprobt. Wir haben heute mit sechs Milliarden Menschen unsere Erde bis in die letzten noch einigermaßen Lebensmöglichkeiten bietenden Winkel bevölkert. Bei dieser großen Zahl und ausgerüstet mit den modernen technischen Mitteln, sind wir im Begriff, unseren Lebensraum und damit unsere Existenzbasis zu zerstören. Wir brauchen ein Überlebensethos, das auch der Zukunft unserer Enkel gedenkt. Die Notwendigkeit, ein solches über Generationen vorausdenkendes und die Folgen gegenwärtigen Handelns abschätzendes Überlebensethos zu entwickeln, leuchtet uns verstandesmäßig durchaus ein, die praktische Umsetzung wird jedoch durch unsere fatale Programmierung auf den Wettlauf im Jetzt erschwert (I. Eibl-Eibesfeldt 1996). Und wer die lebendige Natur nicht in ihrer Schönheit erlebte, und damit auch keine Liebe zu ihr empfindet, wird leichter nach dem Prinzip »Nach uns die Sintflut« seine kurzfristigen Eigeninteressen ohne Rücksicht auf Natur und Enkel durchsetzen. Dem gilt es einerseits durch Aufklärung über diese Zusammenhänge, andererseits auch durch Schaffung einer ästhetisch erlebten Bewusstheit um die Schönheiten der organismischen Natur, entgegenzuwirken. Die Neuauflage der ›Kunstformen der Natur‹ leistet dazu einen wichtigen Beitrag. Es ist eines der Zeichen der Besinnung in unserer in ihrem Werthaltungen verunsicherten Zeit, ein zuversichtlich stimmender Auftakt für das kommende Jahrtausend.

LITERATUR

Binet, R.: Esquisses Décoratives, Paris 1902.

Brauer, A.: Das Runde fliegt. Texte, Lieder, Bilder, München 1983.

Bowler, P. J.: Evolution. The History of an Idea. Berkeley, Los Angeles, London 1989.

Breidbach, O.: ›Entphysiologisierte Morphologie – Vergleichende Entwicklungsbiologie in der Nachfolge Haeckels‹. In: Theory in Biosciences 116, S. 328–348, 1997a.

Breidbach, O. (Hrsg.): Natur der Ästhetik – Ästhetik der Natur. Wien 1997b.

Clair, J. (Hrsg.): L'âme au Corps. Arts et sciences 1793–1993. Paris 1993.

Ehalt, Chr.: Vorwort zu Schurian, W.: Österreichische Malerei, Wien 1997.

Eibl-Eibesfeldt, I. ›Die Falle des Kurzzeitdenkens. Das Thema Vergänglichkeit und Bestand in Wissenschaft und Kunst‹. In: Pöppel, E. und M. Kerner (Hg.): Zeit und Mensch, Aachen – Leipzig – Paris 1996, S. 89–97. ([4]1997): Die Biologie des menschlichen Verhaltens – Grundriß der Humanethologie, München 1984, [2]1986, [3]1995; Weyarn 1997.

Eibl-Eibesfeldt, I. und H. Hass ›Sozialer Wohnungsbau und Umstrukturierung der Städte aus biologischer Sicht‹. In: Eibl-Eibesfeldt, I., Hass, H., Freisitzer, K., Gehmacher, E. und Glück, H (Hg.): Stadt und Lebensqualität, Stuttgart, Wien 1985.

Fuchs, E.: Fuchs über Ernst Fuchs, München 1977.

Gross, G. G. et al. ›Cortical visual areas of the temporal lobe‹. In: Woolsey, C. N. (Hg.): Cortical Sensory Organization 2, 8. Totowa, N.J., 1981.

Haeckel, E.: Die Radiolarien (Rhizopoda radiaria). Eine Monographie. (2 Bde.), Berlin 1862. (1866): ›Generelle Morphologie der Organismen. Allgemeine Grundzüge der organischen Formenwissenschaft, mechanisch begründet durch die von Charles Darwin reformierte Descendenztheorie‹ Bd. I.: Allgemeine Anatomie der Organismen, Berlin.

(1877): Studien zur Gastraea-Theorie. Jena.

(1879): ›Das System der Medusen‹ Craspedoten. Jena; Neudruck 1986.

(1887): ›Report on the Radiolaria, collected by H.M.S. Challenger during the years 1873–1876‹ I.Part. Porulosa (Spumellaria and Acantharia). II.Part. Osculosa (Nesselaria und Phaeodaria). London. (= Report on the scientific results of the voyage of H.M.S. Challenger... Zoology. Bd. 18, Teil I/2).

(1904): Die Lebenswunder. Gemeinverständliche Studien über Biologische Philosophie. Stuttgart. Volksausgabe 1906. [2]1925.

(1913): ›Die Natur als Künstlerin‹. In: Goerke, F. (Hg.): Die Natur als Künstlerin. Berlin.

Hundertwasser, Friedensreich.: Schöne Wege. Gedanken über Kunst und Leben. München 1983.

Johnston, V. S. und M. Franklin: ›Is beauty in the eye of the beholder?‹. In: Ethology and Sociobiology, 14, S. 183–199, 1993.

Kockerbeck, C.: Ernst Haeckels »Kunstformen der Natur« und ihr Einfluß auf die elementare Bildende Kunst der Jahrhundertwende. Frankfurt 1986.

Krauße, E.: ›Haeckel: Promorphologie und 'evolutionistische' ästhetische Theorie‹. In: Engels, E. M. (Hg.): Die Rezeption von Evolutionstheorien im 19. Jahrhundert, S. 347–349. Frankfurt am Main 1995.

Langlois, J. und Rogman, L. A. : ›Infants' differential social response to attractive and unattractive faces‹. In: Developmental Psychology, 26 (1), 153–159, 1990.

Lötsch, B.: ›Ästhetik zwischen Natur und Architektur. Der Streit um das Schöne‹. In: Zeitspiegel, 5/6, 1991.

Lorenz, K.: ›Der Kumpan in der Umwelt des Vogels‹. In: J. Ornithol., 83, S. 137–413, 1935.

Markl, H.: Evolution, Genetik und menschliches Verhalten. Zur Frage wissenschaftlicher Verantwortung. München 1986.

Marr, D.: Vision. New York 1982.

Metzger, W.: Gesetze des Sehens. Frankfurt am Main 1936.

Orians, G. H.: ›Habitat selection: General theory and applications to human behavior‹. In: Lockard, S. J. (Hg.): The Evolution of Human Social Behavior. New York 1980, S. 49–66.

Pöppel, E.: ›Musikerleben und Zeitstruktur‹. In: Kreuzer, F. (Hg.): Auge macht Bild, Ohr macht Klang, Hirn macht Welt. Salzburger Musikgespräch, Wien 1983, S. 76–87.

(1984): Grenzen des Bewußtseins: Über Wirklichkeit und Welterfahrung. Stuttgart.

Schurian, W.: Österreichische Malerei nach 1945. Wiener Vorlesungen im Rathaus Bd. 58, Ehalt 1997.

Sütterlin, Ch.: ›Kindsymbole. Von Puppen und Teddies‹. In: W. Schiefenhövel, W. und Mitherausgeber: Eibl-Eibesfeldt, sein Schlüssel zur Verhaltensforschung. S. 118–125, München 1993.

Synek, E.: Evolutionäre Ästhetik: Vergleich von prä- und postpubertären Landschaftspräferenzen durch Einsatz von computergenerierten Bildern. Diplomarbeit an der Universität Wien, 1998.

Valenza, E. et al.: ›Face Preference at Birth‹. In: Journal of Experimental Psychology: Human Perception and Performance, Vol. 22, No. 4, S. 892–903, 1996.

Wallhäuser, E. und Scheich, H.: Auditory imprinting leads to differential 2-deoxy-glucose uptake and dendritic spine loss in the chick rostral forebrain. Develop. Brain Res., 31, S. 29–44, 1987.

Wichmann, S.: Jugendstil Floral Funktional. Herrsching 1984.

MODERNE BEZEICHNUNG DER HAECKEL'SCHEN TAXA

Im Folgenden werden neben den Haeckel'schen Taxa (TH) die modernen Bezeichnungen der englischen (E), französischen (F) und deutschen Systematik (D) angegeben. TZ benennt die zoologische, TB die botanische Bezeichnung, Taxa zoologica resp. botanica.

Abkürzungen:
gr = griechisch, m = maskulin, f = feminin, Radiol. = Radiolarien,
syn = synonym, U.-A. = Unterabteilung, Ord. = Ordnung,
U.-Ord. = Unterordnung, U.-Klasse = Unterklasse, Fam. = Familie,
U.G. = Untergattung, US = amerikanischer Name, * = veralteter Ausdruck

Folgende taxonomische Wörterbücher wurden verwendet:

Gozmány, Laszlo; Henrik Steinmann, Ernó Szily: Vocabuilarium Nominum Animalium Europae Septem Linguis Redactum, Akadémiai Kladó, Budapest 1979.

Berger, Karl (Hrsg.): Mykologisches Wörterbuch. 32000 Begriffe in 8 Sprachen, Jena 1980.

Grassé, Pierre P. (Hrsg.): Traité de Zoologie, Anatomie, Systématique, Biologie. Tome I-XVI, Paris 1952.

Meglitsch, Paul A.; Frederick R. Schram: Invertebrate Zoology, New York / Oxford 1991.

Botanisches Wörterbuch: Russisch – Englisch – Deutsch – Französisch, Moskau 1962.

Kunstformen der Natur

von

Ernst Haeckel

TAFEL 1

Circogonia
Phaeodaria | Rohrstrahlinge

TH Phaeodaria
Rohrstrahlinge; Phaeodarien, Cannopyleen, Tripyleen;
(U.-Ord. der osculosen Radiolarien);
Phaeodarina (Haeckel) (gr. dämmrig, grau; danach
Phaeodarium: ein schwärzlicher Körper) (→ Radiol.)
eine Unterordnung der → Osculosa, mit doppelwandiger
Zentralkapsel und sehr kompliziertem, hohem, daher
fossil selten erhaltenem Skelett. Fossil unbedeutend.

TZ Tripylina (syn: Phaeodorina)

E Phaeodarea

F Phaeodarea

D Rohrstrahlinge

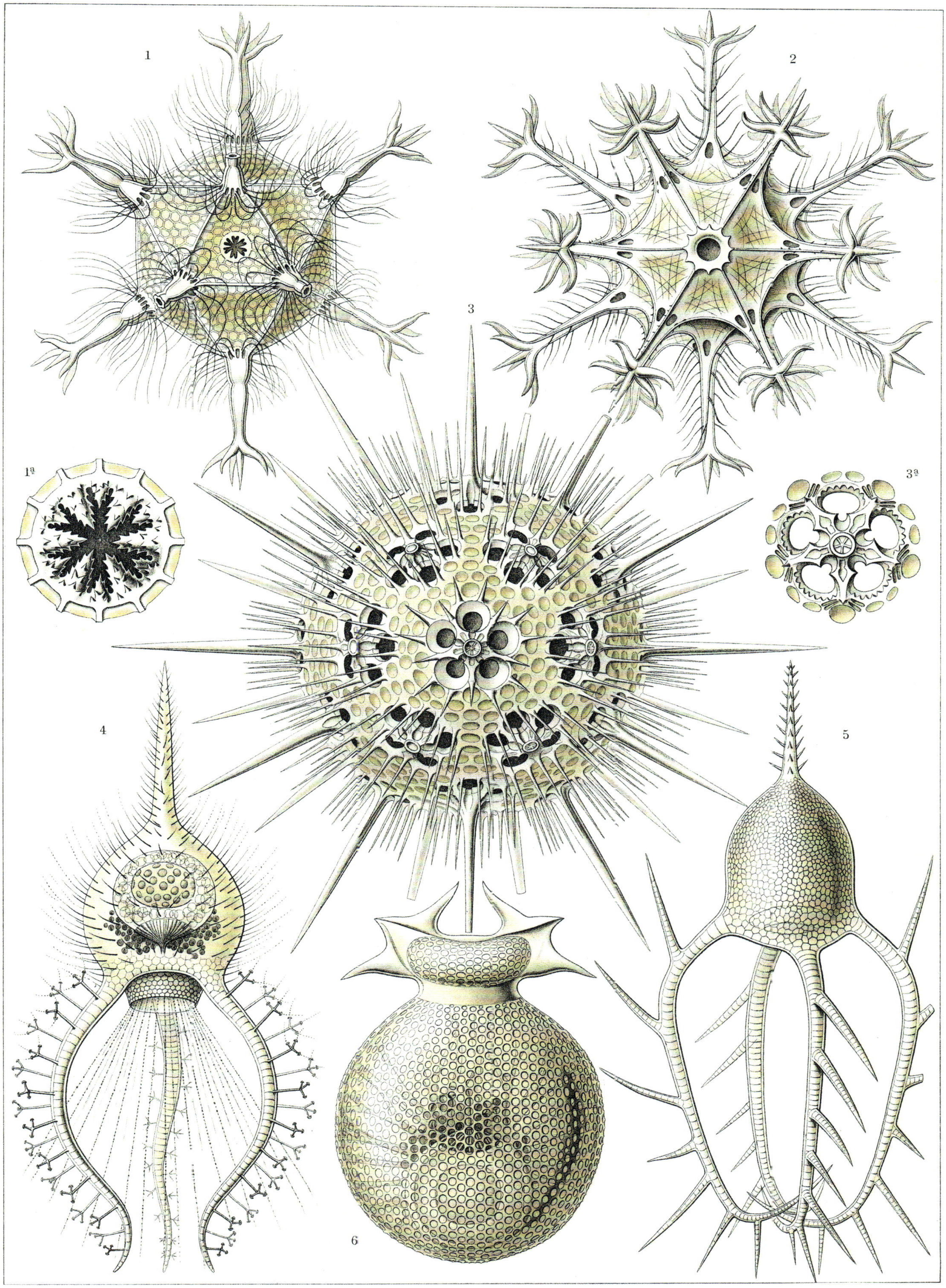
1
2
3
1ª
3ª
4
5
6

TAFEL 2

Globigerina
Thalamophora | Kammerlinge

TH	Thalamophora Kammerlinge, Thalamophoren (R. Hertwig 1876); Foraminiferen (d'Orbigny 1826), Testaceen (M. Schultze 1854), Kammerlinge; marine Rhizopodien
TZ	Foraminifera (syn: Thalamophora; Polythalamia)
E	Foraminifers; Foraminiferans; Porebearers; (US) Forams
F	Foraminifères
D	Kammerlinge; Porentierchen; Lochträger; Siebtierchen; Vielkammerige Porenträger; Vielkammerige Schalenwurzelfüßer; Schalenwurzelfüßer; Kreidetierchen; Schnörkelschnecken

TAFEL 3

Stentor
Ciliata | Wimperlinge

TH Ciliata
Wimperlinge; Ciliaten (Perty 1852),
Infusorien im engeren Sinne, Aufgusstierchen,
Wimperinfusorien; Protozoen mit zahlreichen
kurzen Wimpern

TZ Ciliata (syn: Empedotridia)

E Ciliates

F Infusoires Ciliés; Ciliés

D Bewegliche Wimpertierchen; Wimpertierchen;
Aufgusstierchen; Ziliaten

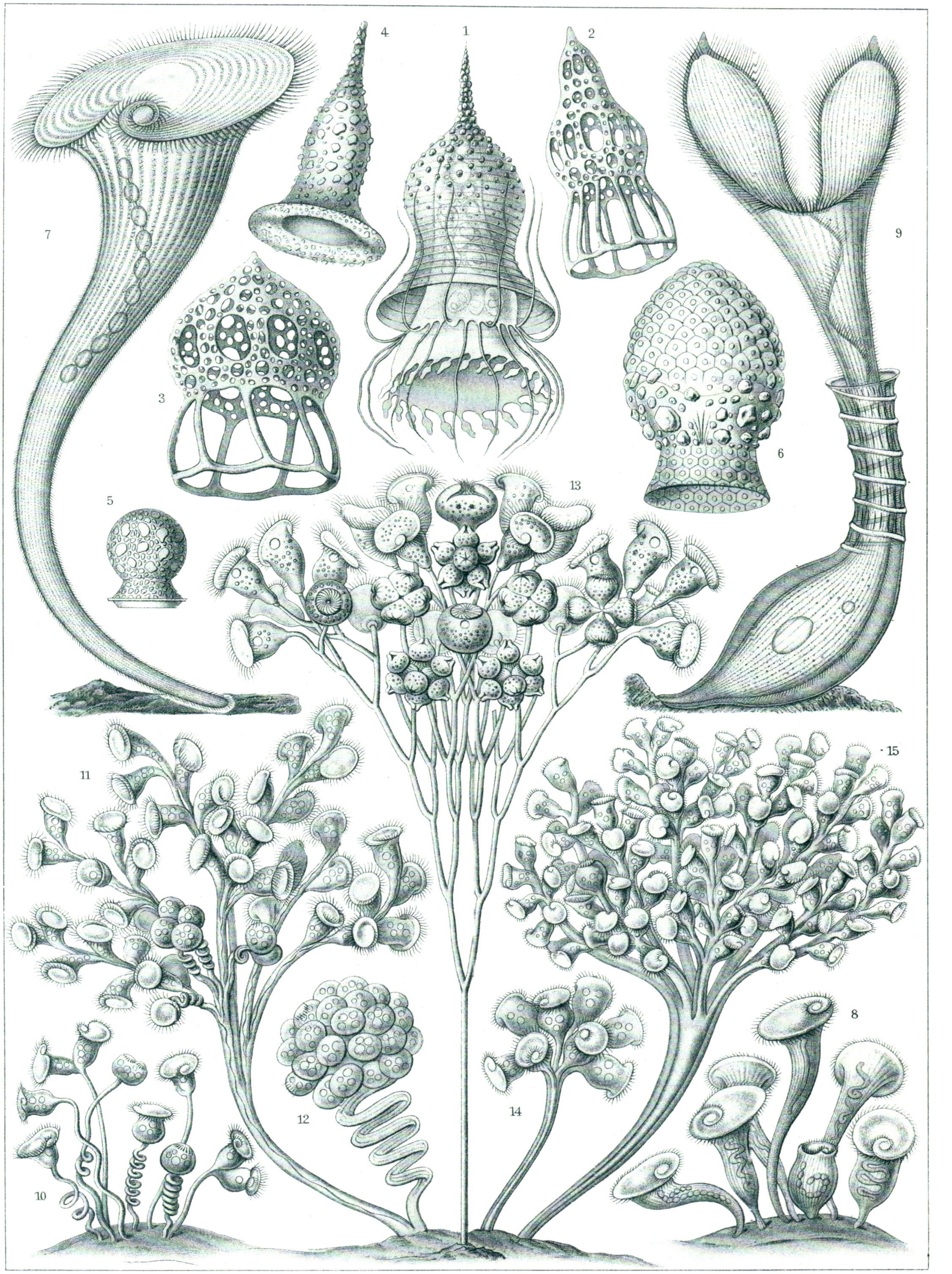
4
1
2
7
9
3
6
13
5
15
11
8
12
14
10

TAFEL 4

Triceratium
Diatomea | Schachtellinge

TH Diatomea
Schachtellinge; Diatomeen; reichhaltige Klasse von einzelligen Algen; Kieselalgen (Diatomeae: Bacillariophyceaem, Stamm Chrysophyta), einzellige Algen ohne Flagella (Geißeln)

TZ Bacillariophyceae (syn: Diatomeae)

E Diatoms

F Diatomées

D Schachtellinge; Kieselalgen

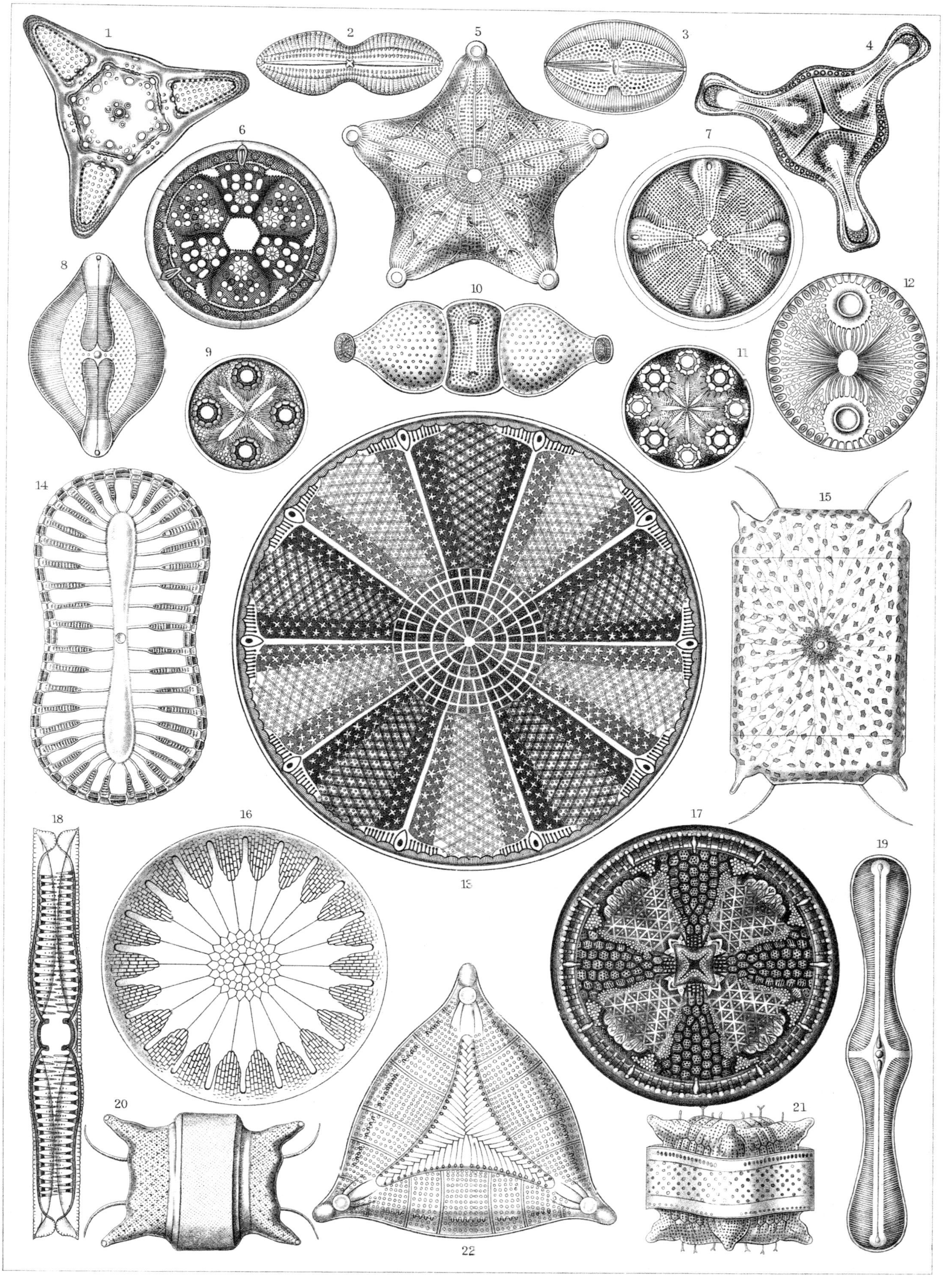
1
2
5
3
4
6
7
8
10
12
9
11
14
15
18
16
13
17
19
20
21
22

TAFEL 5

Ascandra
Calcispongiae | Kalkschwämme

TH Calcispongiae
Kalkschwämme; Calcispongien (Blainville 1830), Calcarosen (Haeckel 1896) (Kalkschwämme); Klasse der Schwämme

TZ Calcarea (syn: Calcispongia)

E Calcareous sponges; Chalky/Limy sponges

F Éponges Calcaires; Calcispongiares; Calcisponges

D Kalkschwämme

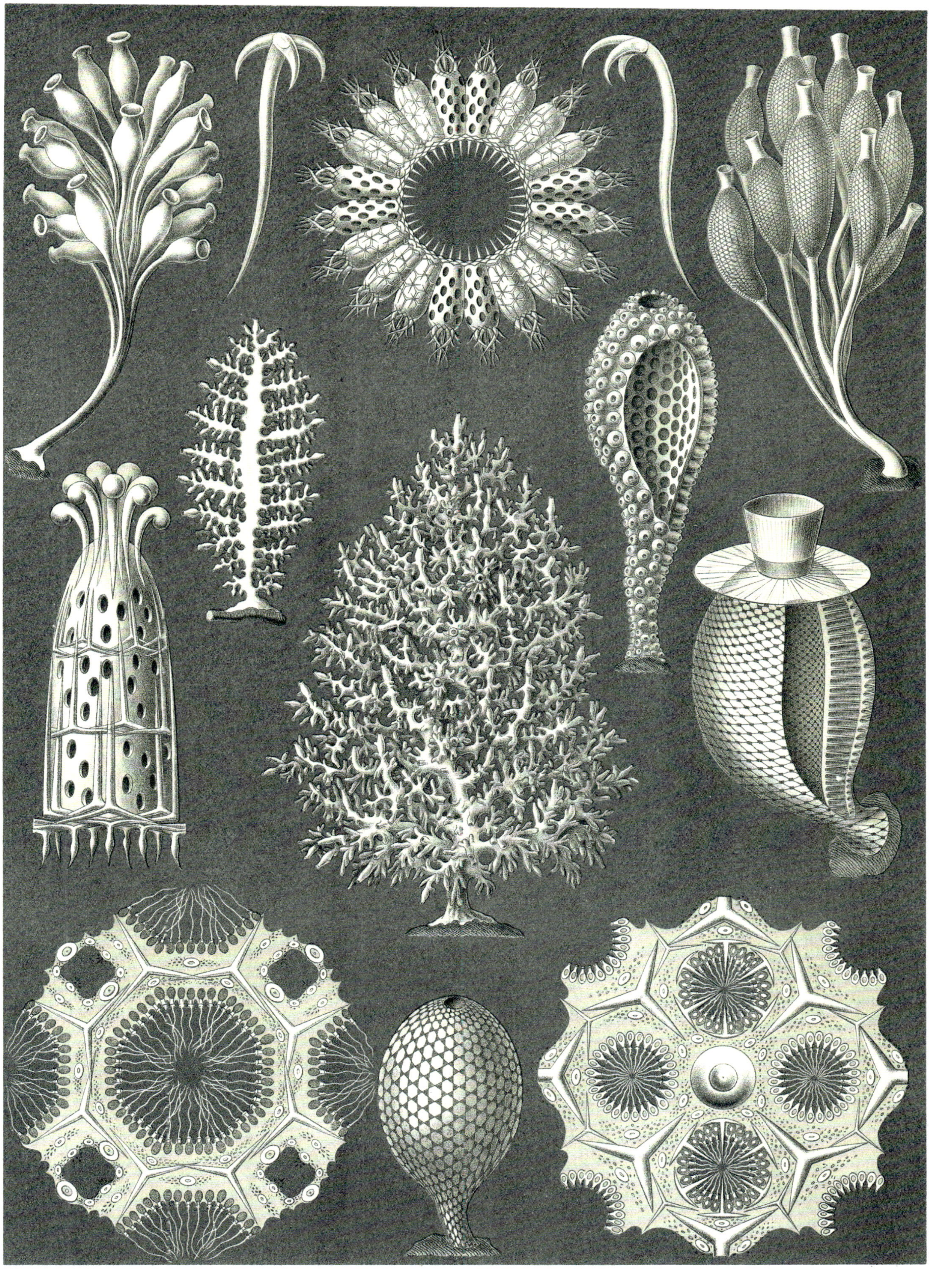

TAFEL 6

Tubuletta
Tubulariae | Röhrenpolypen

TH Tubulariae
Röhrenpolypen; Tubularien (Röhrenpolypen); Ord. der Hydropolypen
TZ Tubulariidae
E Tubularid Hydroids; Oat-en-pipes Hydroid
F Tubulaires
D Röhrenpolypen; Augenfleckenmedusen

1
2
3
4
5
6
7
8
9
10
11
12

TAFEL 7

Epibulia
Siphonophorae | Staatsquallen

TH Siphonophorae
Staatsquallen; Siphonophoren (Schwimmpolypen, Röhrenquallen, Staatsquallen); Ord. der Nesseltiere
TZ Siphonophora
E Siphonophores
F Siphonophores
D Staatsquallen; Röhrenquallen; Schwimmpolypen

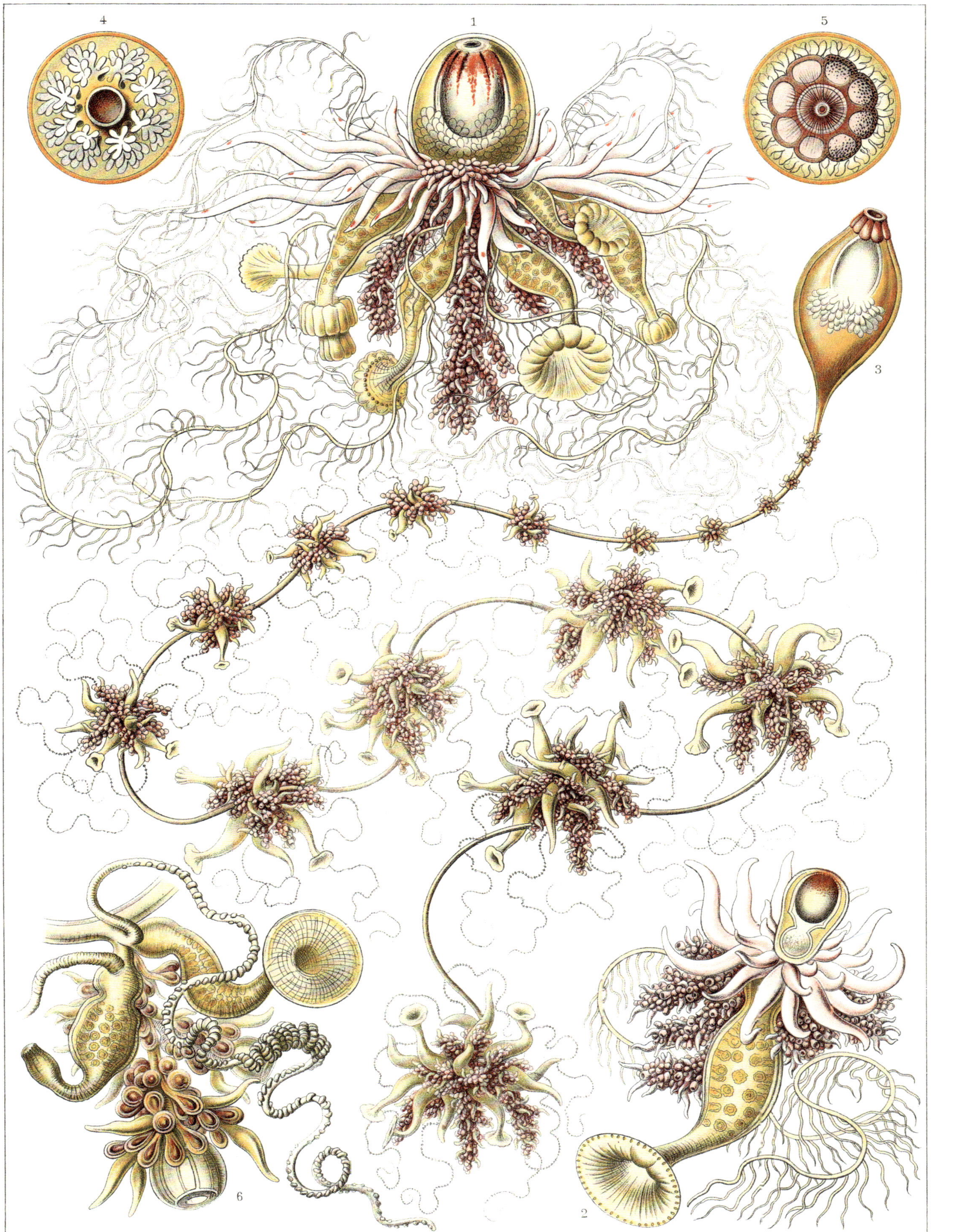
4
1
5
3
6
2

TAFEL 8

Desmonema
Discomedusae | Scheibenquallen

TH Discomedusae
Scheibenquallen; Discomedusen (Discophoren, Scheibenquallen, Schirmquallen) Ord. der Scyphomedusen

TZ Discomedusae (syn: Discophora)

E Disk Jellies

F Méduses à Bord Combrellaire Lobé Discoméduses; Cyclomorphes

D Schirmquallen; Scheibenquallen

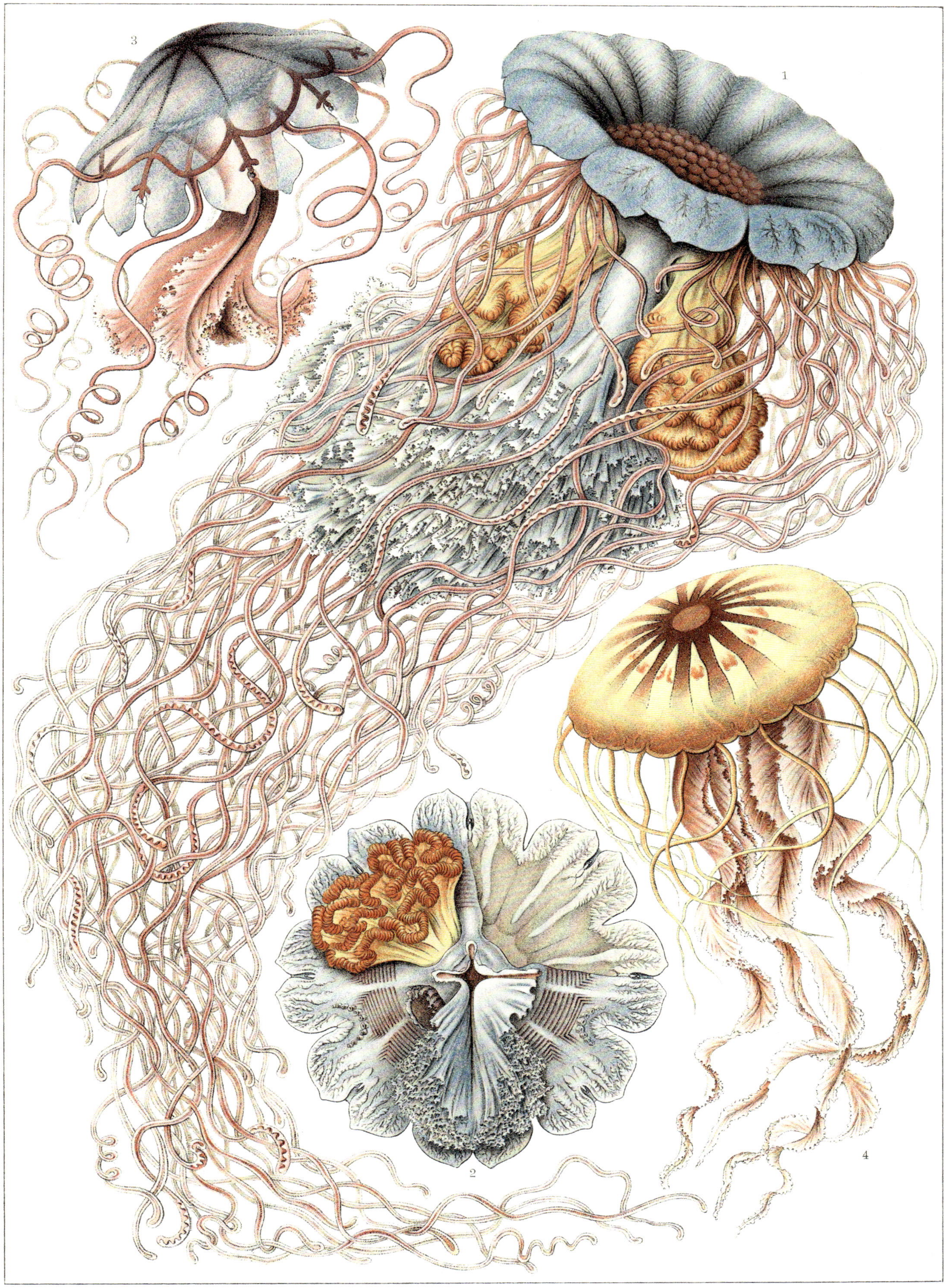
3
1
2
4

TAFEL 9

Maeandrina
Hexacoralla | Sechsstrahlige Sternkorallen

TH Hexacoralla
Sechsstrahlige Sternkorallen; Hexacorallien (Hexactinien); Ord. der Korallentiere
TZ Hexacorallia (syn: Hexactinia; Polyactinia)
E Hexacorallians
F Hexacoralliaires
D Sechsstrahlige Korallen; Seeanemonen und Steinkorallen; Sechsstrahlige Polypen; Sechsstrahlige Korallentiere; Sechsstrahlige Blumentiere; Mehrstrahlige Blumentiere

TAFEL 10

Ophiothrix
Ophiodea | Schlangensterne

TH Ophiodea
Schlangensterne; Ophiuroideen (Ophiodeen, Schlangensterne); Klasse der Echinodermen

TZ Ophiuroidea

E Brittle Stars; Serpent Stars; Ophiuroids; Ophiuroideans; Spinigrade Echinoderms

F Ophiurides; Ophiures, (larva) Ophiopluteus

D Schlangensterne; Schlangenschwanzsterne; Ophiuroiden

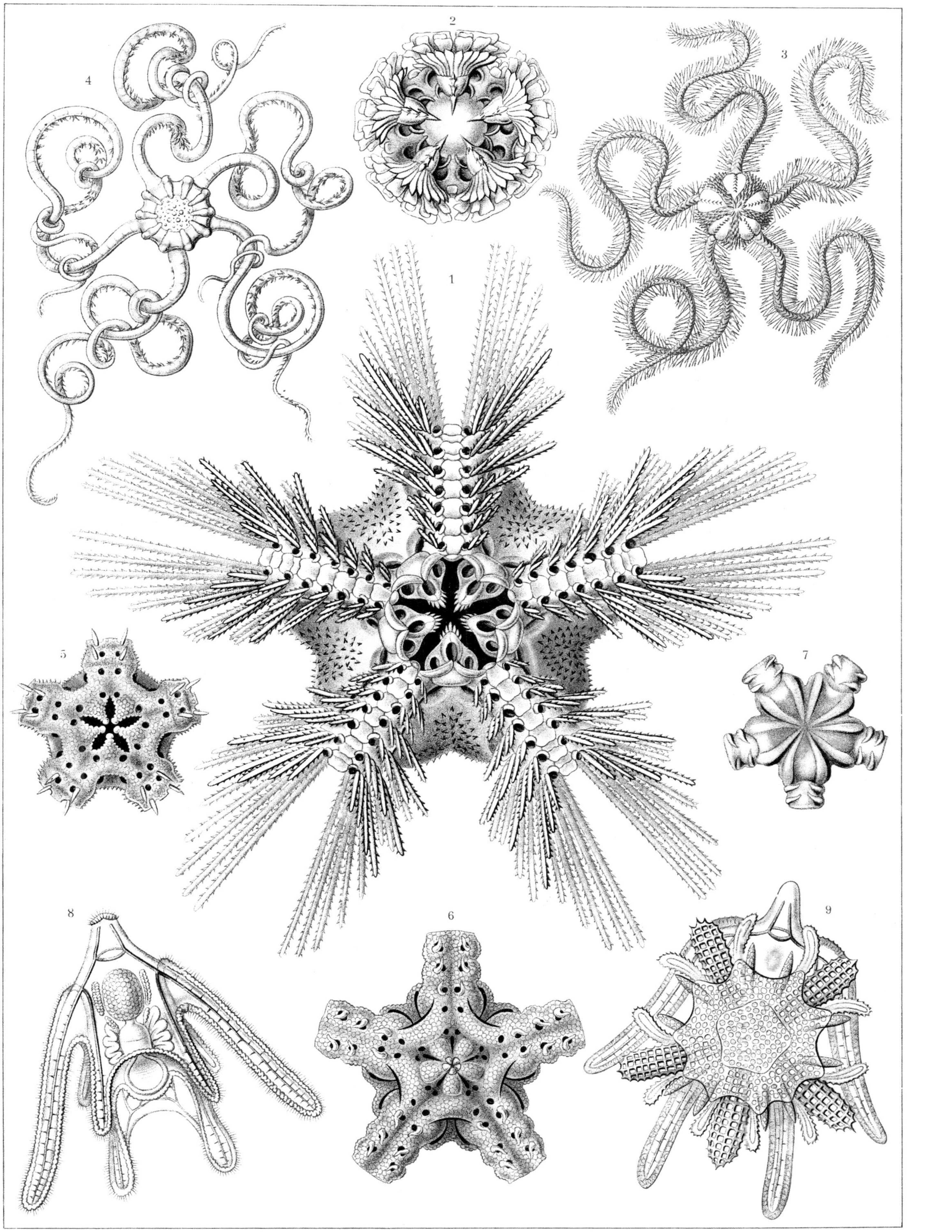
2
4
3
1
5
7
8
6
9

TAFEL 11

Heliodiscus
Discoidea | Scheiben-Strahlinge

TH Discoidea
Scheiben-Strahlinge; Discananthen (Disconecten, Discoideen, Schildquallen); Gruppe der Röhrenquallen

TZ Disconanthae (syn: Chondrophora; Disconectae)

E Discoidea; Disconanthes

F Discoïdes; Disconanthes

D Knorpelquallen

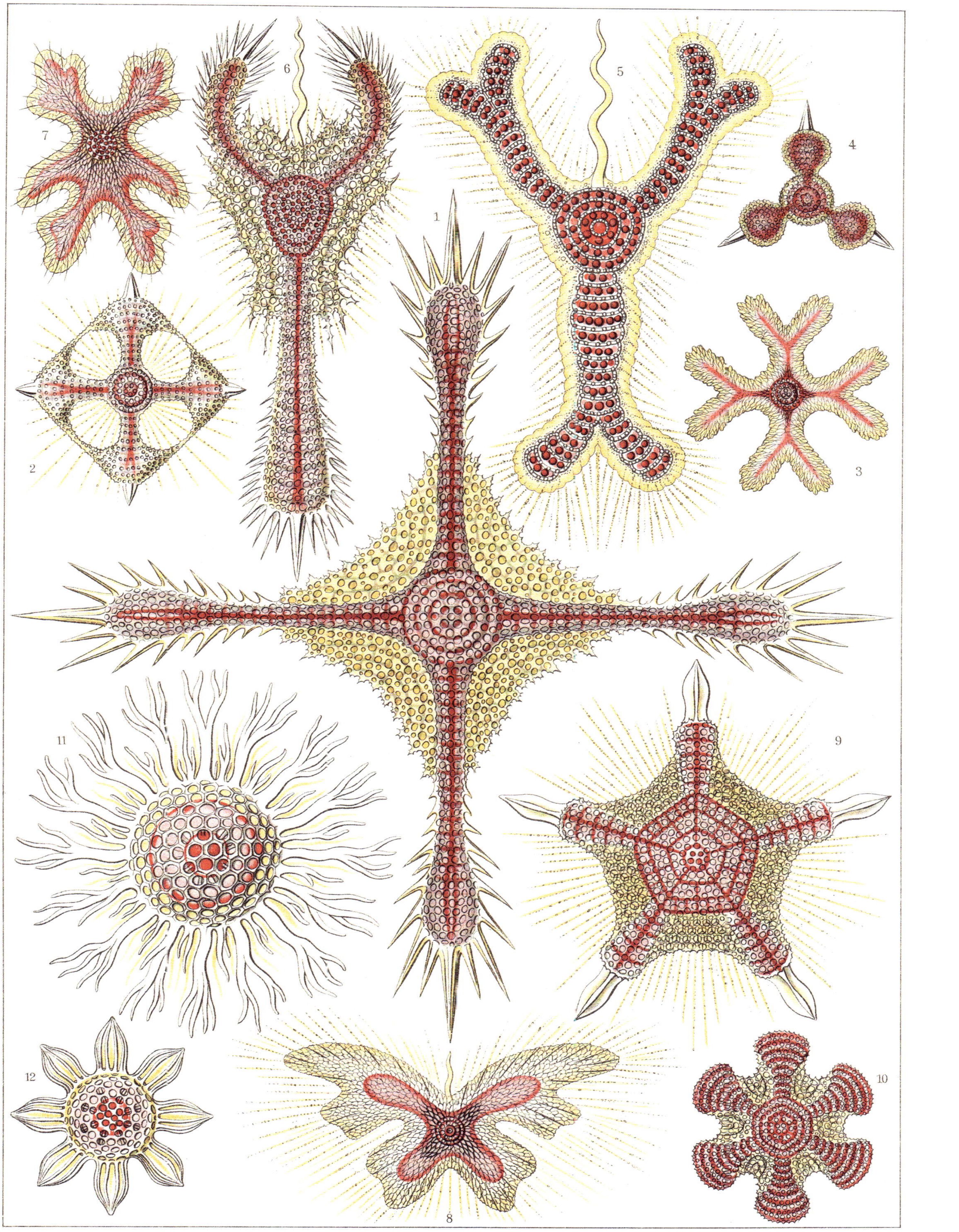

1
2
3
4
5
6
7
8
9
10
11
12

TAFEL 12

Miliola
Thalamophora | Kammerlinge

TH Thalamophora
Kammerlinge; Thalamophoren (R. Hertwig 1876); Foraminiferen (d'Orbigny 1826), Testaceen (M. Schultze 1854), Kammerlinge; marine Rhizopodien

TZ Foraminifera (syn: Thalamophora; Polythalamia)

E Foraminifers; Foraminiferans; Porebearers; (US) Forams

F Foraminifères

D Kammerlinge; Porentierchen; Lochträger; Siebtierchen; Vielkammerige Porenträger; Vielkammerige Schalenwurzelfüßer; Schalenwurzelfüßer; Kreidetierchen; Schnörkelschnecken

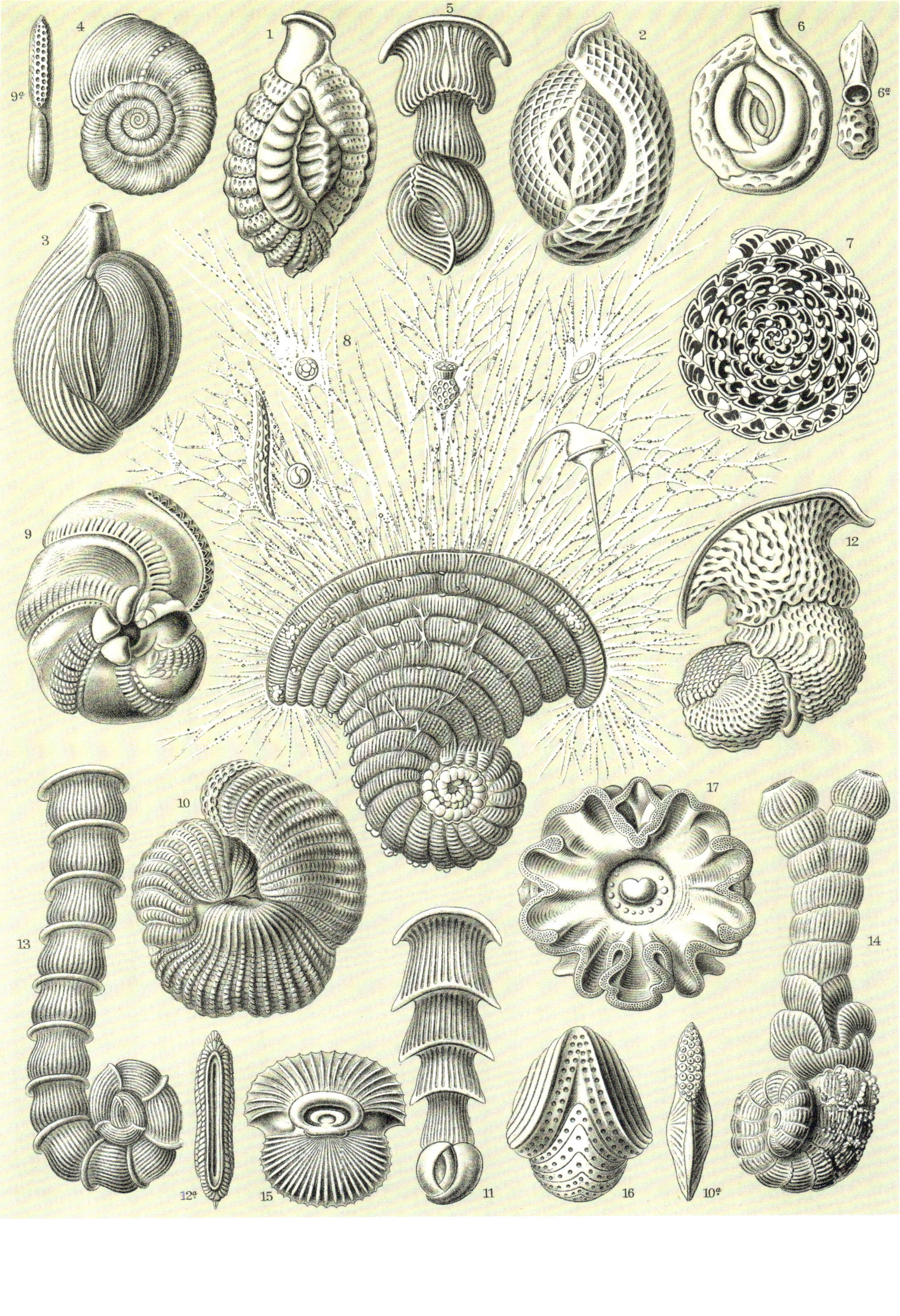
9a
4
1
5
2
6
6a
3
8
7
9
12
10
17
13
14
12a
15
11
16
10a

TAFEL 13

Dinobryon
Flagellata | Geißlinge

TH	Flagellata Geißlinge; Flagellaten (Mastigophoren, Geißelinfusorien, Geißelträger); [Protozoen]
TZ	Zoomastigophora (syn: Flagellata; Zoomastigina; Mastigophora; Rhizoflagellata; Zooflagellata; Autoflagellata; Astomata)
E	Flagellates; Mastigophores
F	Flagellés; Zooflagellés; Rhizoflagellés; Protozoaires Flagellés
D	Geißeltierchen; Zooflagellaten; Nackte Geißelträger; Geißelträger

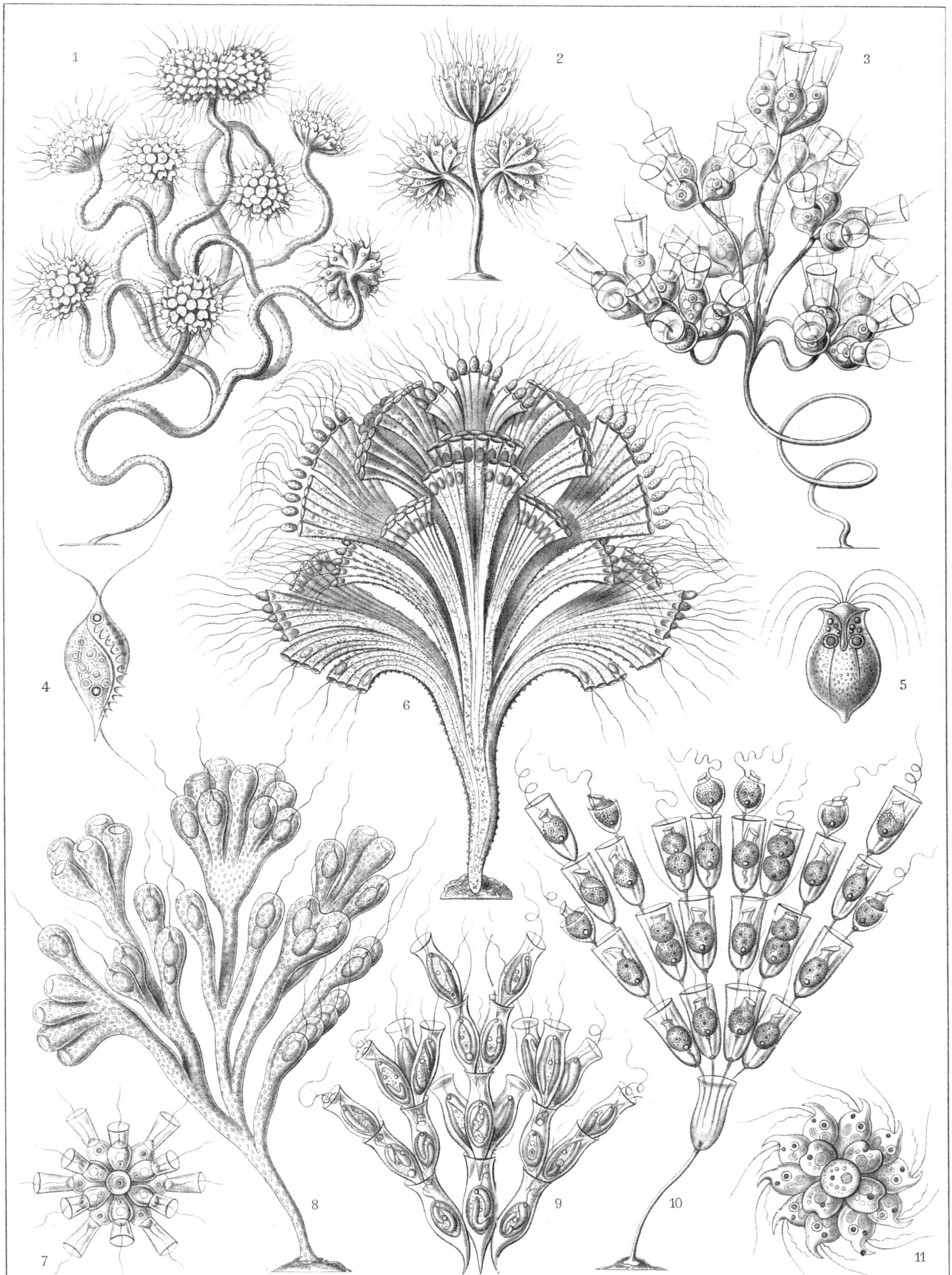
1
2
3
4
5
6
7
8
9
10
11

TAFEL 14

Peridinium
Peridinea | Geißelhütchen

TH Peridinea
Geißelhütchen; Dinoflagellaten; Unterabt. der Geißelinfusorien; (nach der Gattung Peridinium benannt) = Dinoflagellaten. ... überwiegend marine, planktische Flagellaten (Stamm Pyrrhophyta, Rotalgen) ... Als Dinoflagellaten fasst man Angehörige der Klassen Desmophyceae und Dinophyceae zusammen, letztere mit der fossil bedeutsamen Ordnung Peridiniales.

TZ Peridiniales; Dinoflagellata

E Dinoflagellates

F Peridinidae

D Wirbelflagellaten

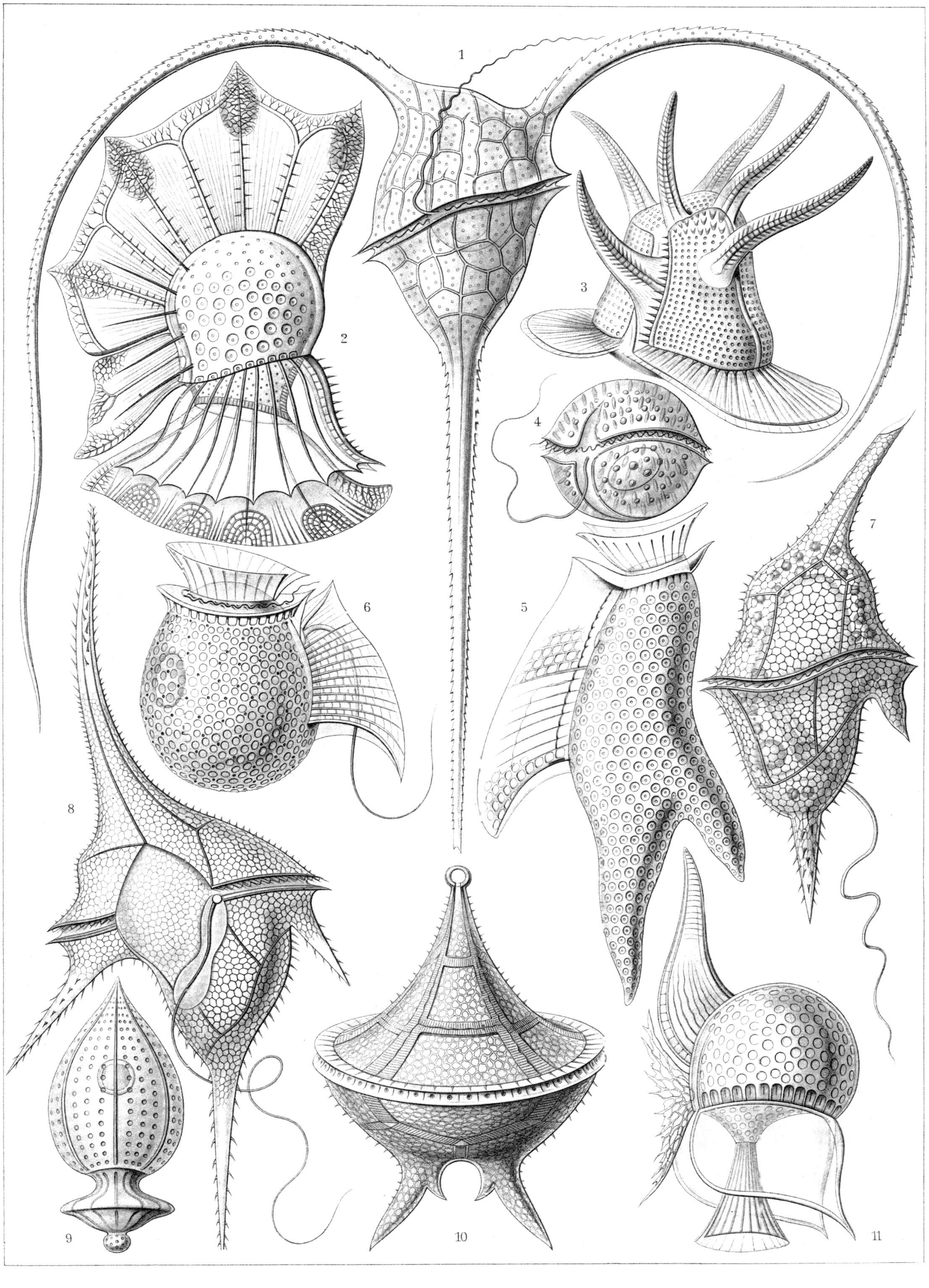
1
2
3
4
5
6
7
8
9
10
11

TAFEL 15

Zonaria
Fucoideae | Brauntange

TH Fucoideae
Brauntange; an order of brown algae composing in the class Cyclosporeae
TB Fucales (Fucacae)
E (Fucacae)
F (Fucacae)
D Brauntange

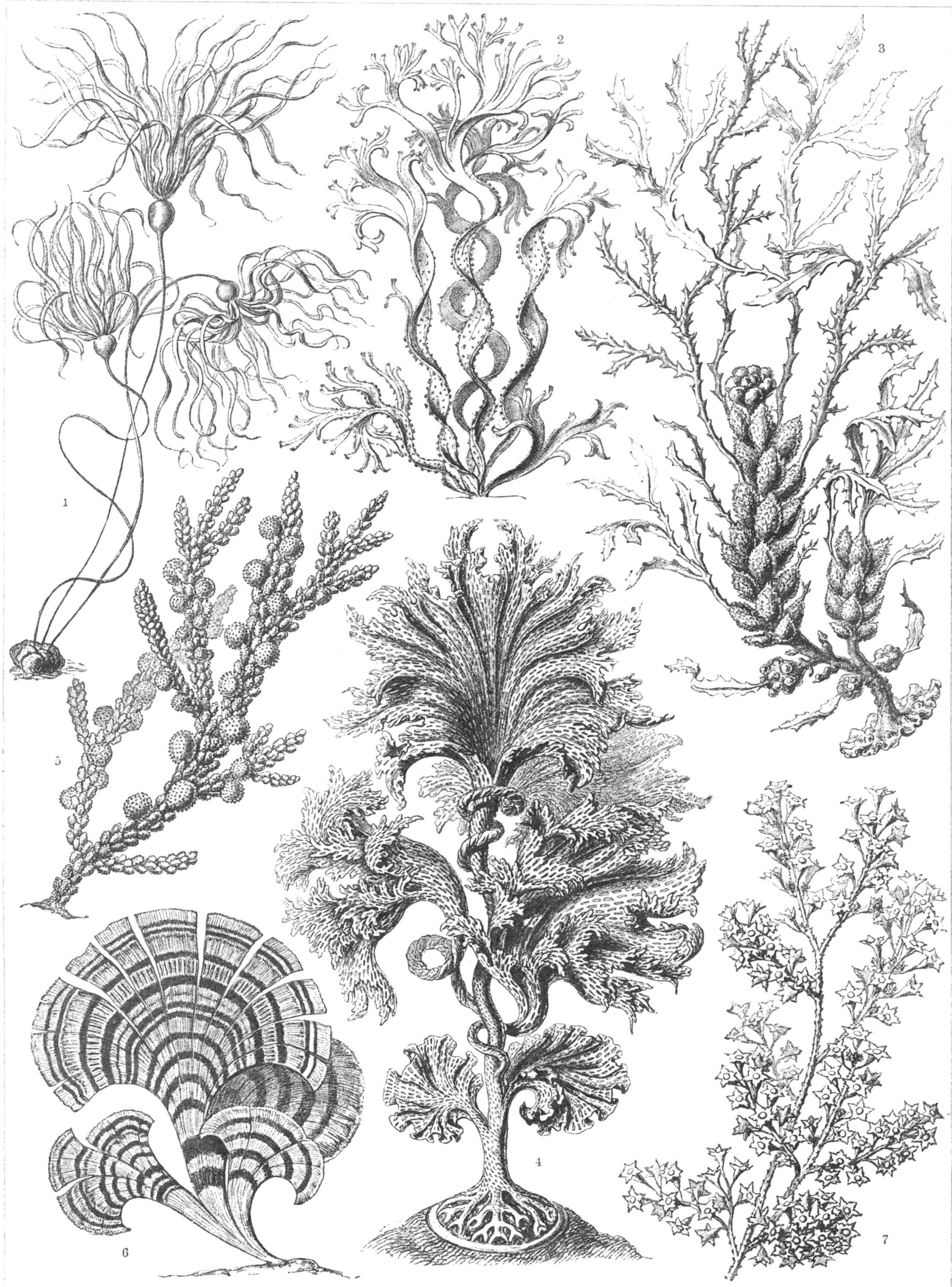
1
2
3
4
5
6
7

TAFEL 16

Pegantha
Narcomedusae | Spangenquallen

TH Narcomedusae
Spangenquallen; Narcomedusen (Spangenquallen); U.-Ord. der Kolbenquallen

TZ Narcomedusae

E Narcomedusae

F Narcoméduses

D Spangenquallen; Narcopolypen

3
7
4
5
1
8
2
6
9

TAFEL 17

Porpema
Siphonophorae | Staatsquallen

TH Siphonophorae
Staatsquallen; Siphonophoren (Schwimmpolypen, Röhrenquallen, Staatsquallen); Ord. der Nesseltiere
TZ Siphonophora
E Siphonophores
F Siphonophores
D Staatsquallen; Röhrenquallen; Schwimmpolypen

1
2
3
6
9
8
7
4
10
11
12
5

TAFEL 18

Linantha
Discomedusae | Scheibenquallen

TH Discomedusae
Scheibenquallen; Discomedusen (Discophoren, Scheibenquallen, Schirmquallen; Ord. der Scyphomedusen

TZ Discomedusae (syn: Discophora)

E Disk Jellies

F Méduses à Bord Combrellaire Lobé
Discoméduses; Cyclomorphes

D Schirmquallen; Scheibenquallen

3
7
6
1
4
2
5
8
9

TAFEL 19

Pennatula
Pennatulida | Federkorallen

TH Pennatulida
Federkorallen; Pennatulaceen (Pennatuliden, Federkorallen, Seefedern); U.-Ord. der Federkorallen
TZ Pennatulidae
E Sea Pens
F Plumes de Mer
D Seefedern

5
2
6
8
7
1
1a
10
11
9
4
12
3

TAFEL 20

Pentacrinus
Crinoidea | Palmensterne

TH	Crinoidea Palmensterne; Crinoideen (Pelmatozoen, Haarsterne, Seelilien); Klasse der Stachelhäuter
TZ	Crinoidea (syn: Actinoidea)
E	Feather-stars; Sea Lilies; Sea Feathers; Stalked Crinoids; Crinoid Starfishes; Crinoids; Crinoideans; Pinnigrade Echinodermata
F	Crinoïdes; Lis de Mer
D	Haarsterne; Seelilien; Liliensterne; Crinoiden; Lilienstrahler; Stylastriten

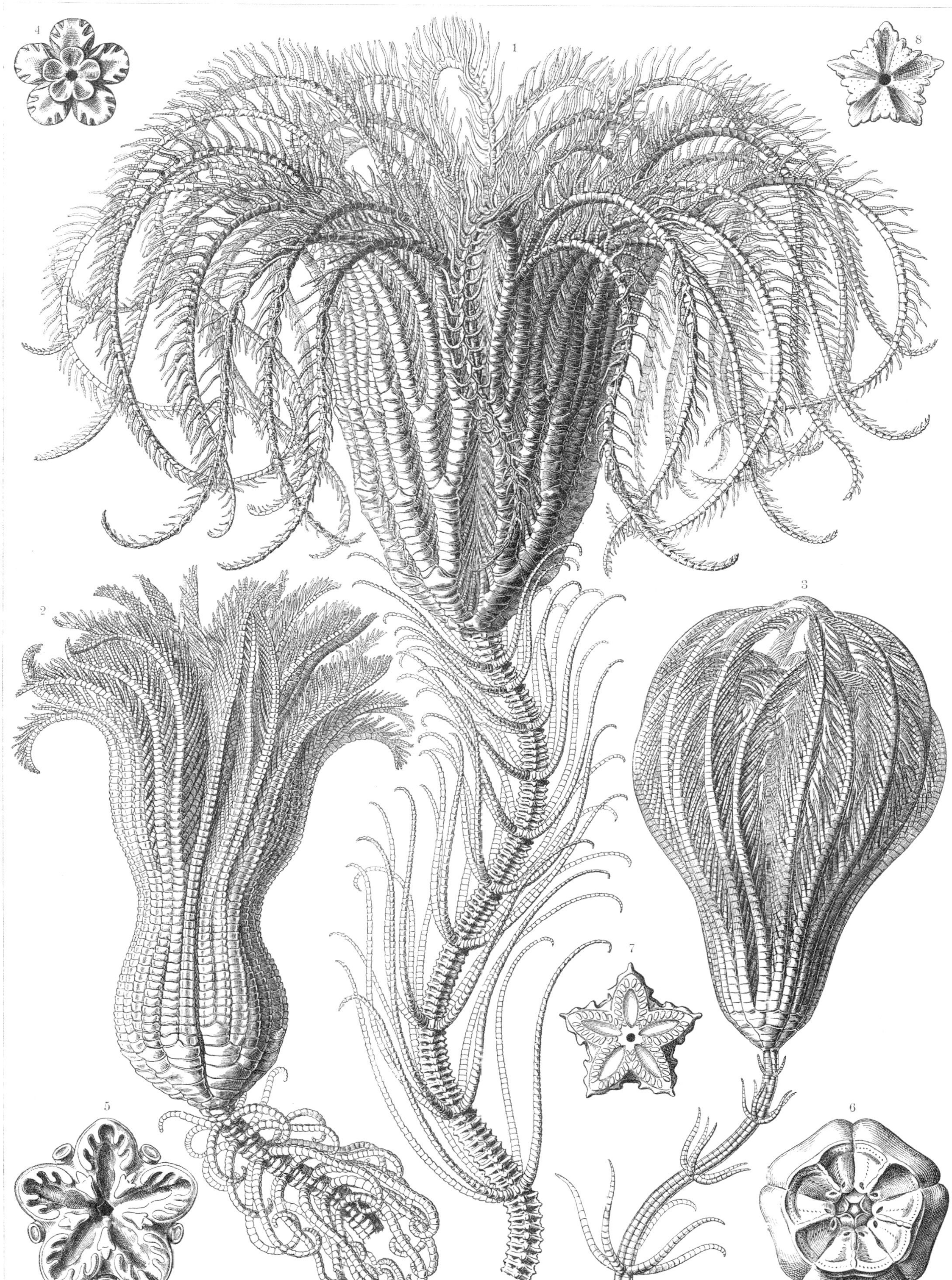
4
1
8
2
3
7
5
6

TAFEL 21

Xiphacantha
Acanthometra | Stachelstrahlinge

TH Acanthometra
Stachelstrahlinge; U.-A. der Acantharien (Actiphyleen); an order of marine protozoans in the subclass Acantharia with 20 or less skeletal rods

TZ Acanthometrida

E Acanthometrides

F Acanthometrides

D Stachelstrahlinge

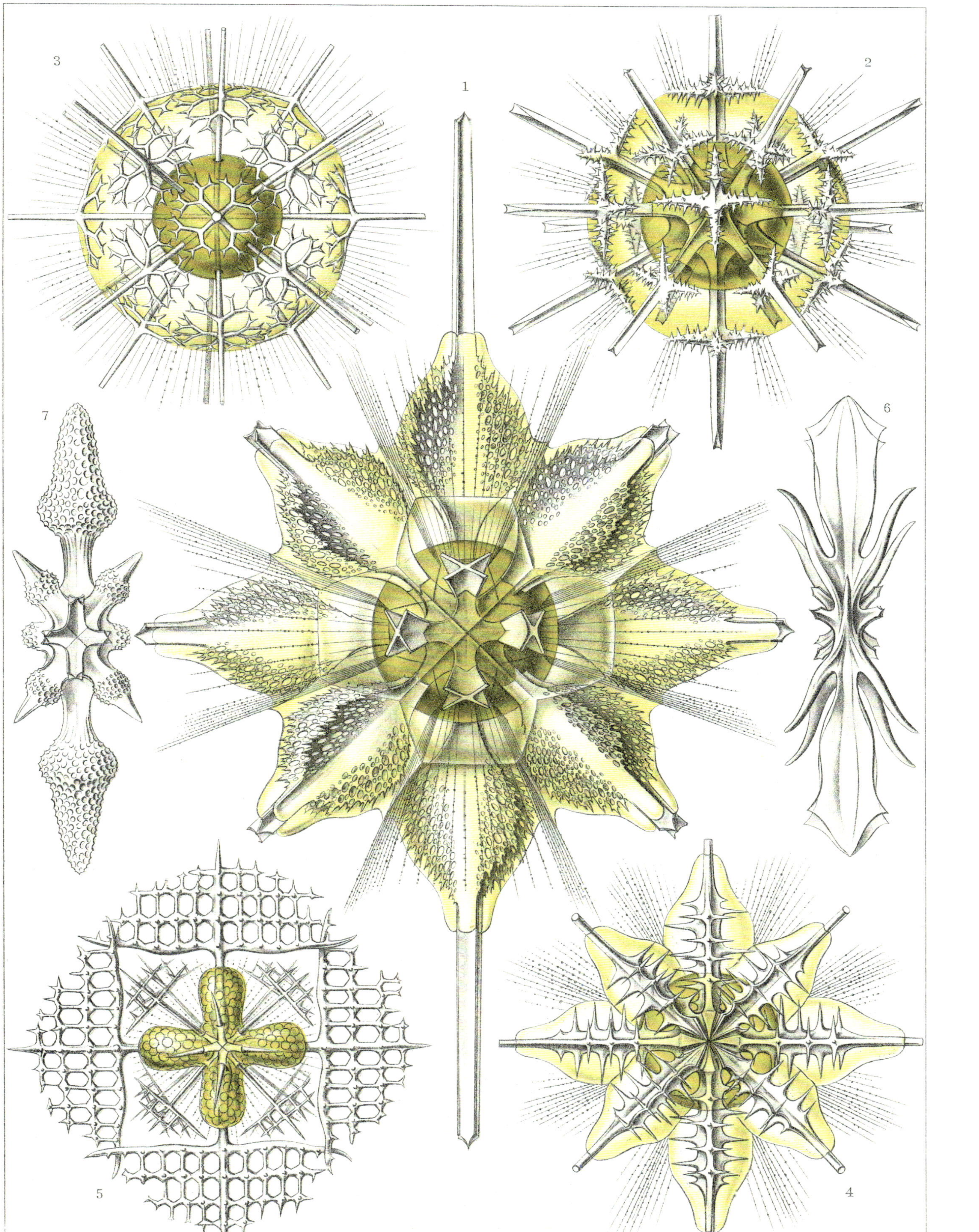
3
1
2
7
6
5
4

TAFEL 22

Elaphospyris
Spyroidea | Nüsschenstrahlinge

TH Spyroidea
Nüsschenstrahlinge
TZ Spyroidea (U.G. Nasselaria)
E Spyroidea
F Spyroidea
D Nüsschenstrahlinge

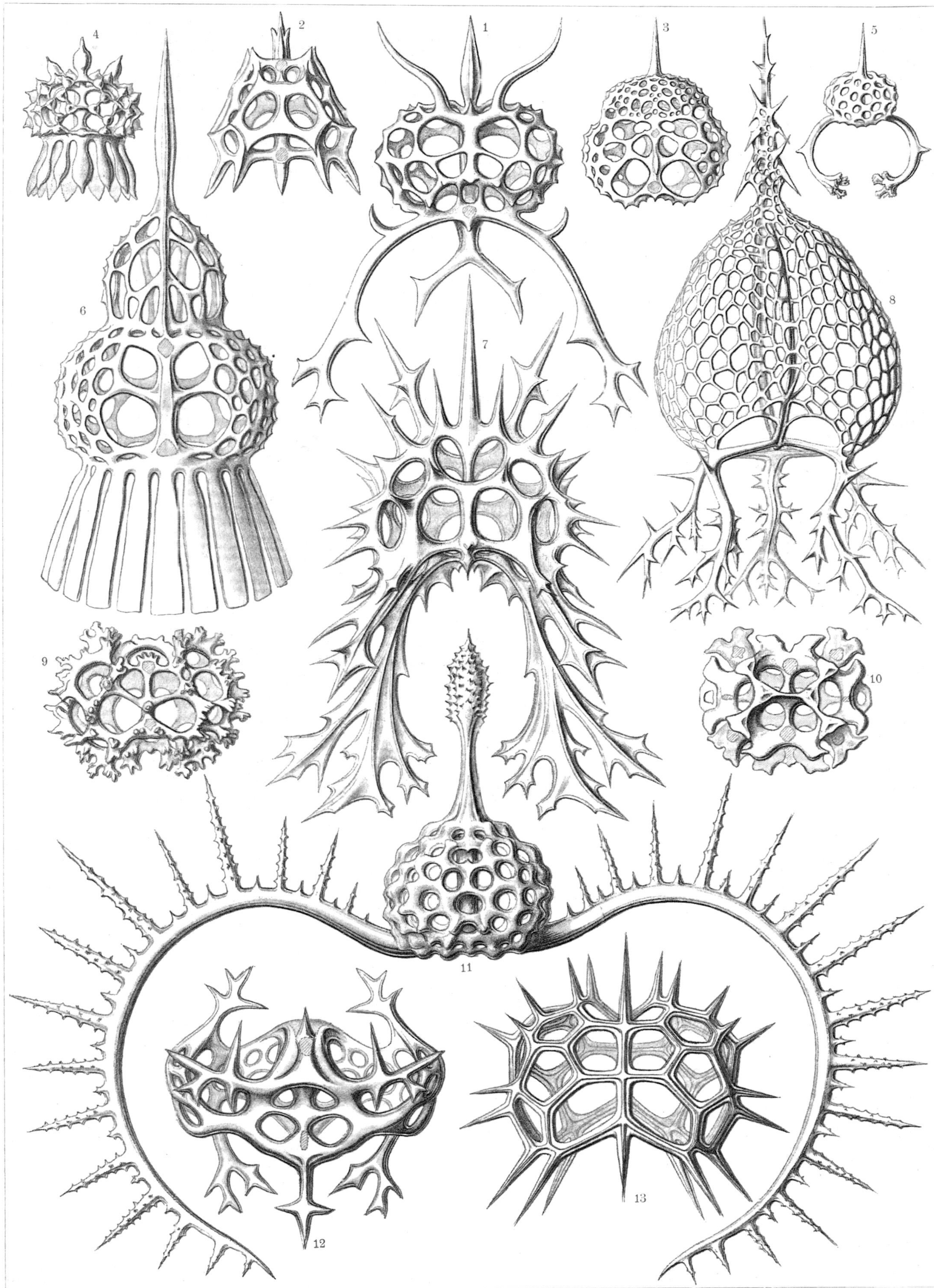

1
2
3
4
5
6
7
8
9
10
11
12
13

TAFEL 23

Cristatella
Bryozoa | Moostiere

TH Bryozoa
Moostiere; Bryozoen (Ehrenberg 1831), Polyzoen (Thompson 1830), Moostierchen; meist zu den Würmern gerechnete Klasse kolonienbildender, selten einzeln lebender (Loxosoma), kleiner Tiere mit wimperndem Tentakelkranz und hufeisenförmig gebogenem Darm. A major phylum of sessile aquatic invertebrates occuring in colonies with hardened exoskeleton

TZ Bryozoa; (syn: Ectoprocta; Polyzoa; Bryocephala); Bryozoa

E Bryozoans; (larva) Winter Bud); Moss Animals

F Bryozoaires; Animaux-mousse; Ectoproctes; Bryozoaires; (larva) Bourgeon (m) L'Hiver; Hibernacule (m)

D Moostierchen; Bryozoen; Ectoprocte; Moostiere; (larva) Winterknospe (f); (*Mooskorallen; Moospolypen; Doppelmündige; Korallentiere)

2
3
1
7
6
8
10
4
9
11
12
5

TAFEL 24

Staurastrum
Desmidiea | Zierdinge

TH Desmidiea
Zierdinge; A family of desmids, mostly unicellular algae in the order of Conjugales

TB Desmidiaceae; Conjugatophyceae; Desmidiales

E Desmidiaceae

F Desmidiaceae

D Jochalgen

1
12
2
11
9
10
6
5
7
8
3a
4a
3b
13
4b

TAFEL 25

Diphasia
Sertulariae | Reihenpolypen

TH Sertulariae
Reihenpolypen; Sertularien (Reihenpolypen); Ord. der Hydrozoen

TZ Sertulariidae

E Sertularians; Sea Firs; Sea Moos; Squirrel's; Tails; Whiteweed

F Mousses de Mer; Sertulaires

D Becherpolypen; Wedelpolypen

1
2
3
4
5
6
7
8
9
10
11

TAFEL 26

Carmaris
Trachomedusae | Kolbenquallen

TH Trachomedusae
Kolbenquallen; Trachomedusen
(Trachymedusen, Trachusen, Kolbenquallen);
Ord. der trachylinen Hydromedusen
TZ Trachymedusae
E Trachymedusea
F Trachyméduses
D Trachymedusen; Trachusen

2
5
4
1
6
7
3

TAFEL 27

Hormiphora
Ctenophorae | Kammquallen

TH Ctenophorae
Kammquallen; Ctenophoren (Rippenquallen); Klasse der Nesseltiere

TZ Ctenophora

E Comb-bearing Jellyfish; Comb Jellies; Comb Bearers; (larva) Cydippid; 2) Sea Walnuts; See Gooseberries; (US) Cat's Eyes

F Cténophores; Cténaires

D Rippenquallen; Ktenophoren; Kammquallen

1
2
3
4
5
6

TAFEL 28

Toreuma
Discomedusae | Scheibenquallen

TH	Discomedusae Scheibenquallen; Discomedusen (Discophoren, Scheibenquallen, Schirmquallen); Ord. der Scyphomedusen
TZ	Discomedusae (syn: Discophora)
E	Disk Jellies
F	Méduses à Bord Combrellaire Lobé; Discoméduses; Cyclomorphes
D	Schirmquallen; Scheibenquallen

5
1
6
2
4
3

TAFEL 29

Cyathophyllum
Tetracoralla | Vierstrahlige Sternkorallen

TH Tetracoralla
Vierstrahlige Sternkorallen, Tetracorallien (Rugosen, Runzelkorallen), fossile (paleozoisches Zeitalter) Ord. der Korallentiere;
Tetracorallia (Haeckel 1866) – Rugosa.
Rugosa (Edwards & Haime 1850) (lat. rugosus, runzelig).
Syn. Pterocorallia, Tetracorallia;
eine U.-Klasse der Klasse → Anthozoa. Auf das Paläozoikum (Ordovizium bis Perm) beschränkte Gruppe solitärer oder koloniebildender, bilateral-symmetrischer Korallen

TZ Rugosa (syn: Tetracoralla)

E Rugosa

F Rugosa

D Rugose Korallen

TAFEL 30

Clypeaster
Echinidea | Igelsterne

TH	Echinidea Igelsterne; Echiniden; Fam. der regulären Seeigel
TZ	Echinidae
E	Sea Urchins; Urchins; Egg-urchins; Sea-eggs
F	Échinidés; Oursins de Mer; Oursins; Châtaignes de Mer
D	Echte Seeigel

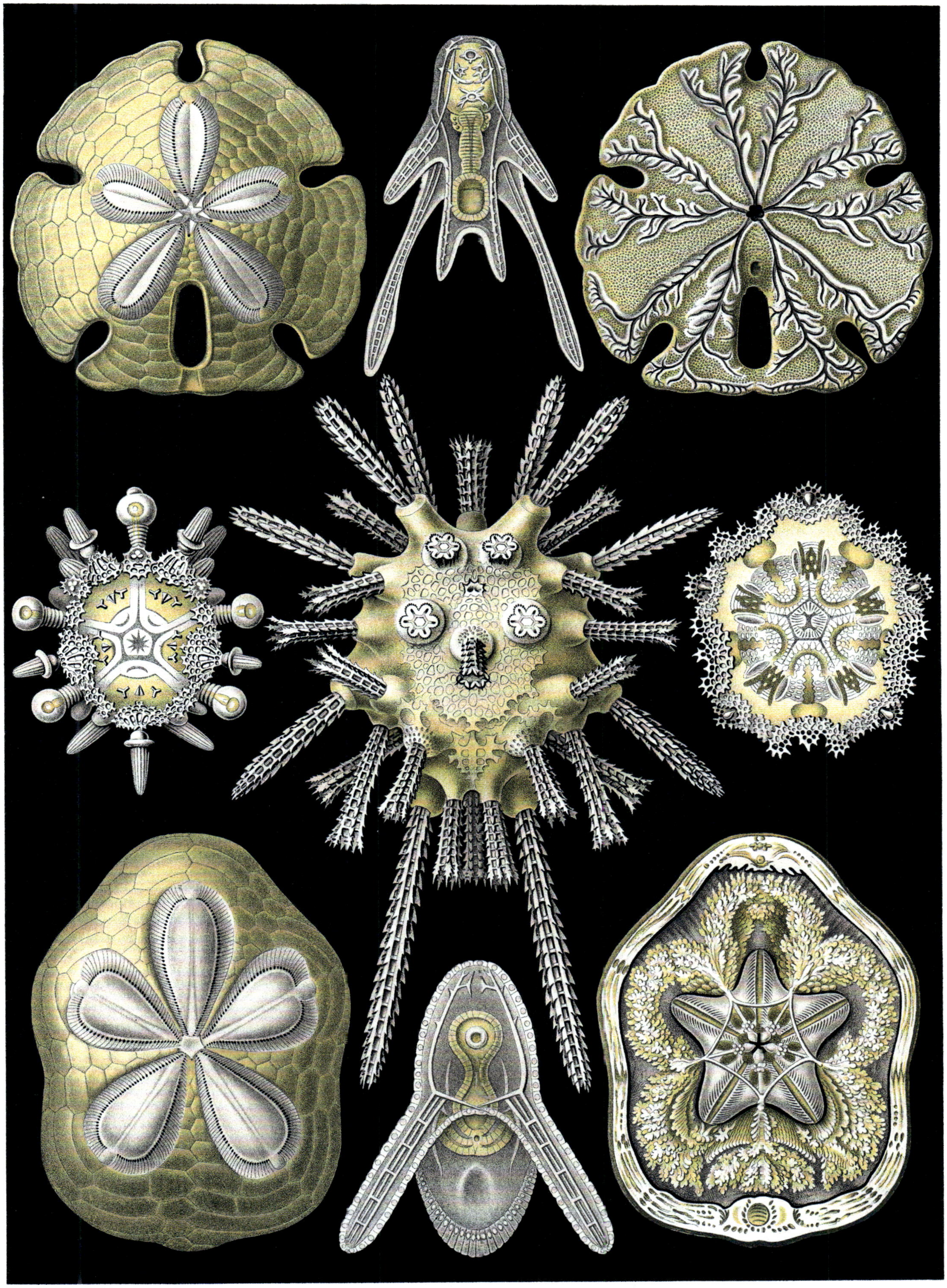

TAFEL 31

Calocyclas
Cyrtoidea | Flaschenstrahlinge

TH Cyrtoidea
Flaschenstrahlinge; Cyrtiden;
Fam. der Strahltierchen
TZ Cyrtoidae
E Cyrtoidae
F Cyrtoidae
D Kegelstrahlinge; Kegelstrahlige

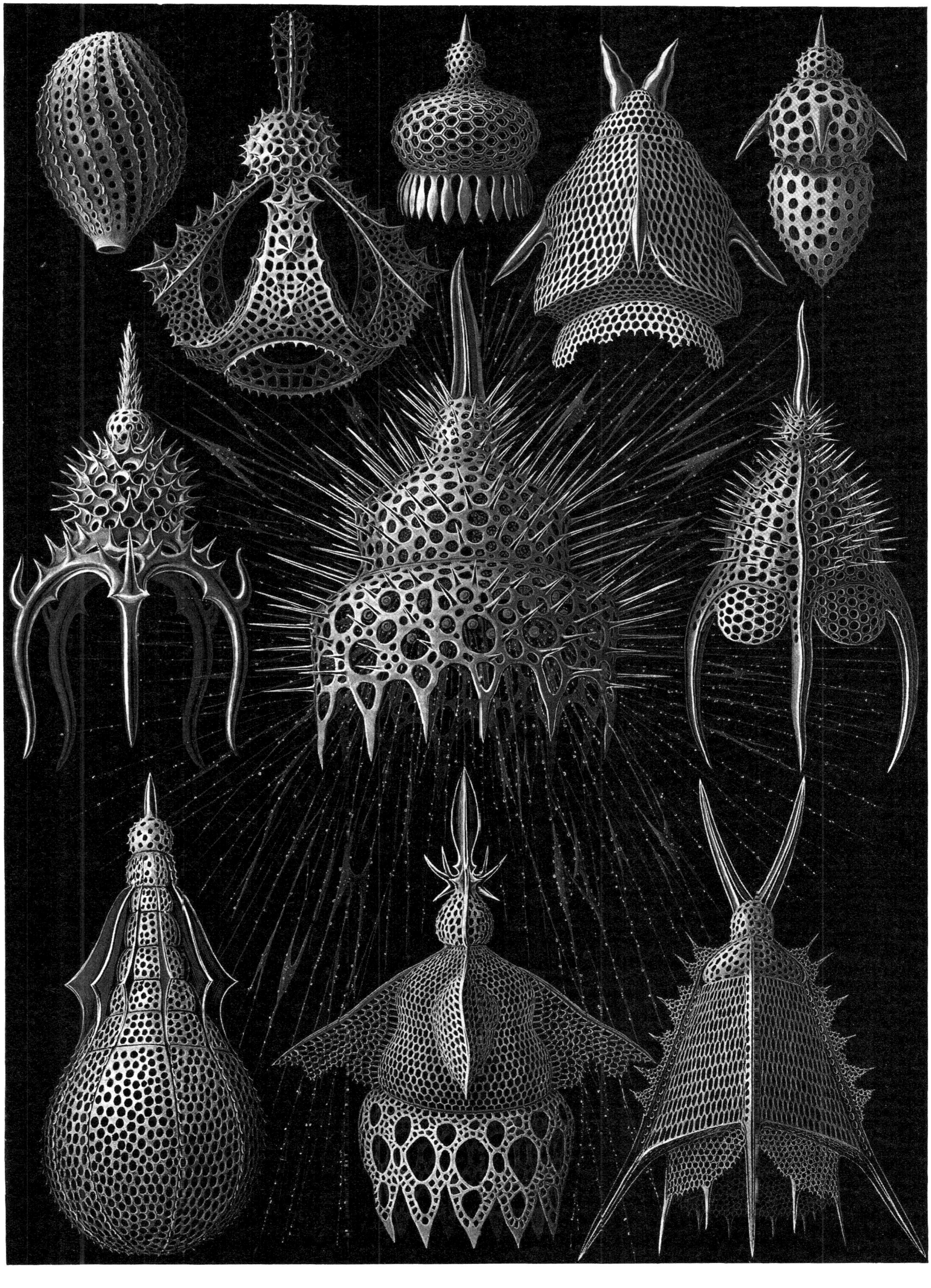

TAFEL 32

Pedalion
Rotatoria | Rädertiere

TH Rotatoria
Rädertiere; Rotatorien (Rotiferen, Trochelminthen, Rädertierchen, Radwürmer); Klasse der Wurmtiere
TZ Rotatoria (syn: Rotifera)
E Wheel Animalcules; Rotifers
F Rotiféres; Porte-roues
D Rädertiere; Rädertierchen; Rotatorien; Rotiferen; Tümpelinfusorien

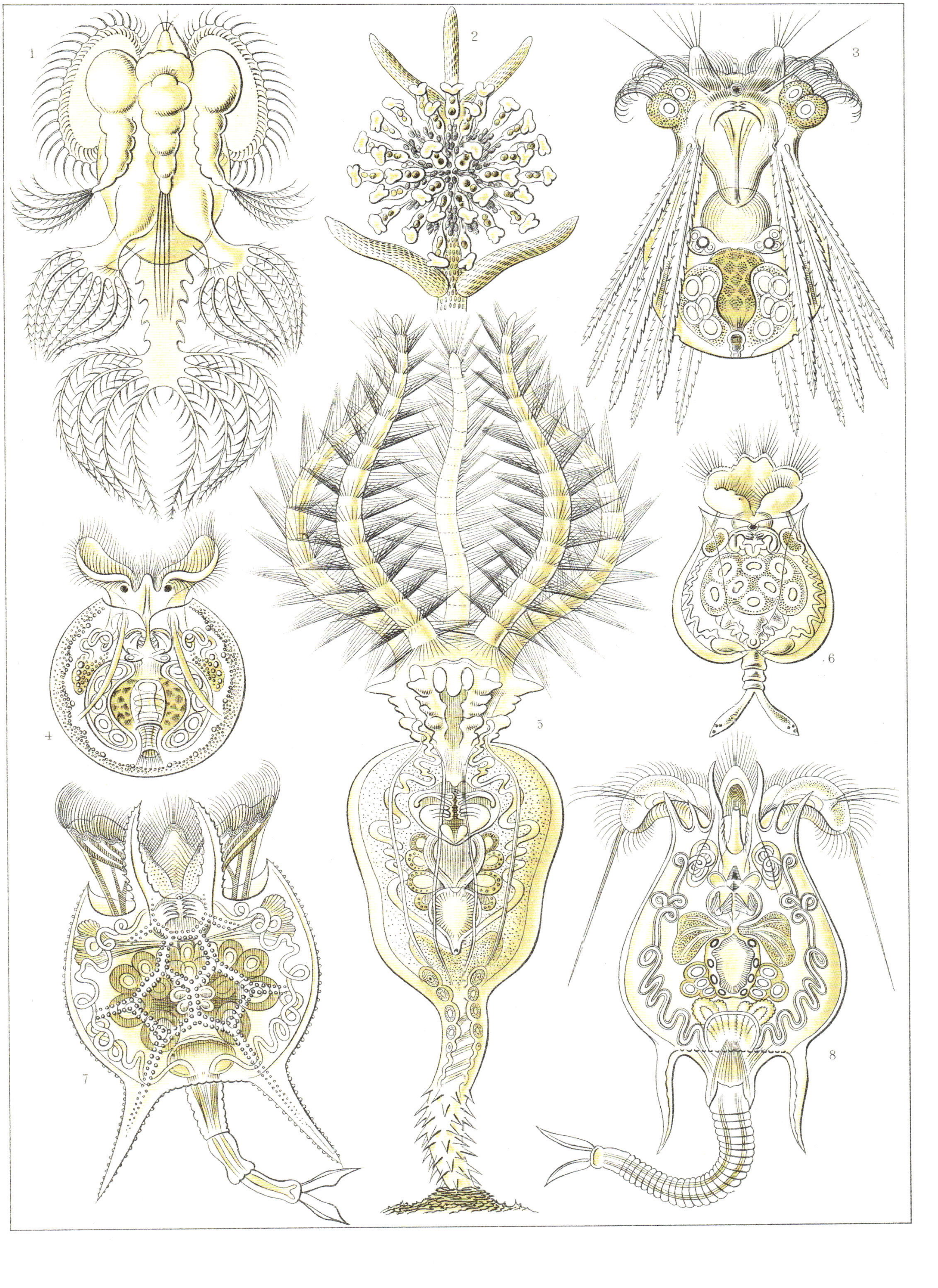
1
2
3
4
5
6
7
8

TAFEL 33

Flustra
Bryozoa | Moostiere

TH Bryozoa
Moostiere; Bryozoen (Ehrenberg 1831), Polyzoen (Thompson 1830), Moostierchen; meist zu den Würmern gerechnete Klasse kolonienbildender, selten einzeln lebender (Loxosoma), kleiner Tiere mit wimperndem Tentakelkranz und hufeisenförmig gebogenem Darm. (A major phylum of sessile aquatic invertebrates occuring in colonies with hardened exoskeleton)

TZ Bryozoa; (syn: Ectoprocta; Polyzoa; Bryocephala); Bryozoa

E Bryozoans; (larva) Winter Bud); Moss Animals

F Bryozoaires; Animaux-mousse; Ectoproctes; Bryozoaires (larva) Bourgeon (m) D'Hiver; Hibernacule (m)

D Moostierchen; Bryozoen; Ectoprocte Moostiere; (larva) Winterknospe (f); (* Mooskorallen; Moospolypen; Doppelmündige Korallentiere)

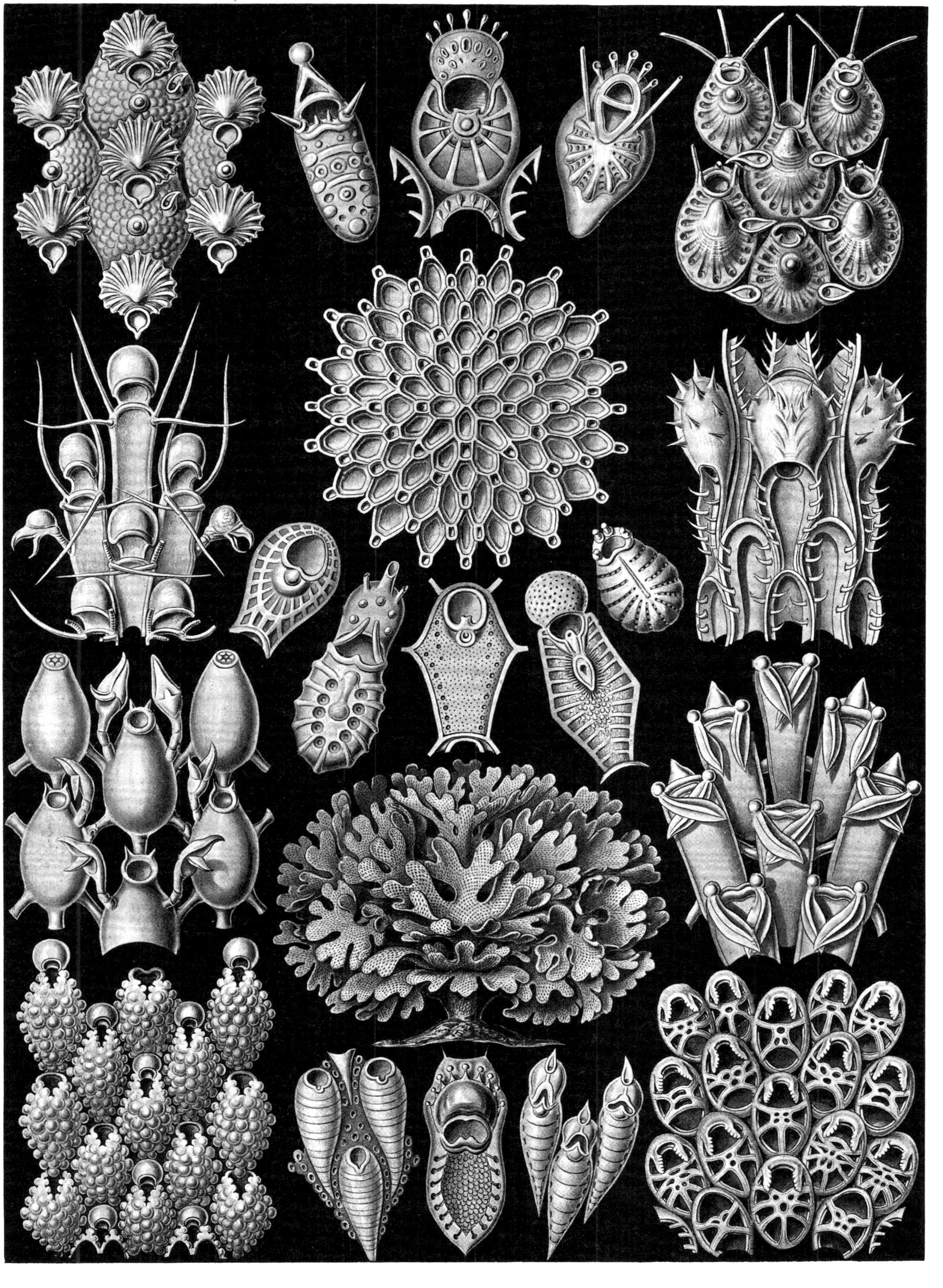

TAFEL 34

Pediastrum
Melethallia | Gesellige Algetten

TH Melethallia
Gesellige Algetten
TZ Ord.: Chlorococcales; Fam.: Hydrodictyaceae
E Hydrodictyaceae
F Hydrodictyaceae
D Kokkale Algen

1
2
3
4
5
6
7
8
9
10
11
12
13
14
15

TAFEL 35

Farrea
Hexactinellae | Glasschwämme

TH Hexactinellea
Glasschwämme; Hexactinelliden (Hexactinellen, Triaxonier, Hyalospongien, Glasschwämme); Gruppe der Kieselschwämme

TZ Triaxonia (syn: Hexactinellida; Hyalospongiae; Silicospongia)

E Glass Sponges; Hexactinellid Sponges

F Triactines; Pharétones; Éponges Vitreuses; Hexactinellides

D Glasschwämme; Dreistrahlige Kieselschwämme

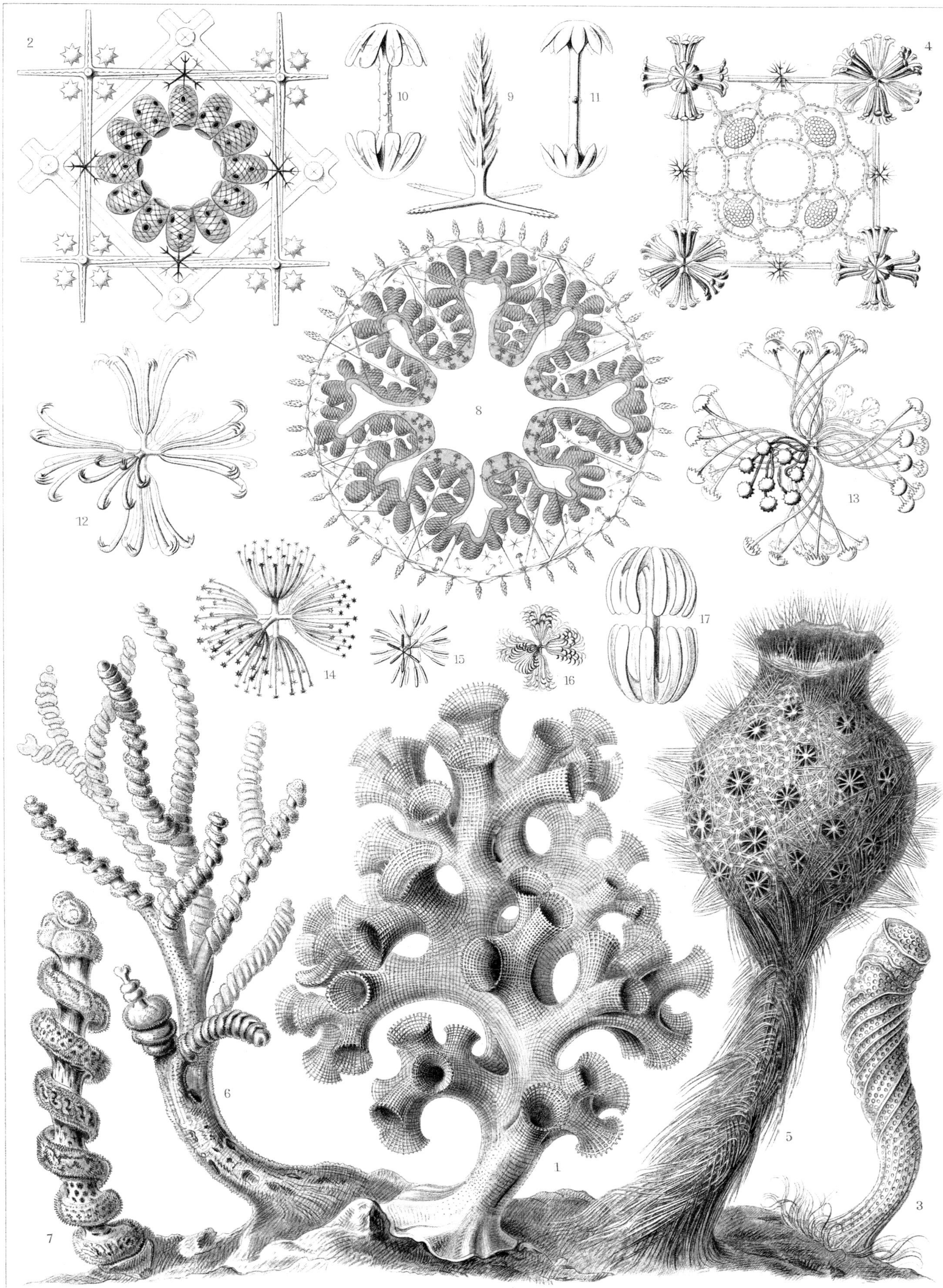

1
2
3
4
5
6
7
8
9
10
11
12
13
14
15
16
17

TAFEL 36

Aequorea
Leptomedusae | Faltenquallen

TH	Leptomedusae Faltenquallen; Leptomedusen (Haeckel 1866) (Leptusen, Faltenquallen); Ord. der leptolinen Hydromedusen
TZ	Thecophora (syn: Leptomedusae; Campanulariae)
E	Campanularian Hydroids; Thecate Hydroids; Sheathed Hydroids
F	Campanulariae
D	Faltenquallen; Randbläschenquallen; Leptusen

1
2
5
4
3
6

TAFEL 37

Discolabe
Siphonophorae | Staatsquallen

TH Siphonophorae
Staatsquallen; Siphonophoren (Schwimmpolypen, Röhrenquallen, Staatsquallen), Ord. der Nesseltiere
TZ Siphonophora
E Siphonophores
F Siphonophores
D Staatsquallen; Röhrenquallen; Schwimmpolypen

TAFEL 38

Periphylla
Peromedusae | Taschenquallen

TH Peromedusae
Taschenquallen; Peromedusen (Haeckel 1877), Taschenquallen; Ord. der Scyphomedusen
TZ Coronata (syn: Peromedusae)
E Coronates; Coronate crowned Jelly-fishes
F Coronates
D Koronaten; Tiefseequallen; Kronenquallen

4
6
5
2
3
1
7

TAFEL 39

Gorgonia
Gorgonida | Rindenkorallen

TH Gorgonida
Rindenkorallen; Gorgoninen;
Fam. der Rindenkorallen
TZ Gorgonaria (syn: Gorgonacea)
E Horny Corals; Gorgonians; Fan Corals
F Gorgonaries; Gorgoniens; Gorgonides;
Axiféres; Gorgones
D Hornkorallen; Fächerkorallen;
Rindenkorallen; Axenkorallen

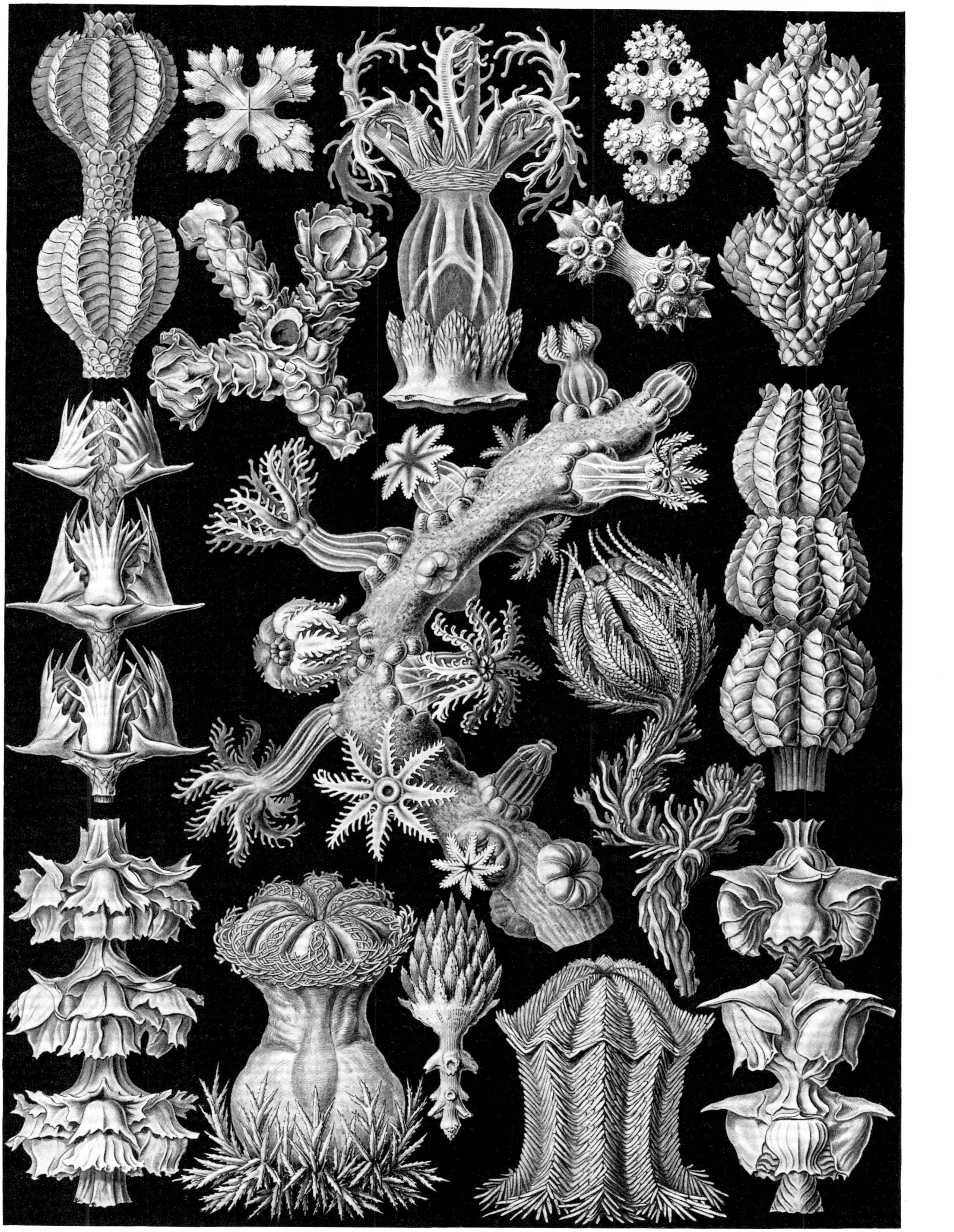

TAFEL 40

Asterias
Asteridea | Seesterne

TH Asteridea
Seesterne; Asteroideen (Stelleriden, Seesterne); Klasse der Stachelhäuter

TZ Asteroidea

E Starfishes; Sea Stars; True Starfishes; Asteroideans

F Etoilles de Mer; Astérroïdes; Astéries; Stellérides

D Seesterne; Meersterne; Sternstrahler; Furchensterne; Asteroiden

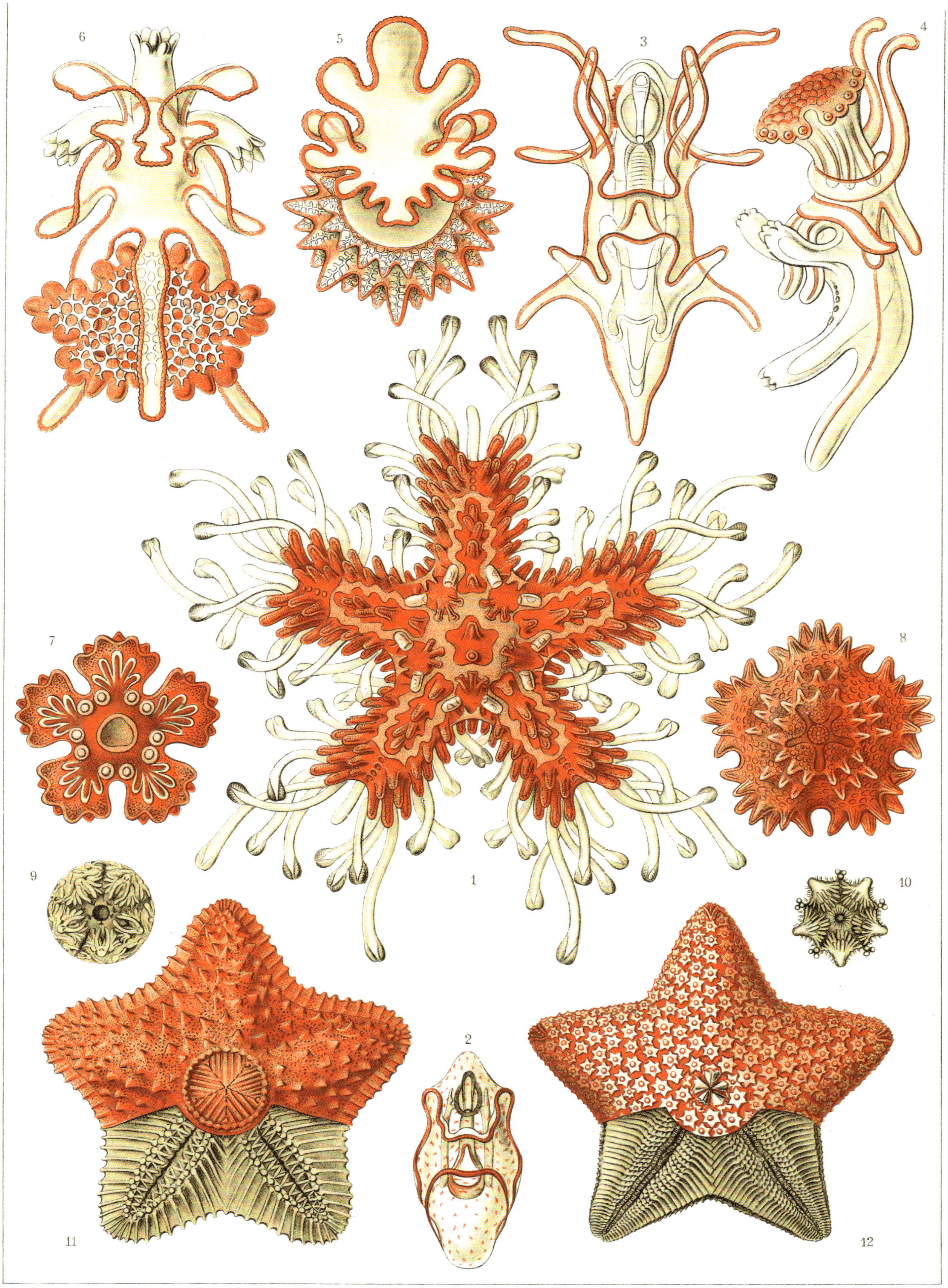
6
5
3
4
7
8
9
1
10
2
11
12

TAFEL 41

Dorataspis
Acanthophracta | Wunderstrahlinge

TH Acanthophracta
Wunderstrahlinge; U.-A. der Acantharien (Actiphyleen); an order of marine protozoans in the subclass Acantharia; skeleton includes a latticework shell and skeletal rods

TZ Acanthophractida

E Acantharia

F Acantharia

D Wunderstrahler

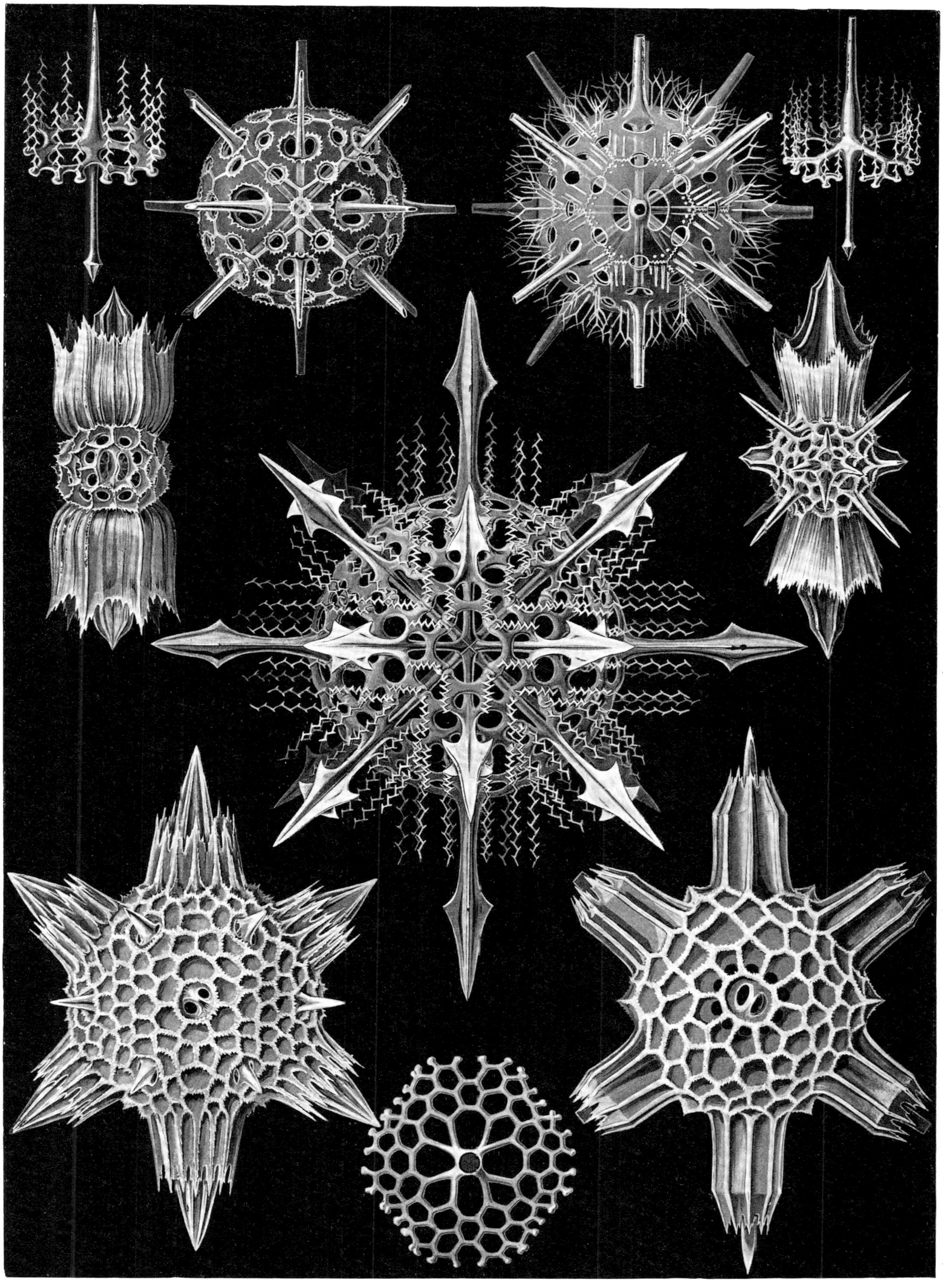

TAFEL 42

Ostracion
Ostraciontes | Kofferfische

TH Ostraciontes
Kofferfische; Ostracion quadricornis L. (Kofferfisch)
TZ Ostraciontidae (syn: Ostraciidae)
E Puffer-fishes; (US) Box-fishes; Trunkfishes
F Coffers; Ostracions; Poissons-Coffres
D Kofferfische

9
1
6
7
5
4
8
10
3
2

TAFEL 43

Aeolis
Nudibranchia | Nacktkiemen-Schnecken

TH Nudibranchia
Nacktkiemen-Schnecken; Nudibranchier (Nacktkiemer); U.-Ord. der Hinterkiemer-schnecken

TZ Nudibranchia (syn: Gymnobranchiata; Notobranchiata)

E True Sea Slugs; Naked Sea Slugs; Sea Slugs; Naked-gilled Snails; Naked-gills; Nudibranchs; Nudibranchiates

F Nudibranches

D Nacktkiemer; Meeresnacktschnecken; Rückenkiemer; Nacktschnecken

1
2
3
4
5
6
7

TAFEL 44

Ammonites
Ammonitida | Ammonshörner

TH Ammonitida
Ammonshörner; Ammonoideen (Ammonitiden, Ammoniten, »Ammonshörner«); fossile Gruppe der Cephalopoden; allgemeine Bezeichnung für ausgestorbene Kopffüßler (Cephalopoden), deren spiralig aufgerolltes Gehäuse z. T. einem Widerhorn ähnlich sehen. Im engeren, eigentlichen Sinne versteht man unter »Ammoniten« die Neoammonoidea

TZ Ammonitida (Ord. der Ammonoidea)

E Ammonite

F Ammonite

D Ammonshorn

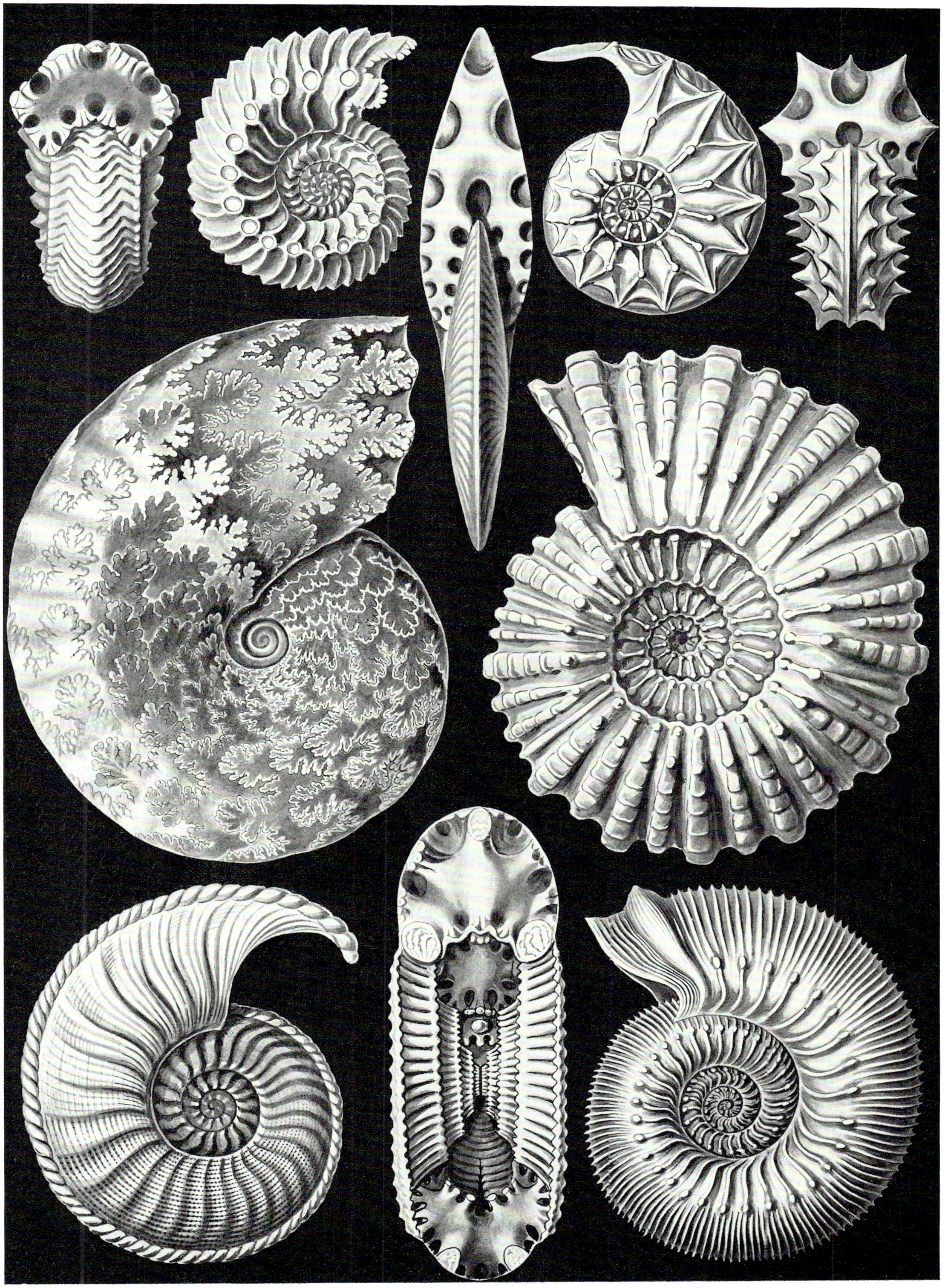

TAFEL 45

Campanulina
Campanariae | Glockenpolypen

TH Campanaria
Glockenpolypen; Campanarien (Glockenpolypen);
Ord. der Hydropolypen
TZ Campanulariidae (syn: Leptomedusae)
E Bell-Polyps; Campanularian Hydroids;
Bell-like Hydroids
F Campanularians
D Glockenpolypen

1
8
4
2
5
3
7
6

TAFEL 46

Gemmaria
Anthomedusae | Blumenquallen

TH Anthomedusae
Blumenquallen; Anthomedusen (Anthusen (Haeckel), Ocellaten, Blumenquallen); Ord. der leptolinen Hydromedusen

TZ Athecata (syn: Anthomedusae; Tubularia)

E Tubularian Hydroids; Athecate Hydroids; Naked Hydroids

F Hydres-fleurs

D Anthomedusen; Blumenkorallen; Augenfleckenmedusen

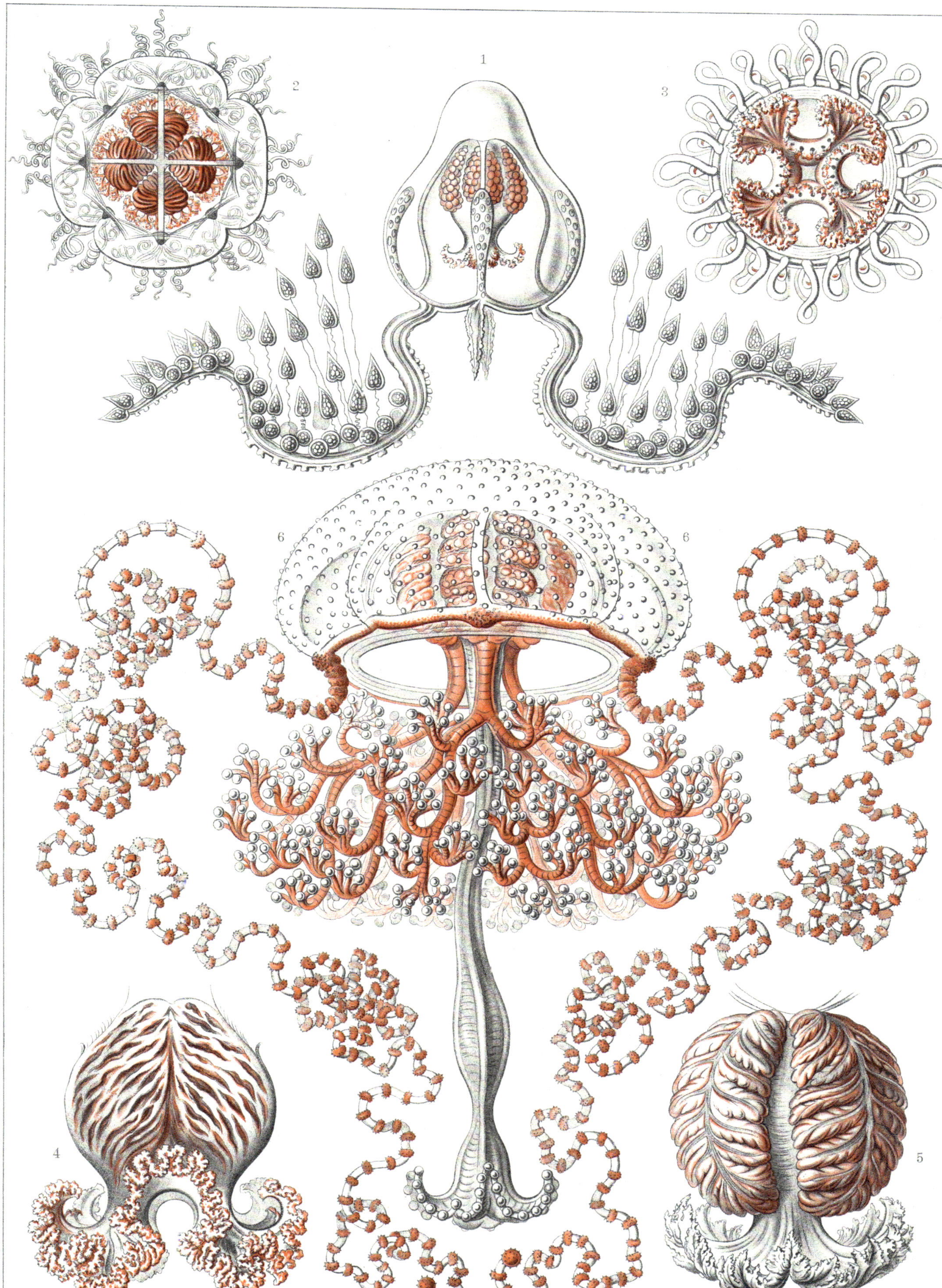
1
2
3
6
6
4
5

TAFEL 47

Limulus
Aspidonia | Schildtiere

TH Aspidonia
Schildtiere; Aspidonier (Palaeostraken, Schildtiere); Name, unter welchem Haeckel die fossilen Trilopiten und Gigantostraken mit den noch lebenden Xiphosuren als unterste Gruppe der Krebse (Crustaceen) zusammenfasst
TZ Chelicerata
E Chelicerates
F Chelicerates
D Cheliceraten

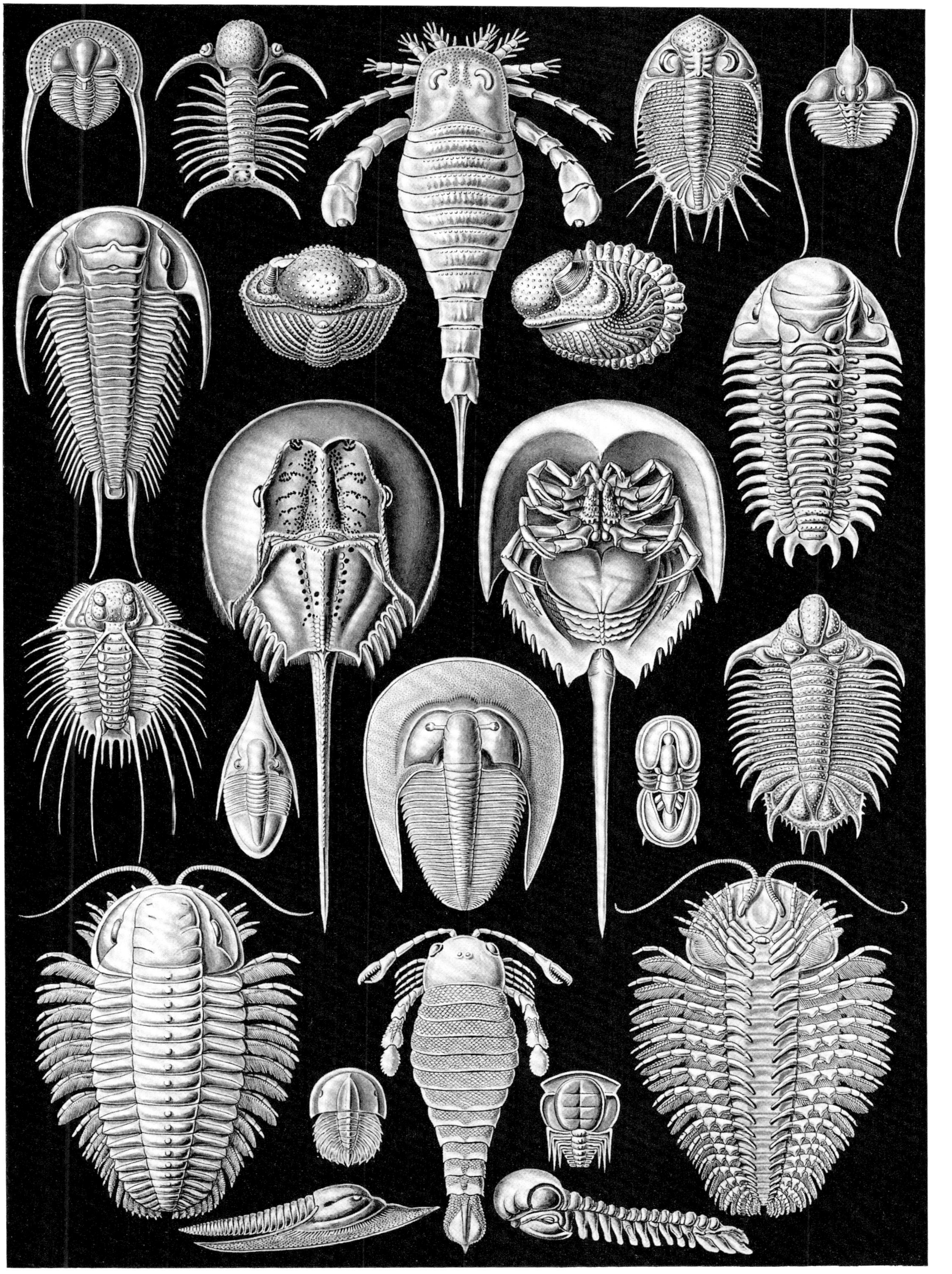

TAFEL 48

Lucernaria
Stauromedusae | Becherquallen

TH Stauromedusae
Becherquallen; Stauromedusen (Calycozoen, Cylicozoen, Königsquallen, Becherquallen); Ord. der Scyphomedusen (Acraspeden)

TZ Stauromedusae (syn: Lucernariida; Calycozoa; Podactinaria; Cylicozoa)

E Goblet Medusas; Stalked Medusae; Stalked Jelly-Fishes; Sedentary Jelly-fishes; Stauromedusas; Lucernids

F Lucernaires

D Becherquallen; Stielquallen; Kelchtiere

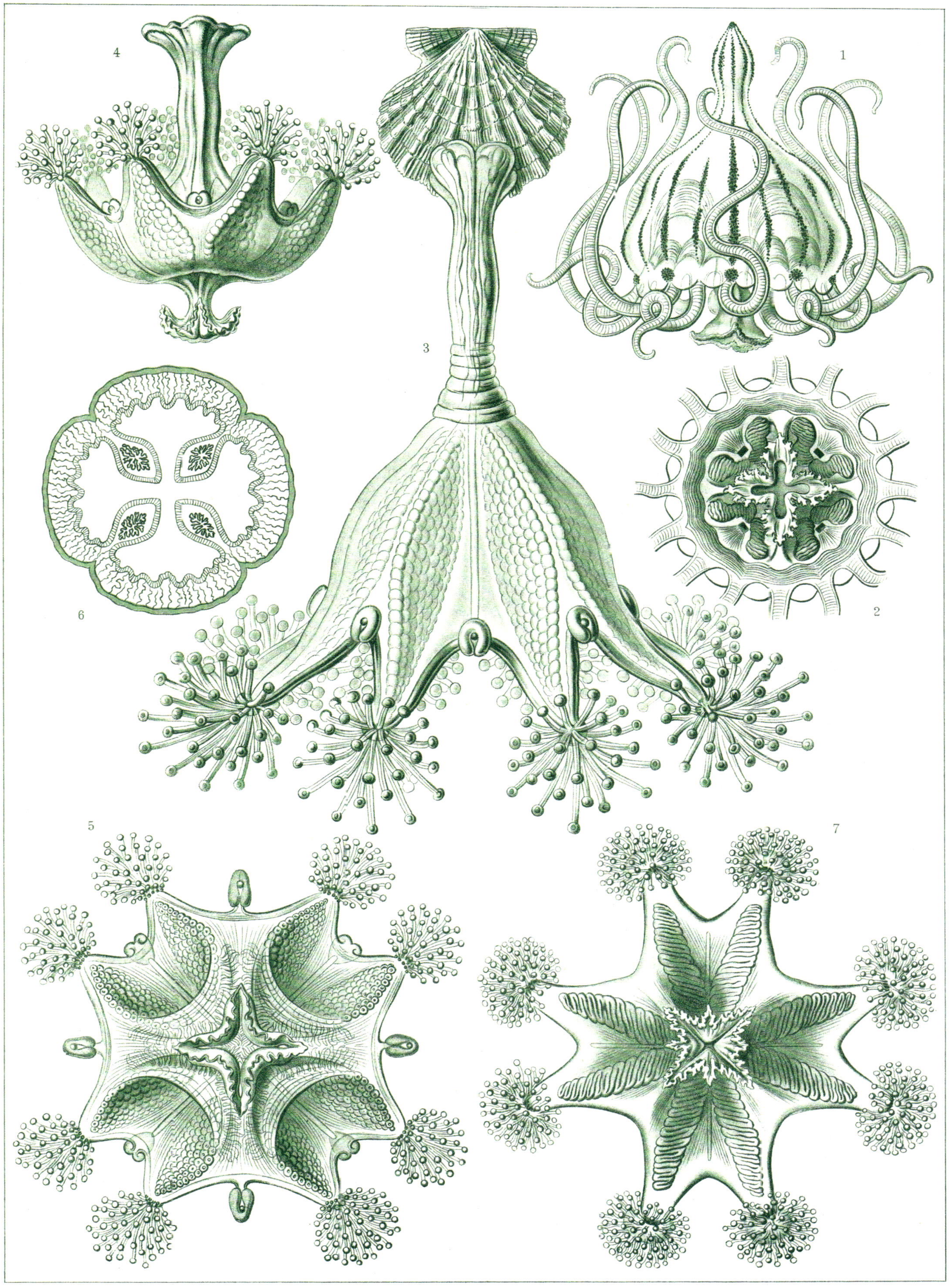
4
3
1
6
2
5
7

TAFEL 49

Heliactis
Actiniae | Seeanemonen

TH Actiniae
Seeanemonen; Malacodermen (Actiniarien, Seerosen, Fleischkorallen, Actinien); U.-Ord. der Hexacorallien

TZ Actinaria (syn: Actinaria; Malactinida; Holosarca; Zoantharia Malacodermata)

E Sea Anemones; Piddifoggers; Suckers

F Actiniares; Anémones de Mer; Actinies

D Seerosen; Seeanemonen; Blumentiere; Aktinien; Fleischpolypen; Meernesseln; Fleischkorallen

TAFEL 50

Sporadipus
Thuroidea | Gurkensterne

TH Thuroidea
Gurkensterne; Holothurien (Holothurioideen), (Thuroideen, Seewalzen, Seegurken, Gurkensterne); Klasse der Stachelhäuter

TZ Holothurioidea (syn: Scytodermata)

E Sea Cucumbers; Holothurians; Cirrho-vermigrade Echinoderms

F Cornichons de Mer; Holothurides; Concumbres de Mer; Holothuries Béches de Mer

D Meerwalzen; Walzenstrahler; Wurmstrahler; Lederhäuter

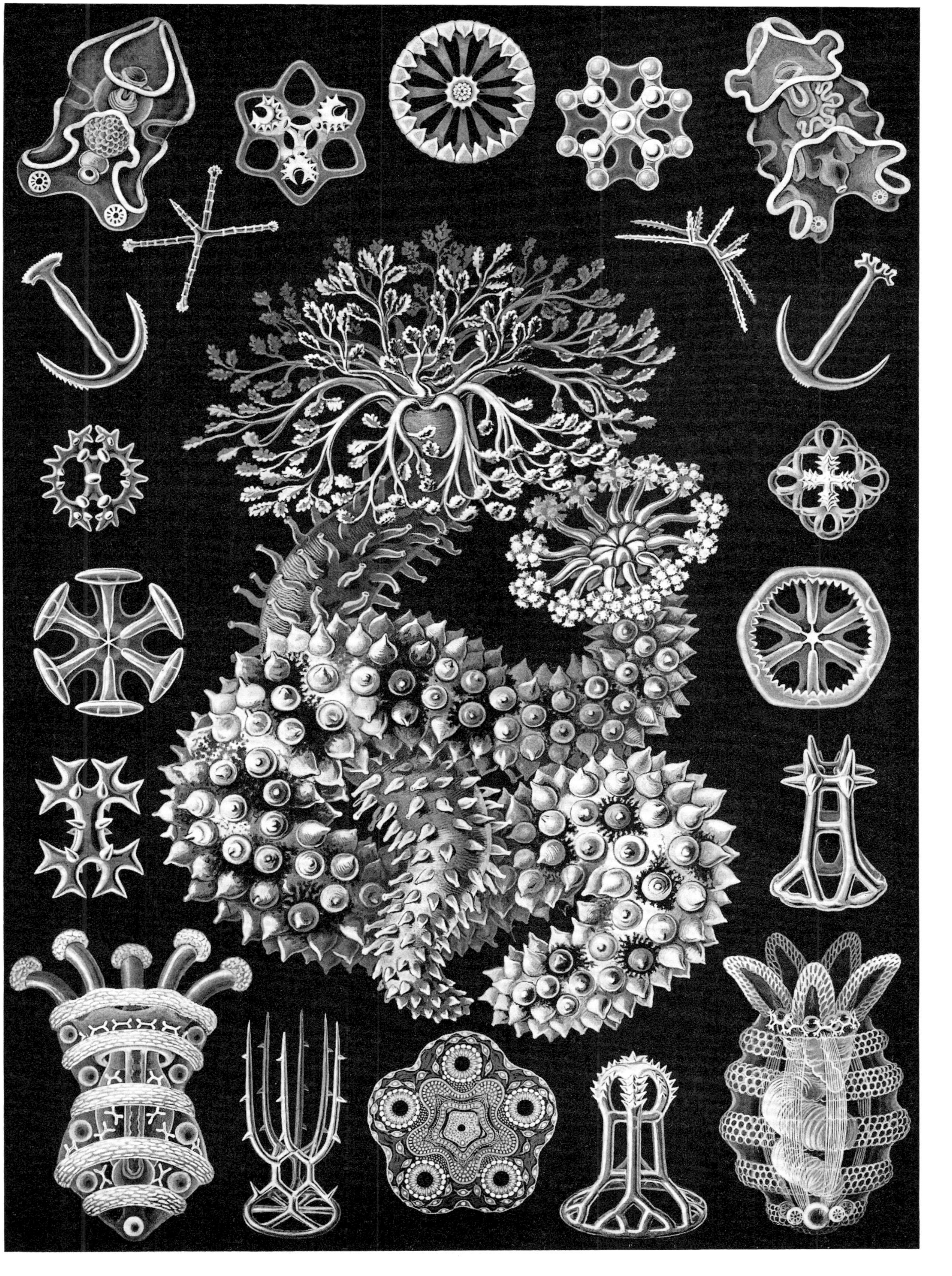

TAFEL 51

Collosphaera
Polycyttaria | Vereins-Strahlinge

TH	Polycyttaria Vereins-Strahlinge; Peripyleen (Spumellarien, Polycyttarien); U.-Ord. der Strahltiere
TZ	Peripylea (syn: Spumellaria; Peripylaria; Pancollae)
E	Peripylea
F	Peripylea
D	Schaumstrahltiere; Gallertstrahltiere

1
2
3
4
6
7
12
8
9
10
11
5

TAFEL 52

Platycerium
Filicinae | Laubfarne

TH Filicinae
Laubfarne; Filices (Farne);
Klasse der Pteridophyta
TB Filicinae
E Ferns
F Fougeres
D Farne

TAFEL 53

Murex
Prosobranchia | Vorderkiemen-Schnecken

TH Ctenobranchia
Kammkiemen-Schnecken; Azygobranchier;
Gruppe der Vorderkiemenschnecken

TZ Ctenobranchiata (syn: Pectinibranchiata;
Chiastoneuro)

E Ctenobranchs; Ctenobranchiates;
Pectinibranchs; Chistaoneurans

F Gastropodes Cténobranches;
Gastropodes Pectinibranches

D Kammkiemer; Ctenobranchiaten;
Pectinibranchiaten; Chiastoneuren

TAFEL 54

Octopus
Gamochonia | Trichterkraken

TH Gamochonia
Trichterkraken; Gammochonien;
zweite U.-Klasse in Haeckels provisorischem
System der Cephalopoden

TZ Cephalapoda (syn: Cephalophora; Polypi)

E Cuttle-fishes; Nautili; Squids and Octopuses;
Cephalopods; Cuttles; Many-armed Mollusks

F Céphalopodes; * (ova) Raisins de Mer

D Kopffüßer; Kopffüßler; Tintenfische; Cephalopoden;
* (ova) Eitrauben; (*Tintenschnecken; Armschnecken)

1
2
3
4
5

TAFEL 55

Cytherea
Acephala | Muscheln

TH Acephala
Muscheln; Lamellibranchier (Acephalen, Bivalven, Pelecypoden, Muscheln); Klasse der Weichtiere (Mollusken)

TZ Lamellibranchia (syn: Bivalvia; Acephala; Pelecypoda)

E Bivalved Mollusks; Bivalves; Clams; Mussels; Shellfish; Plate-gilled Bivalves; Lamellibranchs; Pelecypods

F Bivalves; Lamellibranches; Acéphales; Coquilles; Pélécypodes

D Muscheln; Muscheltiere; Blattkiemer; Keilfüßer; Blätterkiemer; Camellibranchien; Pelécypoden

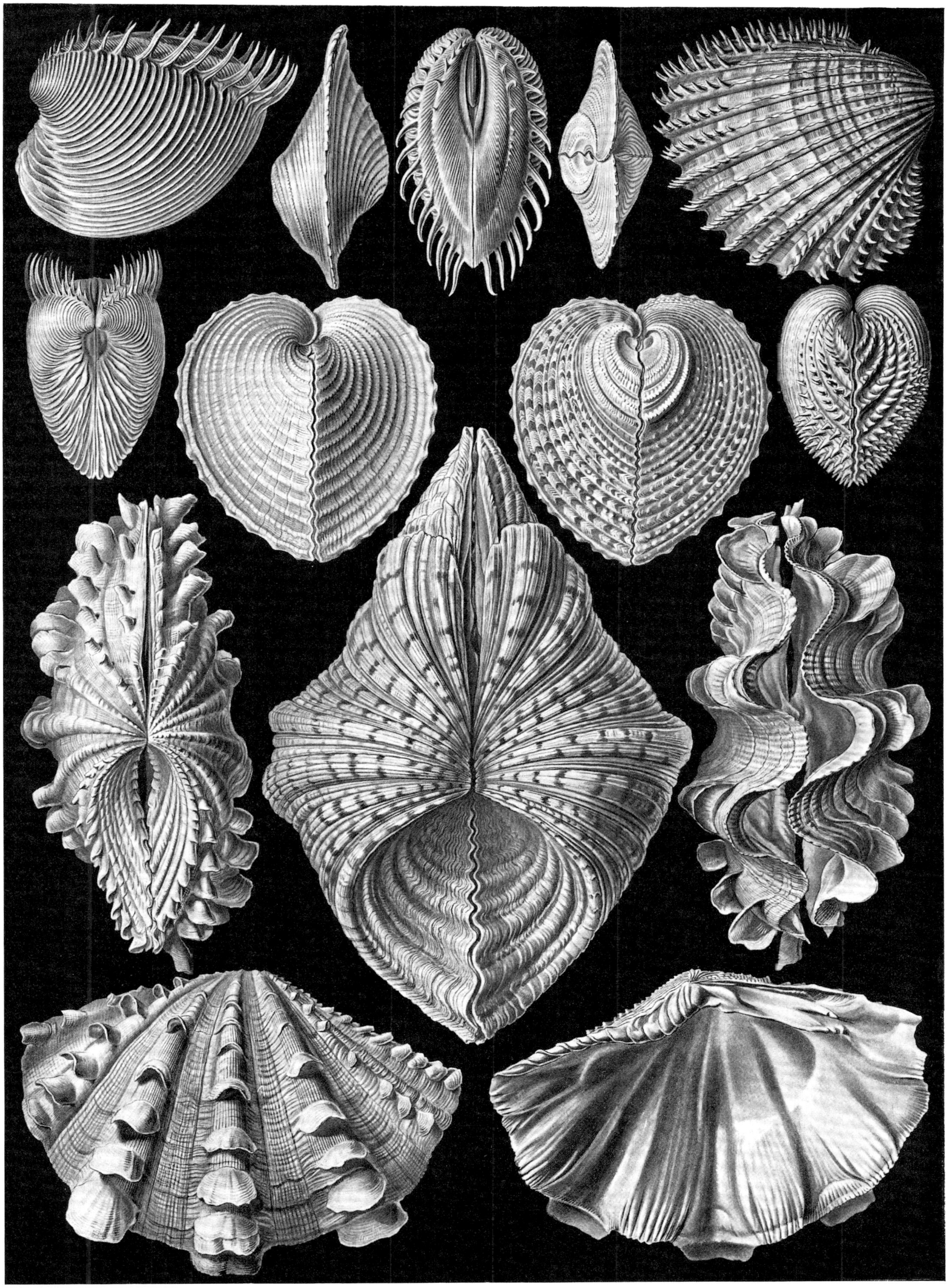

TAFEL 56

Calanus
Copepoda | Ruderkrebse

TH Copepoda
Ruderkrebse; Copepoden (Ruderfüßler)
TZ Copepoda (syn: Cophyropoda)
E Oar-footed Crustaceans; Copepods;
Hair-footed Crustaceans
F Copépodes
D Ruderfüßer; Ruderfüßler; Hüpferlinge;
Ruderfußkrebse; Krebsflühe;
Ruderfußkrebschen; Büschelfüßer;
Copepoden

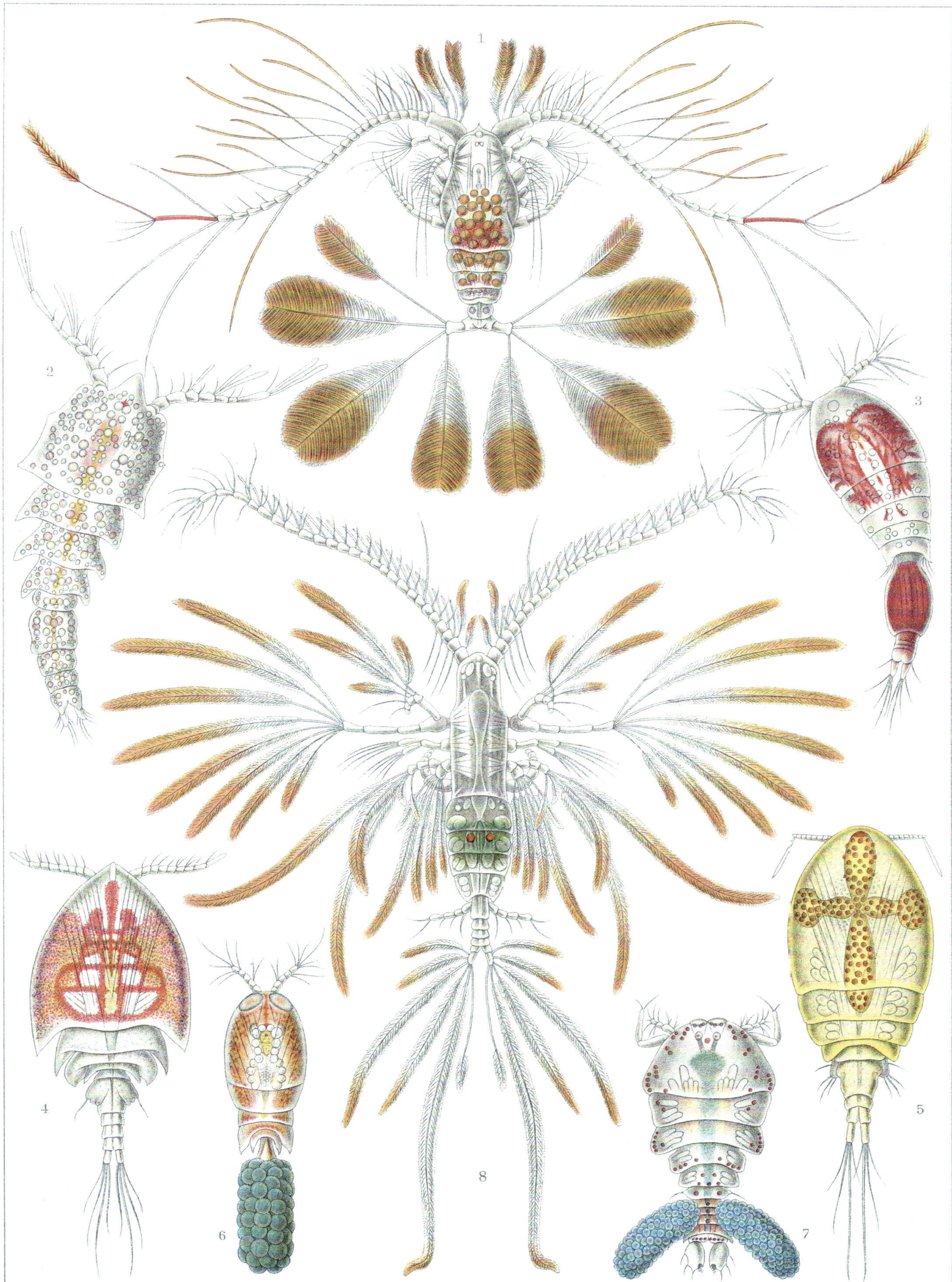

1
2
3
4
5
6
7
8

TAFEL 57

Lepas
Cirripedia | Rankenkrebse

TH Cirripedia
Rankenkrebse; Cirripedien (Pectostraken, Rankenfüßler, Haftkrebse)

TZ Cirripedia (syn: Testacostraca)

E Curl-footed Crustaceans; Barnacles; Cirripeds; Barnacles and Acorn-shells; Tree Geese

F Cirripèdes

D Rankenfüßer; Rankenfüßler; Haftkrebse; Cirripeden; Rankenfußkrebse; Tierkrebse

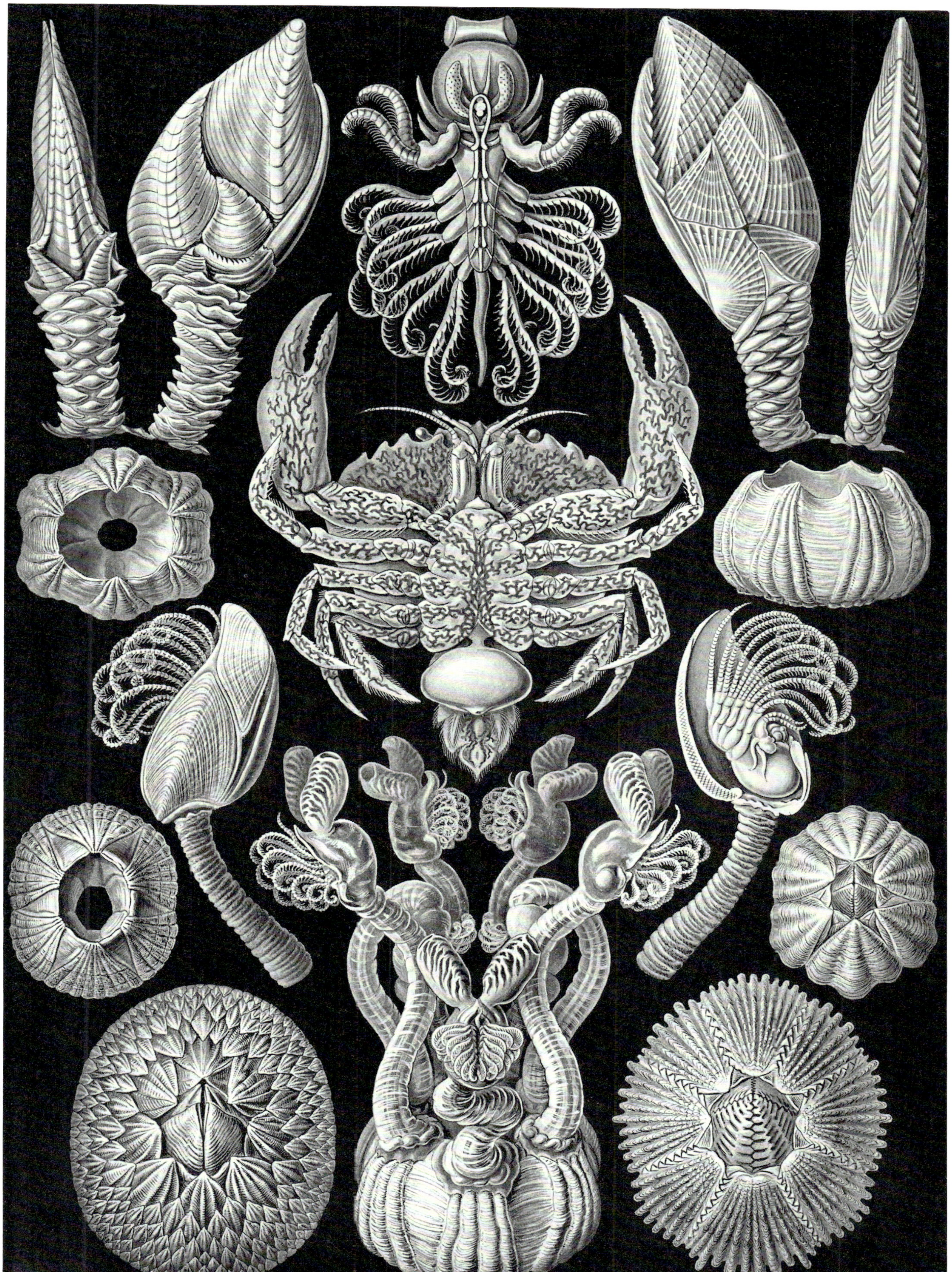

TAFEL 58

Alucita
Tineida | Motten

TH Tineida
Motten; Tineiden (Motten, Schaben);
Fam. der Kleinschmetterlinge
TZ Tineidae
E Clothes Moths
F Tinéides; Teignes; Teignes de Vétements;
Teignes des Pelleteries
D Echte Motten; Schaben

TAFEL 59

Strobalia
Siphonophorae | Staatsquallen

TH Siphonophorae
Staatsquallen; Siphonophoren (Schwimmpolypen, Röhrenquallen, Staatsquallen); Ord. der Nesseltiere
TZ Siphonophora
E Siphonophores
F Siphonophores
D Staatsquallen; Röhrenquallen; Schwimmpolypen

1
2
3
4
5
6
7
8
9

TAFEL 60

Cidaris
Echinidea | Igelsterne

TH Echinidea
Igelsterne; Echiniden;
Fam. der regulären Seeigel
TZ Echinidae
E Sea Urchins; Urchins; Egg-urchins;
Sea-eggs
F Échinidés; Oursins de Mer; Oursins;
Châtaignes de Mer
D Echte Seeigel

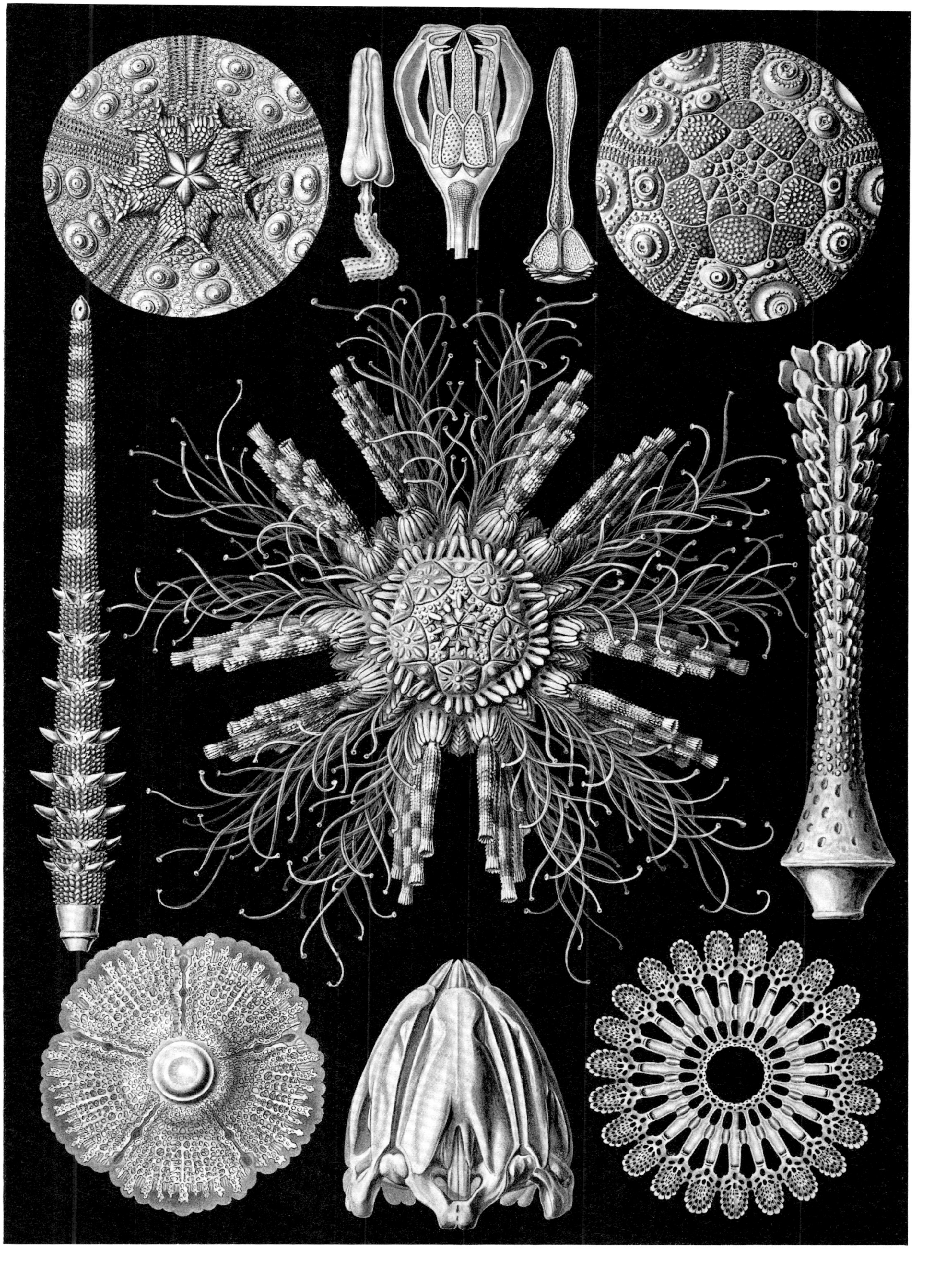

TAFEL 61

Aulographis
Phaeodaria | Rohrstrahlinge

TH Phaeodaria
Rohrstrahlinge; Phaeodarien, Cannopyleen, Tripyleen; U.-Ord. der osculosen Radiolarien; Phaeodarina (Haeckel) (gr. dämmrig, grau; danach Phaeodarium: ein schwärzlicher Körper) (→ Radiol.) eine Unterordnung der → Osculosa, mit doppelwandiger Zentralkapsel und sehr komplizierten, hohem, daher fossil selten erhaltenem Skelett. Fossil unbedeutend

TB Tripylina (syn: Phaeodorina)

E Phaeodarea

F Phaeodarea

D Rohrstrahlinge

TAFEL 62

Nepenthes
Nepenthaceae | Kannenpflanzen

TH Nepenthaceae
Kannenpflanzen. A family of dicotyledonous plants in the order Sarraceniales; includes many of the pitcher plants

TB Epenthaceae (syn: Nepenthes L.)

E Pitcher-plants

F Népenthes

D Kannenpflanzen

TAFEL 63

Dictyophora
Basimycetes | Schwammpilze

TH	Basimycetes Schwammpilze
TB	Basidiomycetes
E	Basidiomycetes; Palisade Fungi
F	Basidiomycètes
D	Basidiomyceten; Ständerpilze

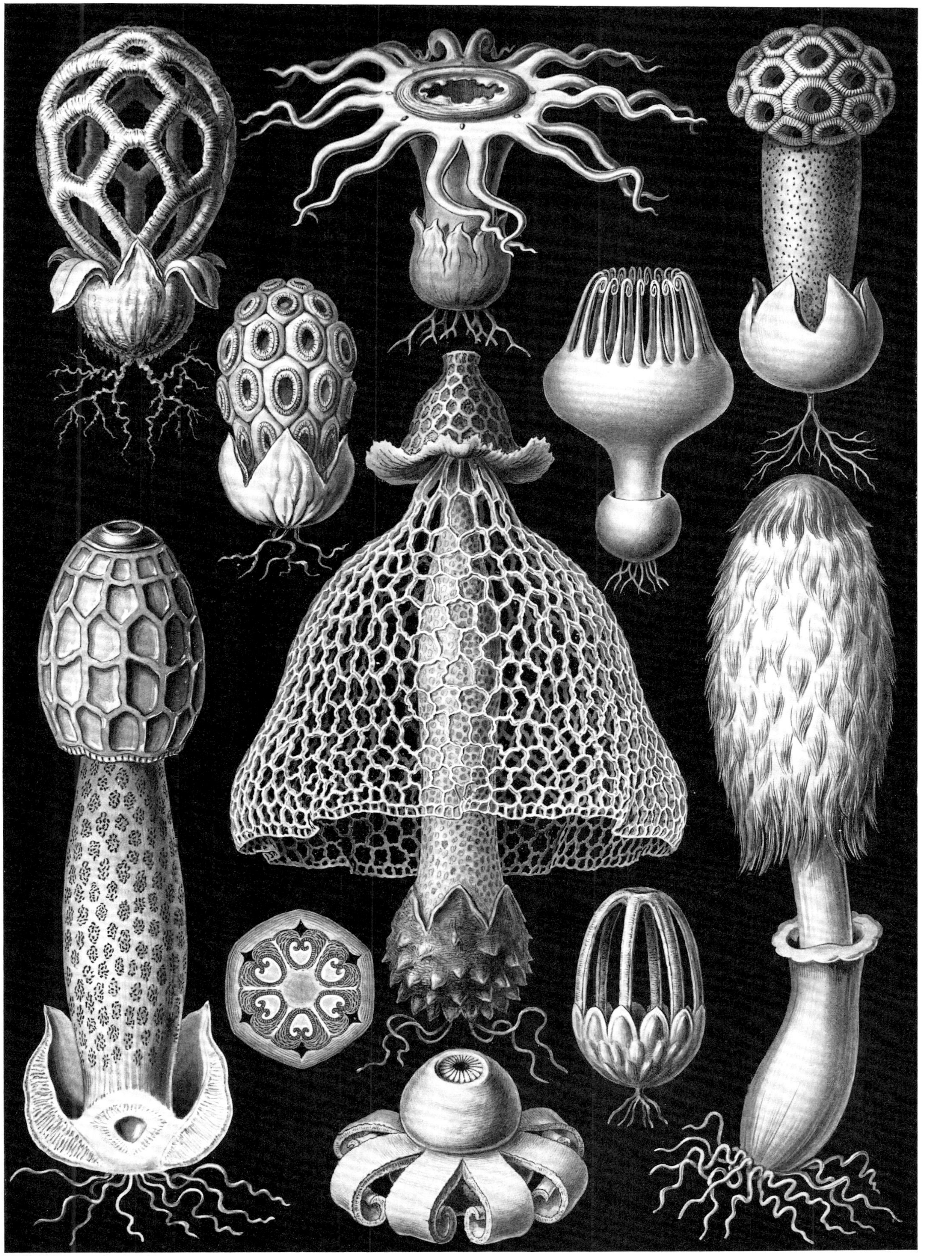

TAFEL 64

Caulerpa
Siphoneae | Riesen-Algetten

TH Siphoneae
Riesen-Algetten; Siphonen (Fresspolypen, Nährpolypen); Siphonales; Ord. der Grünalgen mit vielen kalkabscheidenden Gattungen (→ Codiaceae)

TB Siphonales

E Siphonales

F Siphonales

D Siphonales

1
2
10
3
9
8
4
7
11
5
6

TAFEL 65

Delesseria
Florideae | Rotalgen

TH Florideae
Rotalgen. A class of red algae, division Rhodophyta, having prominent pit conections between cells

TB Florideophyceae

E Red Algae

F Algues

D Rotalgen

1
2
3
4
5
6
7
8
9
10
11

TAFEL 66

Epeira
Arachnida | Spinnentiere

TH Arachnida
Spinnentiere, Arachnoideen (Arachniden, Spinnentiere); Klasse der luftatmenden Gliederfüßler

TZ Arachnoidea (syn: Octopoda; Arachnida)

E Spiders an Allies; Spiders; Scorpions; Mites and Ticks; Arachnoids; Octopodans; Octopods

F Arachnides

D Spinnentiere; Spinnenartige Tiere; Achtfüßler; Arachnoiden; Octopoden

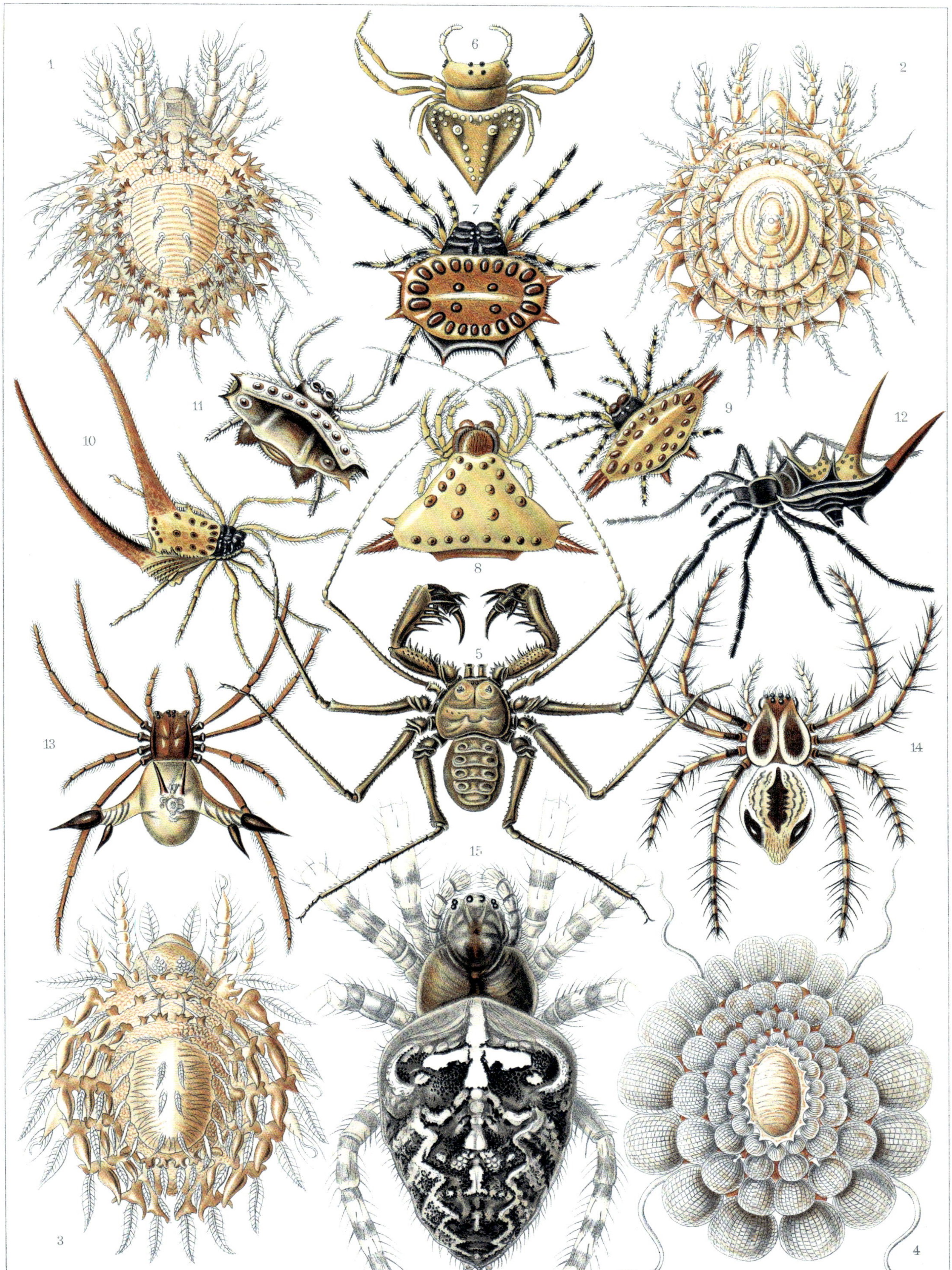

1
2
3
4
5
6
7
8
9
10
11
12
13
14
15

TAFEL 67

Vampyrus
Chiroptera | Fledertiere

TH Chiroptera
Fledertiere, Chiropteren (Macrodactylen, Flattertiere, Fledermäuse); Ord. der Säugetiere; an order of mammals having the front limbs modified as wings

TZ Cheiroptera; Chiroptera

E Ch(e)iropterous Animals; Winghanded Animals; Chiropterans; Bats

F Chiroptères; Chéiroptéres; Chauves-souris

D Flattertiere; Fledermäuse; Fledertiere; Handflatterer; Handflügler

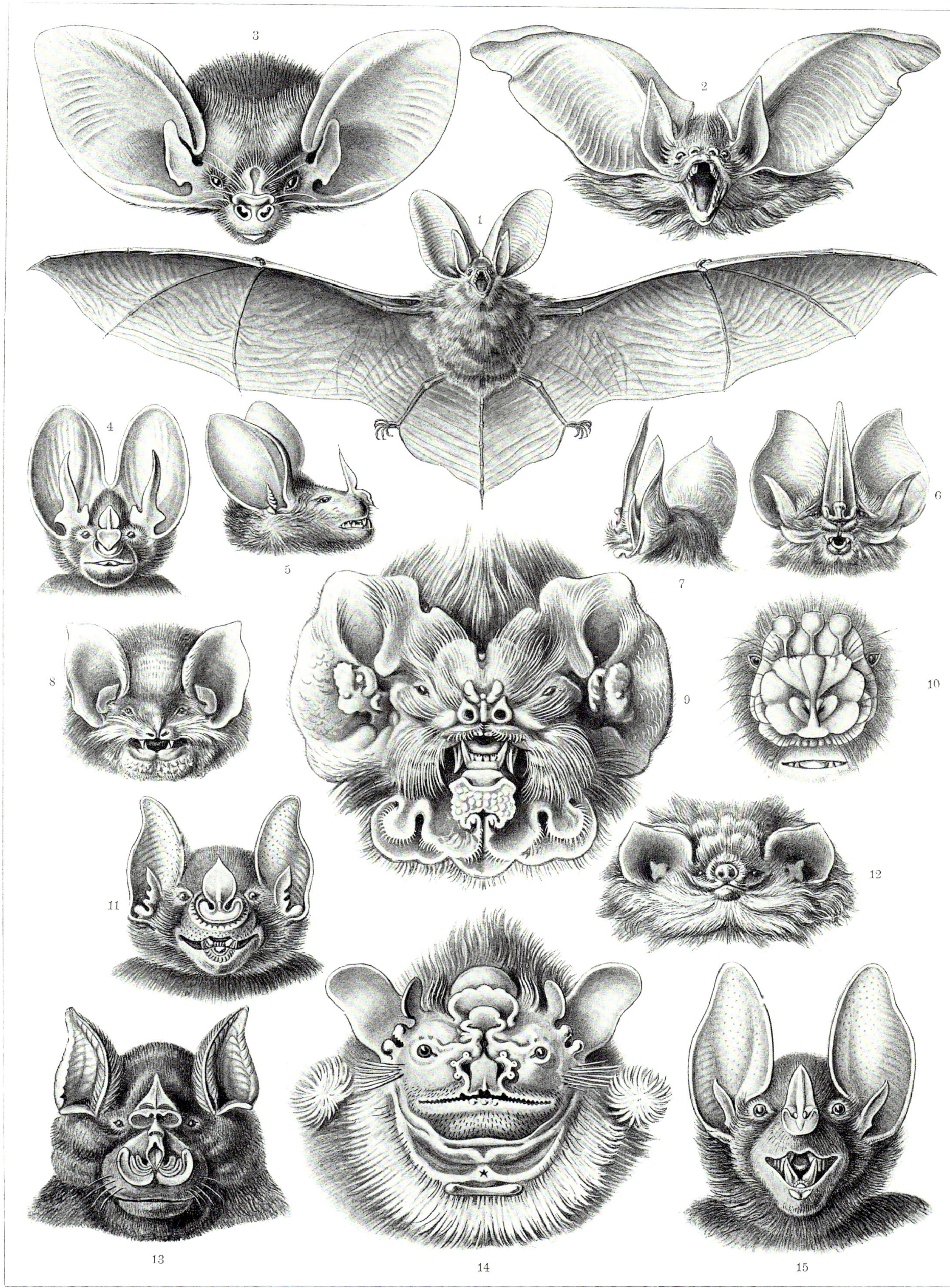
3
2
1
4
5
7
6
8
9
10
11
12
13
14
15

TAFEL 68

Hyla
Batrachia | Frösche

TH Batrachia
Frösche, Anuchen (Batrachier, Ecaudaten, Froschlurche); Ord. der Froschlurche, deren jüngste Gruppe sie bilden (erst vom Tertiär an)

TZ Amphidia (syn: Batrachia)

E Amphibians; Amphibious Vertebrates; Amphibious Animals; Batrachians

F Amphibians; Amphibies; Batraciens

D Lurche; Amphibien

TAFEL 69

Turbinaria
Hexacoralla | Sechsstrahlige Sternkorallen

TH Hexacoralla
Sechsstrahlige Sternkorallen, Hexacorallien (Hexactinien); Ord. der Korallentiere
TZ Hexacorallia (syn: Hexactinia; Polyactinia)
E Hexacorallians
F Hexacoralliaires
D Sechsstrahlige Korallen; Seeanemonen und Steinkorallen; Sechsstrahlige Polypen; Sechsstrahlige Korallentiere; Sechsstrahlige Blumentiere; Mehrstrahlige Blumentiere

TAFEL 70

Astrophyton
Ophiodea | Schlangensterne

TH Ophiodea
Schlangensterne; Ophiuroideen (Ophiodeen, Schlangensterne); Klasse der Echinodermen
TZ Ophiuroidea
E Brittle Stars; Serpent Stars; Ophiuroids; Ophiuroideans; Spinigrade Echinoderms
F Ophiurides; Ophiures (larva) Ophiopluteus
D Schlangensterne; Schlangenschwanzsterne; Ophiuroiden

TAFEL 71

Tympanidium
Stephoidea | Ringel-Strahlinge

TH	Stephoidea Ringel-Strahlinge; Stephoideen; Fam. der Strahltierchen
TZ	Stephoidea (U.G. der Nasselaria)
E	Stephoidea
F	Stephoidea
D	Stephoidea

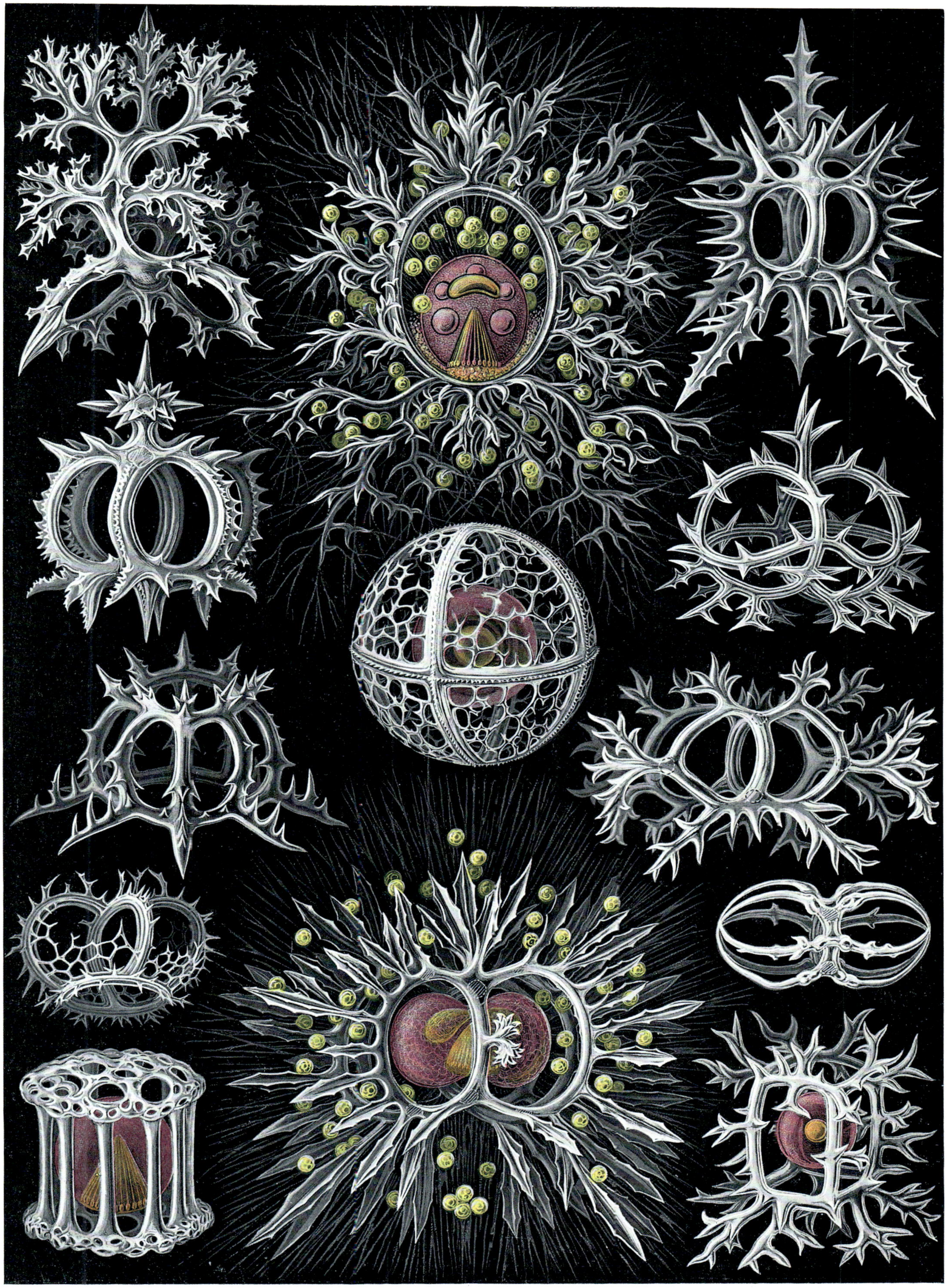

TAFEL 72

Polytrichum
Muscinae | Laubmoose

TH Muscinae
Laubmoose; Musci (Laubmoose);
Klasse der Bryophyta
TB Musci
E Mosses
F Mousses
D Laubmoose

TAFEL 73

Erysiphe
Ascomycetes | Schlauchpilze

TH Ascomycetes
Schlauchpilze; Ascomycetes (Schlauchpilze); Klasse der Pilze; a class of fungi in the subdivision Eumycetes, distinguished by the ascus
TB Ascomycetes
E Ascomycetes
F Ascomycétes
D Ascomyceten; Askomyzeten; Schlauchpilze

TAFEL 74

Cypripedium
Orchideae | Venusblumen

TH Orchideae
Venusblumen
TB Orchidales (Orchidaceae)
E Orchids
F Orchidées
D Orchideen

AGiltsch gez.

TAFEL 75

Diplozoon
Platodes | Plattentiere

TH Platodes
Plattentiere; Platodes (Haeckel) (Plattentiere, Plattwürmer); Haeckel betrachtet die Platoden als einen Stamm und rechnet nur diejenigen Tiere dazu, welche außer den Merkmalen der Plathelminten auch durch das Fehlen des Afters und das Fehlen des Gefäßsystems charakterisiert sind

TZ Platyhelminthes (syn: Plathelminthes; Platodes; Helmintha; Entozoa; Parenchymia)

E Flatworms

F Vers Plats; Vers Intestinaux Parenchymateux

D Plattwürmer; Eingeweideinnenwürmer; Napfwürmer

TAFEL 76

Alima
Thoracostraca | Panzerkrebse

TH Thoracostraca
Panzerkrebse; Podophtalmen (Thoracostraken, Schalenkrebse, stieläugige oder Panzerkrebse); U.-A. der höheren Krebse
TZ Thoracostraca (syn: Podophtalma)
E Stalk-eyed Crustaceans; Thoracrustaceans
F Thoracostracés; Podophthalmes
D Schalenkrebse; Eigentliche Krebse; Panzerkrebse; Stieläugige

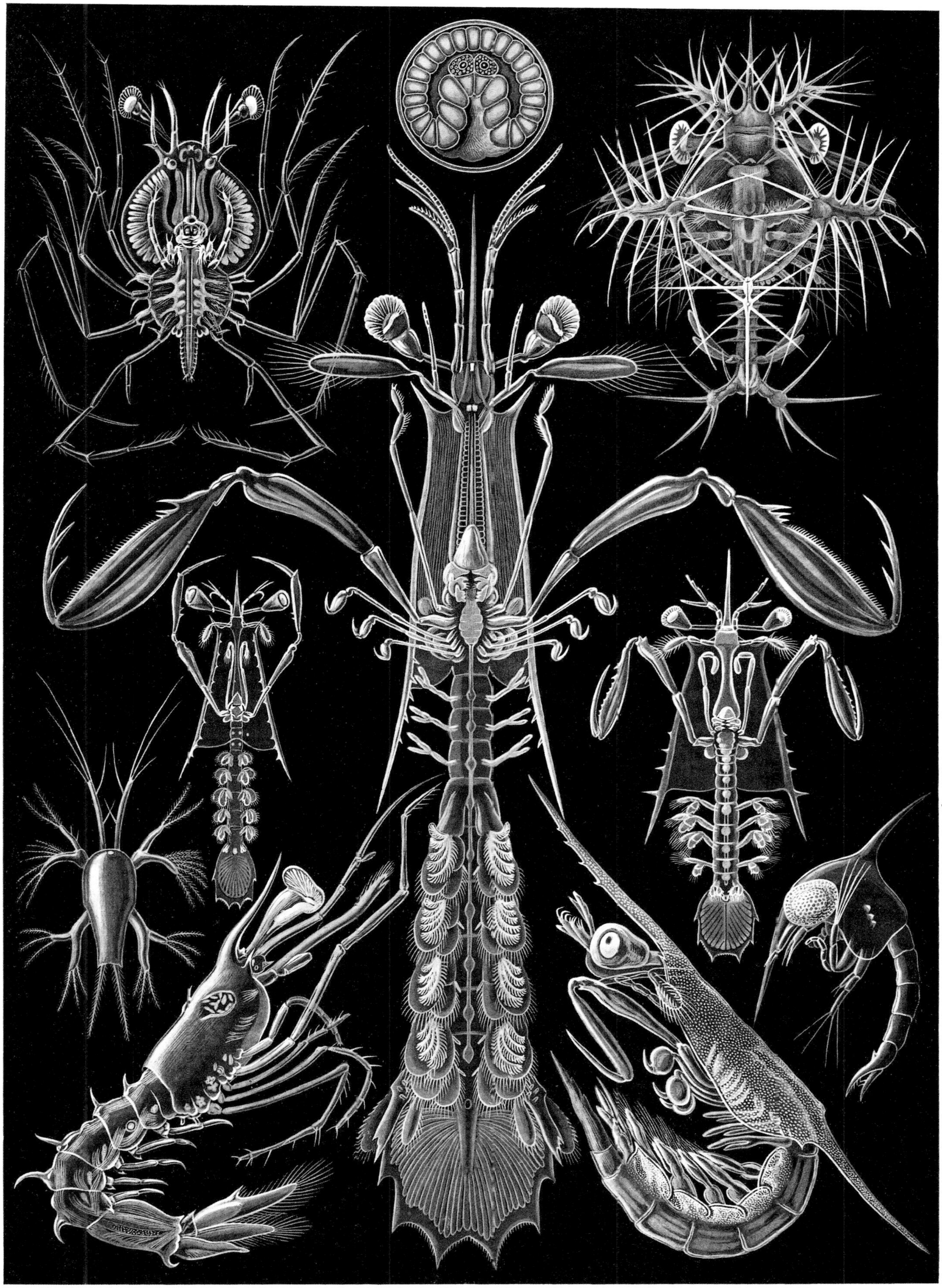

TAFEL 77

Bassia
Siphonophorae | Staatsquallen

TH Siphonophorae
Staatsquallen; Siphonophoren (Schwimmpolypen, Röhrenquallen, Staatsquallen); Ord. der Nesseltiere
TZ Siphonophora
E Siphonophores
F Siphonophores
D Staatsquallen; Röhrenquallen; Schwimmpolypen

TAFEL 78

Charybdea
Cubomedusae | Würfelquallen

TH Cubomedusae
Würfelquallen; Cubomedusen (Würfelquallen);
Ord. der Scyphomedusen (Acraspeden)
TZ Cubomedusae (syn: Carybdeida; Charybdeida)
E Cubical Medusas; Cuboidal Jelly-fishes;
Sea Wasps
F Méduses de Forme Cubique; Cuboméduses;
Charybdéides
D Würfelquallen; Feuerquallen

TAFEL 79

Basiliscus
Lacertilia | Eidechsen

TH	Lacertilia Eidechsen; Lacertilien (Saurier, Eidechsen); Ord. der Schuppenechsen
TZ	Sauria (syn: Lacertilia; Autosauri)
E	Lizards; True Lizards; Saurians; Lacertilians
F	Lézards; Sauriens
D	Eidechsen; Echsen; Schuppenechsen; Saurier; Lacertilien

TAFEL 80

Pentremites
Blastoidea | Knospensterne

TH Blastoidea
Knospensterne; Blastoideen (Seekr.ospen, Knospensterne); fossile (Silur bis Carbon) Echinodermen; (Say 1825) »Knospenstrahler« (Crinozoa). Ausgestorbene, meist gestielte Stachelhäuter

TZ Blastoidea

E Blastoids

F Blastoides

D Blastoiden

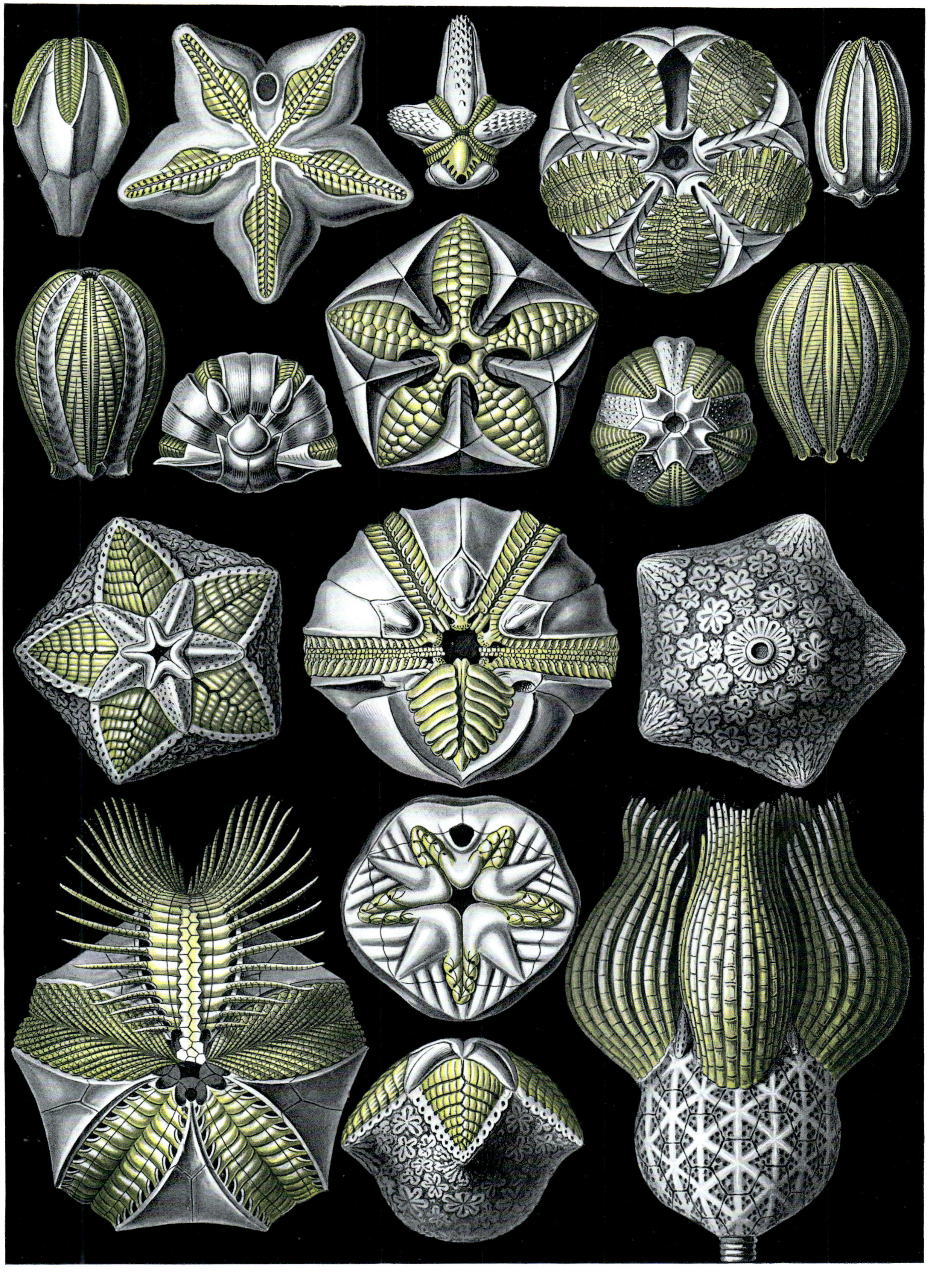

TAFEL 81

Lagena
Thalamophora | Kammerlinge

TH Thalamophora
Kammerlinge; Thalamophoren (R. Hertwig 1876), Foraminiferen (d'Orbigny 1826), Testaceen (M. Schultze 1854), Kammerlinge; marine Rhizopodien

TZ Foraminifera (syn: Thalamophora; Polythalamia)

E Foraminifers; Foraminiferans; Porebearers; (US) Forams

F Foraminifères

D Kammerlinge; Porentierchen; Lochträger; Siebtierchen; Vielkammerige Porenträger; Vielkamme rige Schalenwurzelfüßer; Schalenwurzelfüßer; Kreidetierchen; Schnörkelschnecken

TAFEL 82

Marchantia
Hepaticae | Lebermoose

TH Hepaticae
Lebermoose; Hepaticae (Lebermoose); Klasse der Bryophyta
TB Marchantiatae (syn: Hepaticae)
E Liverworts
F Hépatiques
D Lebermoose

8
5
9
7
6
13
10
3
2
4
11
12
1
14
15
16
17

TAFEL 83

Cladonia
Lichenes | Flechten

TH Lichenes
Flechten; Lichenes (Flechten)
TB Lichenes
E Lichenes
F Lichenes
D Flechten

TAFEL 84

Navicula
Diatomea | Schachtellinge

TH Diatomea
Schachtellinge; Diatomeen; reichhaltige Klasse von einzelligen Algen; Kieselalgen (Diatomeae: Bacillariophyceaem, Stamm Chrysophyta), einzellige Algen ohne Flagella (Geißeln)
TZ Bacillariophyceae (syn: Diatomeae)
E Diatoms
F Diatomées
D Diatomeen

TAFEL 85

Cynthia
Ascidiae | Seescheiden

TH Ascidiae
Seescheiden; Tethyodeen (Ascidiaeformen, Ascidien, Seescheiden);
Ord. der Manteltiere
TZ Tethyoidea (syn: Ascidiacea; Ascidiae)
E Ascidians
F Ascidies; Ascidiacés; Téthyes; Ascidies Fixées
D Seescheiden; Seewalzen

TAFEL 86

Parthenope
Decapoda | Zehnfußkrebse

TH Decapoda
Zehnfußkrebse; Decapoden;
U.-Ord. der Cephalopoden
TZ Decabrachia (syn: Decapoda)
E Decapod Cuttle-fishes; Decapods;
Decapodous Cuttles; Chokkers;
F Décapodes
D Zehnarmige Kopffüßer; Zehnarmige;
Zehnarmige Tintenfische;
Zehnfüßige Tintenfische; Zehnfüßer;
Tintenfische

TAFEL 87

Pegasus
Teleostei | Knochenfische

TH Teleostei
Knochenfische; Teleosteer (Knochenfische); Ord. der Fische

TZ Teleostei (syn: Teleostomi)

E True Fishes; Teleostean Fishes; Teleosteans; (US) Teleost Fishes

F Téléostéens; Actinoptérygiens Modernes; Poissons Osseux

D Echte Knochenfische; Neu-Knochen-Fische

TAFEL 88

Pilema
Discomedusae | Scheibenquallen

TH Discomedusae
Scheibenquallen; Discomedusen (Discophoren, Scheibenquallen, Schirmquallen); Ord. der Scyphomedusen
TZ Discomedusae (syn: Discophora)
E Disk Jellies
F Méduses à Bord Combrellaire Lobé; Discoméduses; Cyclomorphes
D Schirmquallen; Scheibenquallen

TAFEL 89

Testudo
Chelonia | Schildkröten

TH Chelonia
Schildkröten; Cheloniden (Carettiden, See- oder Meeresschildkröten); Fam. der Schildkröten

TZ Testudines (syn: Chelonia; Testudinata; Chelonii; Hydrosauria; Cataphracta)

E Turtles and Tortoises; Bucklered Reptiles; Shield Reptiles; Chelonians

F Tortues; Chéloniens

D Schildkröten; Wassersaurier; Schildechsen; Bepanzerte Reptilien

TAFEL 90

Callocystis
Cystoidea | Beutelsterne

TH Cystoidea
Beutelsterne; Cystoiden (Beutelstrahler, Seeäpfel); fossile (paleozoische) Fam. der Stachelhäuter (Echinodermen); (von Buch 1844 = Hydrophoridea Zitt.), »Beutelstrahler«; eine im Altpaläozoikum weit verbreitete Klasse der Crinozoa. . . Die Cystoiden könnten die Stammgruppe der Blastoidea sein. Vorkommen (Kambrium) Ordovizium bis Oberdevon

TZ Blastozoa

E Blastozoa

F Blastozoa

D Blastozoa

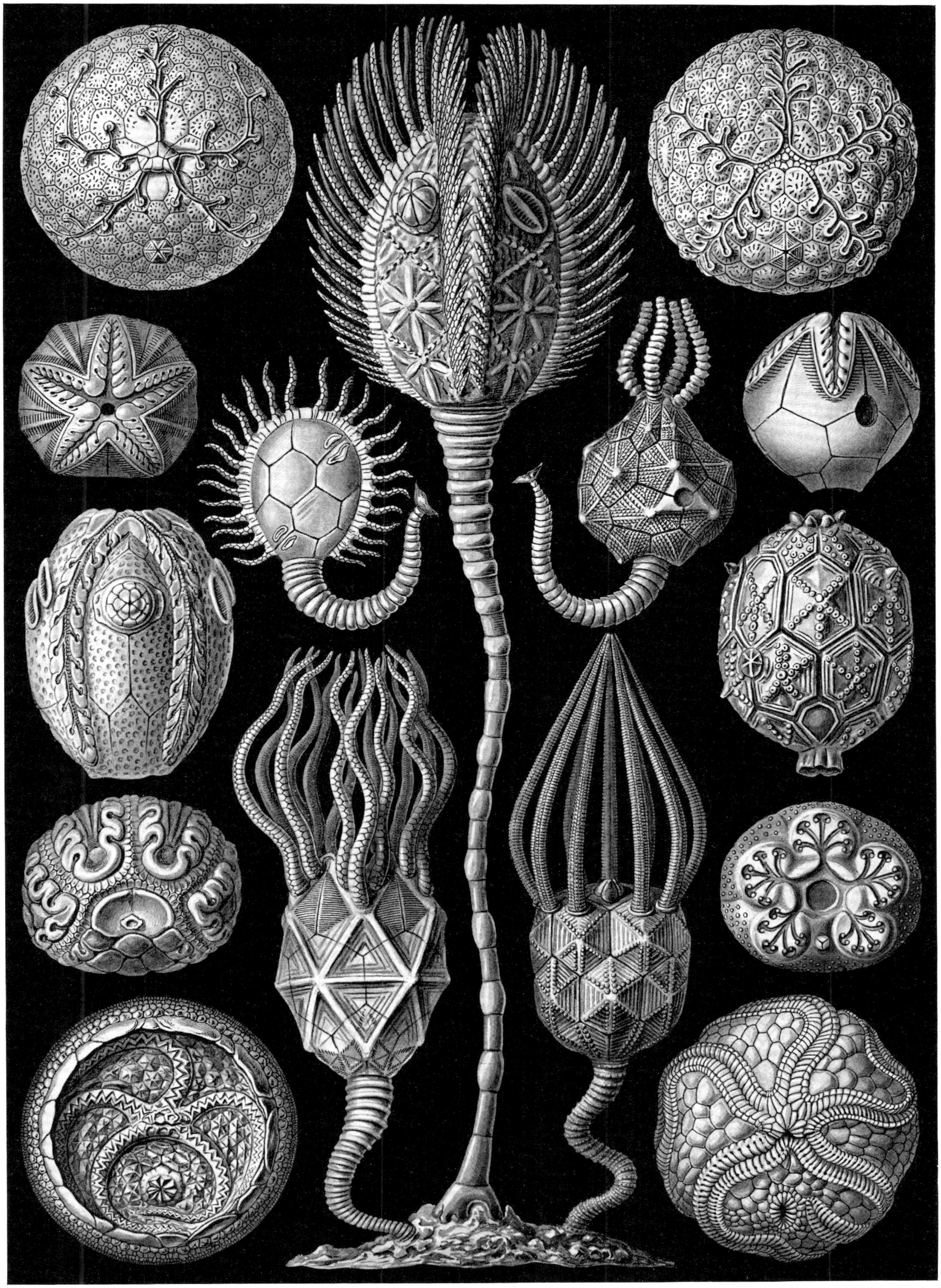

TAFEL 91

Astrosphaera
Spumellaria | Schaumstrahlinge

TH Spumellaria
Schaumstrahlinge; Spumellarien (Peripyleen); U.-A. der Radiolarien

TZ Peripylea (syn: Spumellaria; Peripylaria; Pancollae)

E Peripylea

F Peripylea

D Schaumstrahltiere; Gallertstrahltiere

TAFEL 92

Alsophila
Filicinae | Laubfarne

TH Filicinae
Laubfarne; Filices (Farne);
Klasse der Pteridophyta

TZ Filicinae

E Ferns

F Fougeres

D Farne

TAFEL 93

Arcyria
Mycetozoa | Pilztiere

TH Mycetozoa
Pilztiere. A zoological designation for organisms that exhibit both plant and animal characters during their life history (Myxomycetes); equivalent to the botanical Myxomycophyta

TZ Mycetozoa (syn: Myxomycophyta)
Myxomycetes

E Myxomycetes; Slime Moulds

F Myxomycètes

D Myxomyceten; Schleimpilze

TAFEL 94

Araucaria
Coniferae | Zapfenbäume

TH Coniferae
Zapfenbäume, Coniferae (Coniferopsida, Zapfenträger); Klasse der Nacktsamer
TB Coniferae
E Conifers
F Conifères
D Zapfenbäume; Nadelhölzer

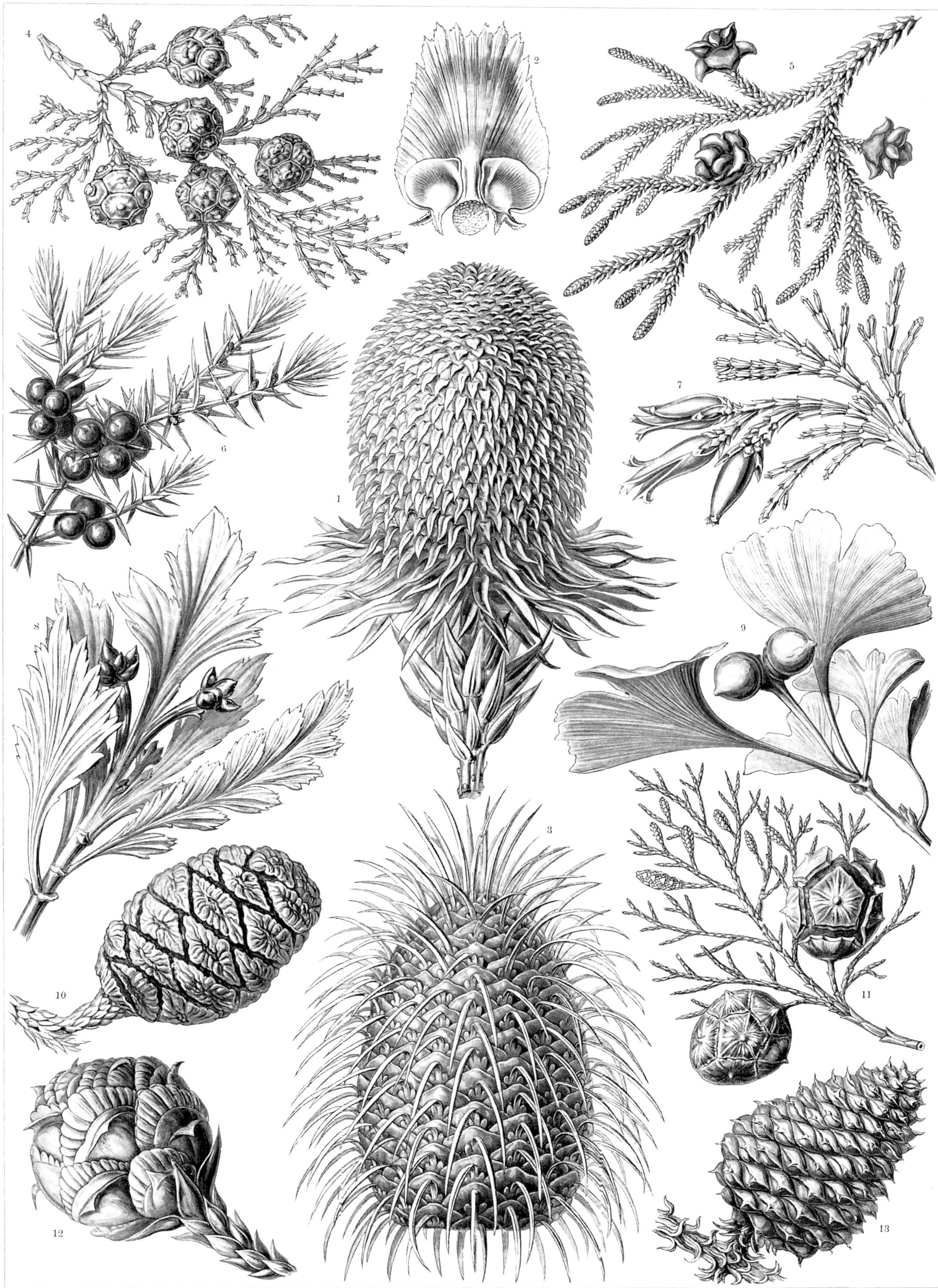
4
2
5
7
6
1
8
9
3
10
11
12
13

TAFEL 95

Placocystis
Amphoridea | Urnensterne

TH Amphoridea
Urnensterne, Amphorideen (Seeurnen), Namen, unter denen Haeckel mehrere früher zu den Cystoiden gerechnete, fossile (Cambrium und Silur) Formen der Stachelhäuter (Echinodermen): die Pleurocystiden, Anomocystiden, Aristosystiden u. Palaeocystiden zusammenfasst

TZ Cystoidea

E Cystoids

F Cystoidea

D Beutelstrahler

TAFEL 96

Sabella
Chaetopoda | Borstenwürmer

TH Chaetopoda
Borstenwürmer, Chetopoden (Borstenwürmer),
U.-Klasse der Ringelwürmer
TZ Chaetopoda
E Chaeopods
F Chétopodes
D Borstenwürmer; Borstenfüßer;
Chaetopoden; Rotwürmer

TAFEL 97

Terebratula
Spirobranchia | Spiralkiemer

TH Spirobranchia
Spiralkiemer, Brachiopoden (Spirobranchier, Armfüßer, Spiralkiemer)
TZ Anostraca (Branchiopoda; Euphyllopoda)
E Gill-footed Crustaceans
F Anostracés; Branchiopodes
D Kiemenfußkrebse; Kiemenfüße; Kiemenfüßer; Schalenlose

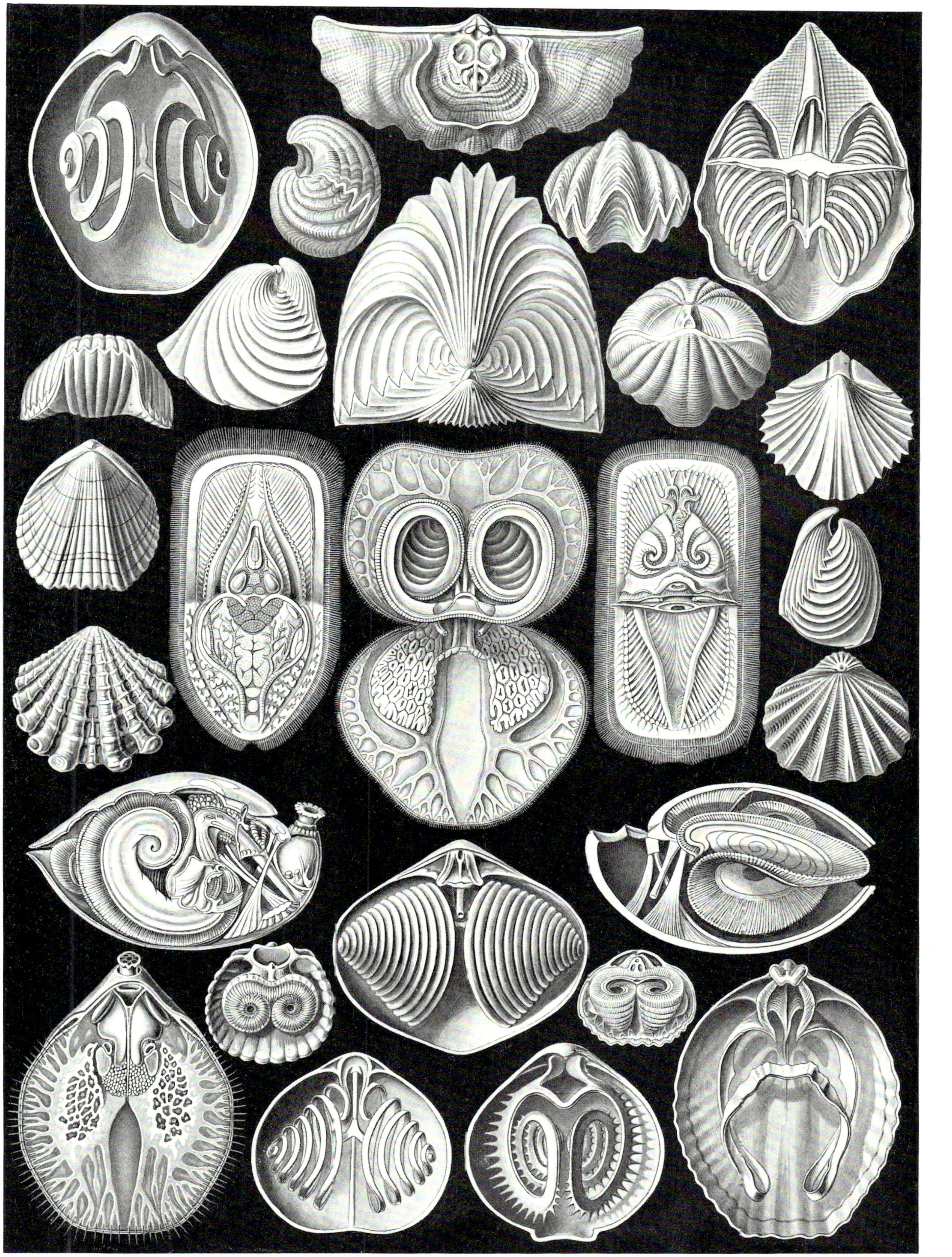

TAFEL 98

Aurelia
Discomedusae | Scheibenquallen

TH Discomedusae
Scheibenquallen; Discomedusen (Discophoren, Scheibenquallen, Schirmaquallen); Ord. der Scyphomedusen
TZ Discomedusae (syn: Discophora)
E Disk Jellies
F Méduses à Bord Combrellaire Lobé; Discoméduses; Cyclomorphes
D Schirmquallen; Scheibenquallen

TAFEL 99

Trochilus
Trochilidae | Kolibris

TH Trochilidae
Kolibris; Trochilidien (Kolibris, Schwirrvögel); Fam. der mauerschwalbenähnlichen Vögel; a tropical New World family of the suborder Trochili
TZ Trochilidae
E Hummingbirds
F Coloibris; Oiseau-mouches
D Kolibris

TAFEL 100

Antilope
Antilopina | Antilopen

TH Antilopina
Antilopen; Antilopinen (Antilopen);
U.-Fam. der Horntiere
TZ Antilopinae
E Antelopes
F Antilopes
D Antilopen

1
2
3
4
5
6
7
8
9

Ernst Haeckel – Lebensstationen

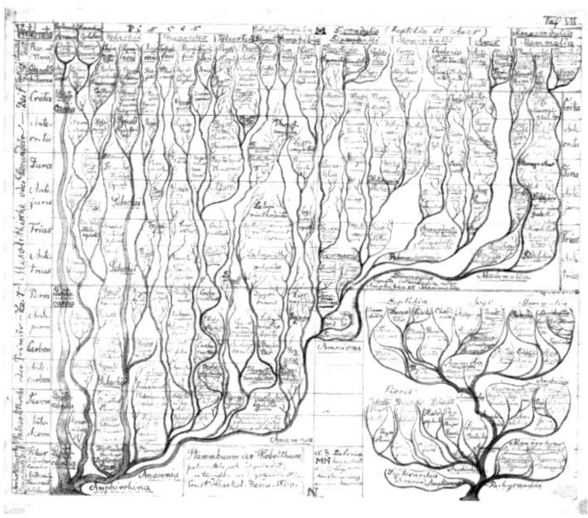

1 Stammbaum der Wirbeltiere Palaeontologisch begründet, entworfen und gezeichnet von Ernst Haeckel, Jena 1866, für ›Die generelle Morphologie der Organismen‹

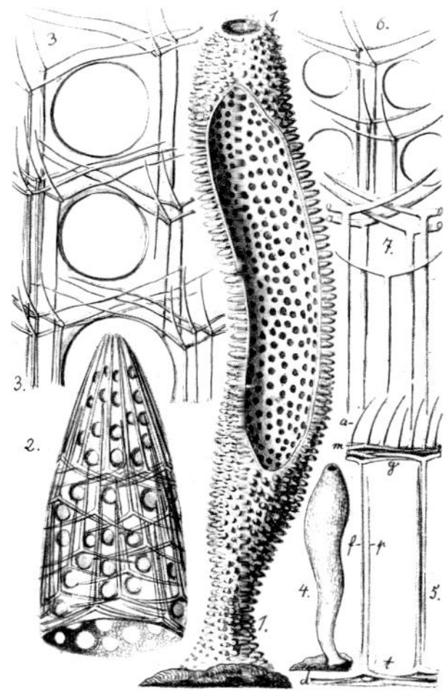

2 Sycaltis conifera und Sycaltis glacialis. Zeichnung für Tafel 45 der Monographie ›Die Kalkschwämme‹, 3 Bd., 1872

3 Initiale aus ›Arabische Korallen‹ von Ernst Haeckel, 1876

1834 14. Februar: Ernst Haeckel wird in Potsdam geboren.

1835 Übersiedlung der Familie nach Merseburg.

1852 Nach Abschluss des Gymnasiums in Merseburg Aufnahme des Studiums der Medizin in Berlin, ab dem 2. Semester dann in Würzburg, hört bei Albert von Koelliker, Franz Leydig und Rudolf Virchow.

1854 Fortführung des Studiums in Berlin, Schüler des bedeutenden Physiologen Johannes Müller, der ihn auf einer Exkursion nach Helgoland zur Meereszoologie hin orientiert; hier entsteht seine erste, 1855 gedruckte Arbeit ›Über die Eier der Scomberesoces‹, einer Familie von Knochenfischen.

1855 Rückkehr nach Würzburg.

1856 Assistent bei dem führenden Pathologen Rudolf Virchow; im Herbst meereszoologische Exkursion mit Albert v. Koelliker nach Nizza.

1857 Promotion zum Dr. med. mit einer Arbeit über die Gewebe des Flusskrebses, im Sommersemester Studium in Wien.

1858 Medizinisches Staatsexamen an der Universität Berlin; Approbation als praktischer Arzt, Wundarzt und Geburtshelfer. Eröffnung einer Arztpraxis.
14. September: Verlobung mit seiner Kusine Anna Sethe.

1859/60 Nach Vorabsprachen über eine akademische Lehrtätigkeit in Jena Studienreise nach Italien; Forschungsarbeit in Messina, aus der seine 1862 erschienene ›Monographie über Radiolarien‹ entstand.
Haeckel schwankt zwischen einem Dasein als Landschaftsmaler oder als Wissenschaftler. Am 20. Januar 1860 schreibt er an seinen Freund Hermann Allmers: »*Als ich damals* [im Vorjahr] *mit ordentlicher Leidenschaft aquarellierte, muß ich förmlich verblendet gewesen sein; jetzt wo der Geist der Kritik von Dir auf mich gegangen zu sein scheint, muß ich über mich selber lachen.*« Seine Entscheidung für die Zoologie ist demnach Anfang 1860 gefallen: »*Aber trotz dieser ununterbrochenen Einförmigkeit ist dies Leben nichts weniger als langweilig, da die unerschöpflich reiche Natur immer neue, schöne und interessante Formen liefert, welche neuen Stoff zum Raten und Nachdenken, Zeichnen und Beschreiben geben. Das ist aber so recht eine Arbeit für mich, da das künstlerische Element dabei so viel neben dem wissenschaftlichen zu tun hat. Zugleich bin ich dadurch mit meiner lieben, mir für mein ganzes Leben obenan stehenden Wissenschaft wieder völlig ausgesöhnt worden in der Treue, gegen die ich wirklich durch Deine künstlerisch-ästhetischen Einflüsse etwas wankend geworden war.*«
Haeckel liest begeistert die erste deutsche Übersetzung von Darwins Werk über den Ursprung der Arten.

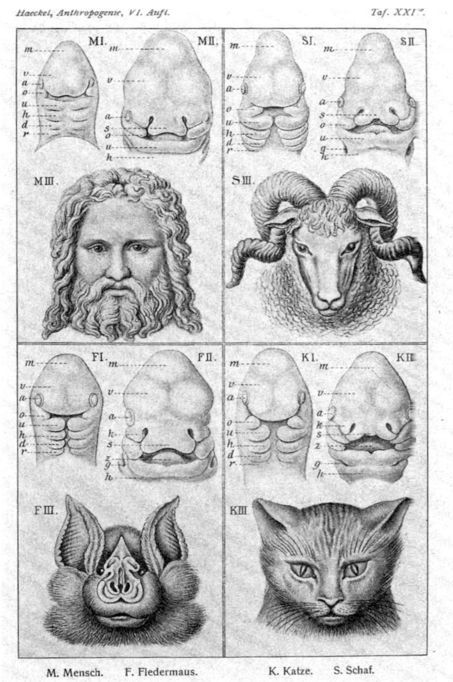

4 Keimesgeschichte von vier verschiedenen Säugetieren (Mensch, Fledermaus, Katze, Schaf). Tafel XXIV aus ›Anthropogenie oder Entwicklungsgeschichte des Menschen‹ von Ernst Haeckel, 6. Auflage, 1910

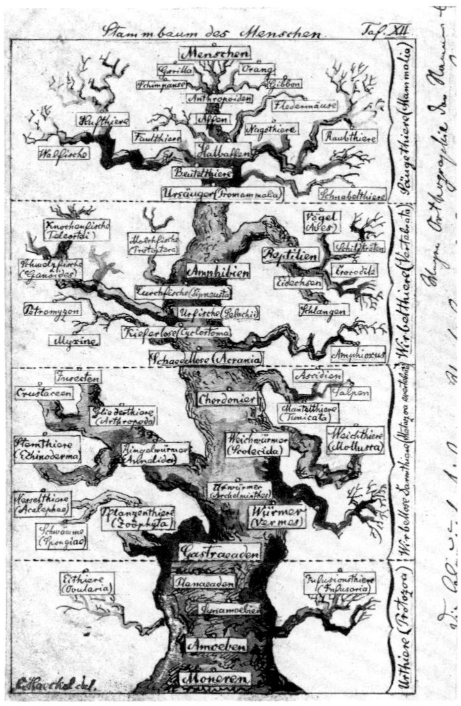

5 Stammbaum des Menschen, Entwurf für Tafel XII der ›Anthropogenie oder Entwicklungsgeschichte des Menschen‹ 1874

6 Aufwendige Ausstattung zu Haeckels Vortrag über ›Das Menschenproblem und die Herrentiere von Linné‹ im Jenaer Volkshaus 1907

7 Plakatankündigung für einen der Berliner Vorträge Haeckels 1905

1861 Habilitation an der Medizinischen Fakultät der Universität Jena.

1862 Berufung zum außerordentlichen Professor an der Universität Jena.
18. August Heirat mit Anna Sethe.

1863 Vortrag: ›Über die Entwickelungstheorie Darwins‹ auf der 38. Versammlung Deutscher Naturforscher und Ärzte in Stettin, in dem er klar und pointiert für Darwins Evolutionstheorie Position bezog.

1864 Tod seiner Frau Anna.

1865 Berufung zum ersten ordentlichen Professor für Zoologie an der Universität Jena.

1866 Erscheinen der ›Generellen Morphologie der Organismen‹, dem Versuch einer ›organischen Kristallographie‹, der die ersten detailliert ausgearbeiteten Stammbäume der Organismen enthält.

1866/67 Reise nach den Kanarischen Inseln.

1867 Heirat mit Agnes Huschke.

1868 Geburt des Sohnes Walter.

1869 Reise nach Norwegen.

1871 Geburt der Tochter Elisabeth.
März/April Reise nach Dalmatien; Ablehnung einer Berufung nach Wien.

1872 Wichtige Monographie über die Kalkschwämme – Haeckel prägt darin den Begriff des ›biogenetischen Grundgesetzes‹.

1873 Erste Orientreise – Studium der Korallenbänke im roten Meer.
Geburt der Tochter Emma.

1874 Es erscheinen die ›Anthropogenie oder Entwickelungsgeschichte des Menschen‹ und ›Die Gastrea-Theorie, die phylogenetische Classification des Thierreichs und die Homologie der Keimblätter‹.

1875 Studienreise nach Korsika.

1876 Prorektor der Universität Jena.

1877 Studienreise nach Korfu.

1878 Meeresbiologische Untersuchungen in der Bretagne.

1881/82 Reise nach Indien und Celyon.

1882/83 Aufbau eines Zoologischen Instituts an der Universität Jena.
Bau seines Wohnhauses ›Villa Medusa‹.

8 Ernst Haeckel – Porträt vor Fritz Reusing 1917

9 Phyletisches Museum in Jena, 1907 von E. Haeckel gegründet

10 Arbeitszimmer Ernst Haeckels in seiner »Villa Medusa«

1884 Ehrendoktor der Univ. Edinburgh.
Prorektor der Universität Jena.

1887 Reise nach Palästina, Syrien und Kleinasien.

1889 Abschluss der Bearbeitung der von ihm übernommenen Tiergruppen der englischen ›Challenger‹-Tiefsee-Expedition (1873–1876).

1890 Reise nach Algerien.

1892 Vortrag: ›Der Monismus als Band zwischen Religion und Wissenschaft‹.

1894/96 Erscheinen der ›Systematischen Phylogenie‹.

1897 Reise durch Finnland und Russland.

1898 Ehrendoktor der Universität Cambridge.

1899 Erscheinen der Schrift ›Die Welträthsel‹, Haeckels seinerzeit äußerst populärer Entwurf seiner monistischen Weltanschauung; das Buch wurde insgesamt in über 400.000 Exemplaren aufgelegt und in mehr als 30 Sprachen übersetzt.

1899–1904 Publikation der ›Kunstformen der Natur‹; in einer Folge von Heften mit jeweils 10 Illustrationen.

1900/01 Tropenreise über Ceylon und Singapur nach Java und Sumatra.

1904 Als Ergänzungsband zu den ›Welträthseln‹ erscheinen ›Die Lebenswunder‹.
September: Auf dem Internationalen Freidenker-Kongress in Rom wird Haeckel während eines Frühstückes der über 2000 Teilnehmer in den Ruinen der Kaiser-Paläste feierlich zum »Gegenpapst« aufgerufen.

1905 Herausgabe von Ernst Haeckels Wanderbildern; dies sind Kunstdrucktafeln nach Landschaftsstudien von Haeckel (Aquarell- und Ölskizzen). Die Edition war – im Gegensatz zu den ›Kunstformen der Natur‹ – kein Erfolg, vielleicht wegen ihrer sehr konventionellen Art; sie dokumentiert aber – neben einer Vielzahl von mit eigenen Illustrationen versehenen, gedruckten Reiseberichten – den Anspruch Haeckels: In seinen Reproduktionen der Natur sah er diese begriffen.

1905 Drei äußerst öffentlichkeitswirksame, durch umfassenden Einsatz der damals verfügbaren Medien getragene Vorträge in der Sing-Akademie in Berlin: ›Der Kampf um den Entwickelungsgedanken‹: Abstammungslehre und Kirchenglaube; Affenverwandtschaft und Wirbeltierstamm; Unsterblichkeit und Gottesbegriff.

1906 Gründung des ›Deutschen Monistenbundes‹ im Zoologischen Institut der Universität Jena.

1907 Dr. med. jubil. der Universität Upsala.
28 August: Grundsteinlegung zum Bau eines Museums für Abstammungslehre (Phyletisches Museum) in Jena, der Bau wurde von Haeckel ausschließlich über Spenden finanziert, er selbst stellte Honorarerträge aus der Publikation der ›Welträthsel‹ und Mittel der ›Ernst-Haeckel-Stiftung‹ zur Verfügung.

1908 Eröffnung des Phyletischen Museums und – zum Anlaß ihres 350jährigen Bestehens – Übergabe des Baus an die Universität Jena.

1909 Haeckel tritt vom Lehramt zurück.
Ehrendoktorwürde der Universität Genf.

1910 Haeckel tritt aus der evangelischen Kirche aus.

1915 Tod seiner Frau Agnes.

1917 Erscheinen der ›Kristallseelen‹, in der sich schon eine Reihe von Motiven der derzeitigen ›artificial life‹ Diskussion finden.

1919 9. August: Tod Haeckels in der ›Villa Medusa‹.
Eine Aufstellung der Schriften Ernst Haeckels findet sich in: Krumbach, T. (1968) ›Die Schriften Ernst Haeckels‹. In: Heberer, G. (Hrsg.) *Der gerechtfertigte Haeckel*. Stuttgart: S. 15–22.

Neudruck der Farbtafeln aus folgenden Erstausgaben:
Die Radiolarien (Rhizopoda radiaria). Eine Monographie, Berlin, Georg Reimer 1862.
Kunstformen der Natur, Leipzig und Wien, Bibliographisches Institut 1904.

Die Textbeiträge wurden erstmals veröffentlicht in:
Ernst Haeckel – Kunstformen der Natur. München u.a., Prestel 1998.
Ernst Haeckel – Kunstformen aus dem Meer: Der Radiolarien-Atlas von 1862. München u.a., Prestel 2005.

Umschlag-Vorderseite: Tafel 2 aus *Kunstformen der Natur*, siehe Seite 135
Umschlag-Rückseite: Tafel 71 (Detail) aus *Kunstformen der Natur*, siehe Seite 273
Seite 4: Tafel 8 (Detail) aus *Kunstformen der Natur*, siehe Seite 147
Seite 12/13: Tafel XII (Detail) aus *Die Radiolarien*, siehe Seite 53
Seite 14: Tafel XXIV (Detail) aus *Die Radiolarien*, siehe Seite 77
Seite 100/101: Tafel 53 (Detail) aus *Kunstformen der Natur*, siehe Seite 237
Seite 102: Tafel 38 (Detail) aus *Kunstformen der Natur*, siehe Seite 207
Seite 116: Entwurf für Tafel XXII des *Report on the Siphonophorae* (Challenger-Report), 1888
Seite 332: Tafel 62 (Detail) aus *Kunstformen der Natur*, siehe Seite 255

Die Vorlagen für die Vergleichsabbildungen stellten freundlicherweise die Autoren zur Verfügung bzw. stammen aus den Archiven des Verlags.

Die Deutsche Nationalbibliothek verzeichnet diese Publikation in der Deutschen Nationalbibliographie; detaillierte bibliographische Daten sind im Internet über www.dnb.de abrufbar.

Prestel Verlag, München
in der Penguin Random House Verlagsgruppe GmbH
Neumarkter Straße 28
81673 München
www.prestel.de

Projektmanagement: Julie Kiefer
Gestaltung und Satz: textum GmbH / Christine Rehmann, München
Umschlaggestaltung: SOFAROBOTNIK Augsburg & München
Herstellung: Astrid Wedemeyer
Art Direction: Cilly Klotz
Druck und Bindung: Neografia a.s.

Gedruckt in der Slowakei

FSC www.fsc.org MIX Papier | Fördert gute Waldnutzung FSC® C020353

Penguin Random House Verlagsgruppe FSC® N001967

ISBN 978-3-7913-4660-1